“十三五”国家重点出版物出版规划项目　现代机械工程系列精品教材

机械制图及数字化表达习题集

杨　薇　佟献英　张京英　主编
董国耀　主审

机 械 工 业 出 版 社

本习题集与张京英、杨薇、佟献英主编的《机械制图及数字化表达》教材配套使用，内容包括制图的基本知识、AutoCAD 计算机绘图基础、正投影基础、基本立体的投影与相交、组合体的视图、轴测图、机件的图样画法、标准件和常用件、零件图和装配图。习题类型有作图题、选择题、判断题、构形设计题等。各章均有不同难度的题目，且题目数量有一定余量。本习题集属于新形态教材，以二维码的形式链接了部分题目的解题演示视频和 3D 交互模型。

本习题集可供高等院校机械类各专业作为“机械制图”课程的教材使用，也可供有关工程技术人员参考。

图书在版编目（CIP）数据

机械制图及数字化表达习题集/杨薇，佟献英，张京英主编. —北京：机械工业出版社，2022.2（2024.12 重印）
“十三五”国家重点出版物出版规划项目　现代机械工程系列精品教材
ISBN 978-7-111-70089-0

Ⅰ.①机…　Ⅱ.①杨…②佟…③张…　Ⅲ.①机械制图-习题集　Ⅳ.①TH126-44

中国版本图书馆 CIP 数据核字（2022）第 015688 号

机械工业出版社（北京市百万庄大街 22 号　邮政编码 100037）
策划编辑：徐鲁融　舒　恬　责任编辑：徐鲁融　舒　恬
责任校对：李　婷　王明欣　封面设计：张　静
责任印制：常天培
固安县铭成印刷有限公司印刷
2024 年 12 月第 1 版第 3 次印刷
260mm×184mm · 11.75 印张 · 290 千字
标准书号：ISBN 978-7-111-70089-0
定价：34.90 元

电话服务　　网络服务
客服电话：010-88361066　机　工　官　网：www.cmpbook.com
010-88379833　机　工　官　博：weibo.com/cmp1952
010-68326294　金　书　网：www.golden-book.com

机工教育服务网：www.cmpedu.com

前　言

本习题集根据教育部高等学校工程图学课程教学指导分委员会2019年修订的《高等学校工程图学课程教学基本要求》，充分考虑现代加工制造技术的发展对本课程的要求，吸取兄弟院校制图课程教学改革的经验，并结合编者多年来制图课程教学改革的研究及实践成果编写而成。本习题集适合高等院校机械类及近机械类各专业使用，亦可作为高等教育自学考试的专业课程配套习题集使用。本习题集与张京英、杨薇、佟献英主编的《机械制图及数字化表达》教材配套使用。

为了便于组织教学，本习题集各章节的内容、顺序与配套教材体系一致。各章均设有不同难度的习题，且在数量上留有余量，可根据不同学时的授课需求进行选择。本习题集属于新形态教材，以二维码的形式链接了部分题目的解题演示视频和3D交互模型，便于学生学习。

本习题集由北京理工大学杨薇、佟献英、张京英任主编，张彤、田春来参与编写。北京理工大学董国耀教授为本习题集主审。在本习题集的编写过程中，学生程向群和陈其灯绘制了部分插图，胡喆熙、徐国轩、王梓潼和曾沛崑参与了部分建模工作，杨嘉文制作了3D交互模型，在此一并表示感谢。

编者在本习题集编写过程中参考了国内同类习题集，已在参考文献中列出，在此对这些文献的作者表示感谢。限于编者水平，书中难免会有疏漏和不足之处，敬请读者批评指正。

编　者

2021年8月于北京

目　录

前言
第 1 章　制图的基本知识 …… 1
第 2 章　AutoCAD 计算机绘图基础 …… 14
第 3 章　正投影基础 …… 16
第 4 章　计算机三维几何建模 …… 41
第 5 章　基本立体的投影与相交 …… 42
第 6 章　组合体的视图 …… 69
第 7 章　轴测图 …… 98
第 8 章　机件的图样画法 …… 114
第 9 章　标准件和常用件 …… 131
第 10 章　零件图 …… 142
第 11 章　装配图 …… 166
参考文献 …… 184

1-1　完成如下字体练习。

① 完成如下长仿宋体汉字书写练习，最后三行任意书写。

长仿宋体汉字书写要求横平竖直注意起落

结构匀称满格书写笔画清楚字体规范工整

北京理工大学机械制图班级技术要求序号

其余铸钢螺母栓钉垫圈沉钻孔深零部件张

1-1 完成如下字体练习。(续)

② 完成如下正体、斜体数字和字母书写练习。

0123456789 Φ68 *0123456789 Φ90*

ABCDEFGHIJKLMNOPQRSTUVWXYZ

ABCDEFGHIJKLMNOPQRSTUVWXYZ

abcdefghijklmnopqrstuvwxyz αβγ

abcdefghijklmnopqrstuvwxyz αβγ

0123456789 $\Phi20^{+0.010}_{-0.023}$ *0123456789* $\Phi20^{+0.010}_{-0.023}$

abcdefghijklmnopqrstuvwxyz $\alpha=45°$ $\beta=\gamma$

abcdefghijklmnopqrstuvwxyz $\alpha=30°$ $\beta=\gamma$

班级：

学号：

姓名：

1-2　将所给的图形抄画在右侧的指定位置处。

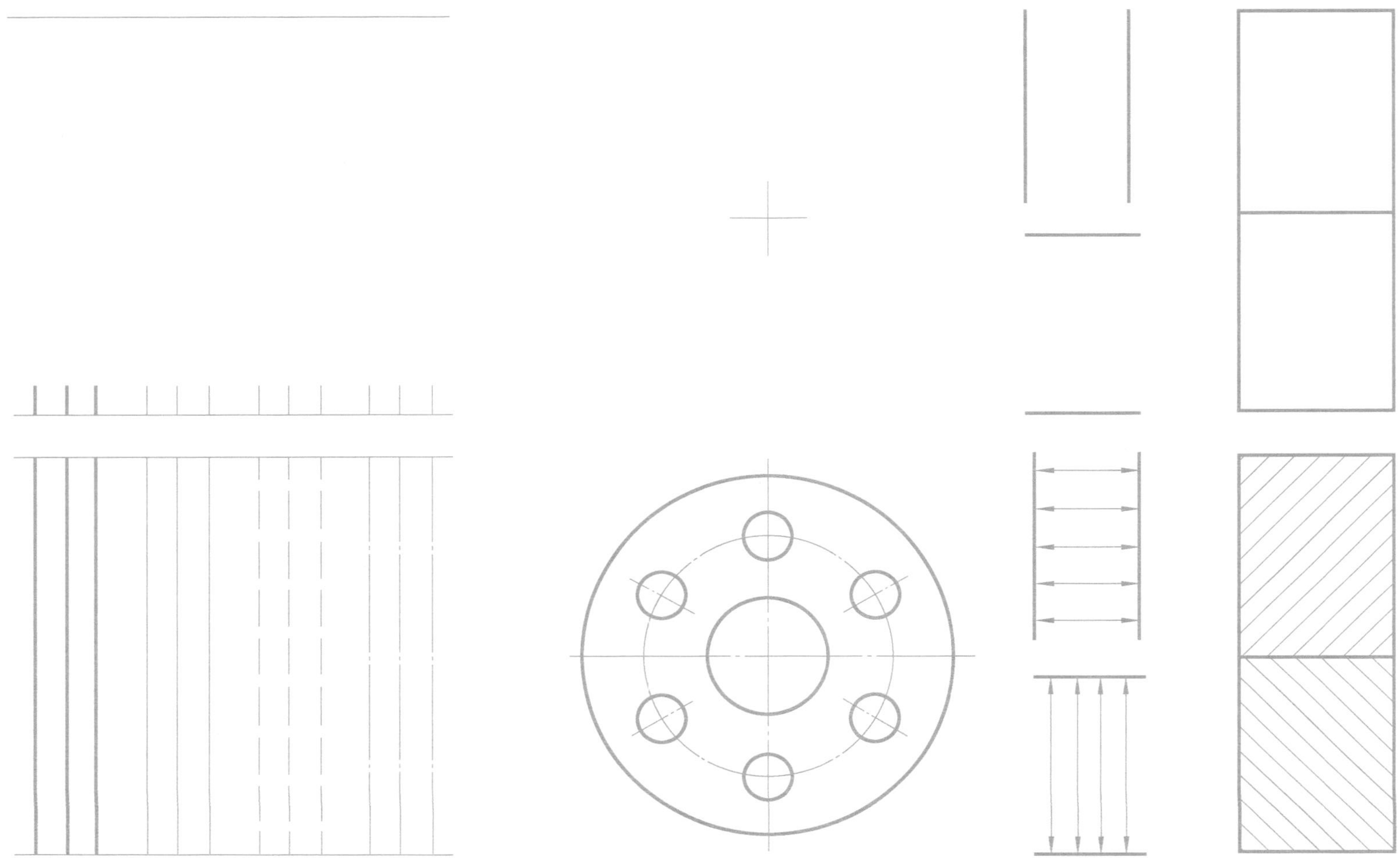

1-3 分析图形特点，标注各图尺寸（数值在图中按 1 : 1 比例量取，并取整）。

① 标注各方向的尺寸数字。

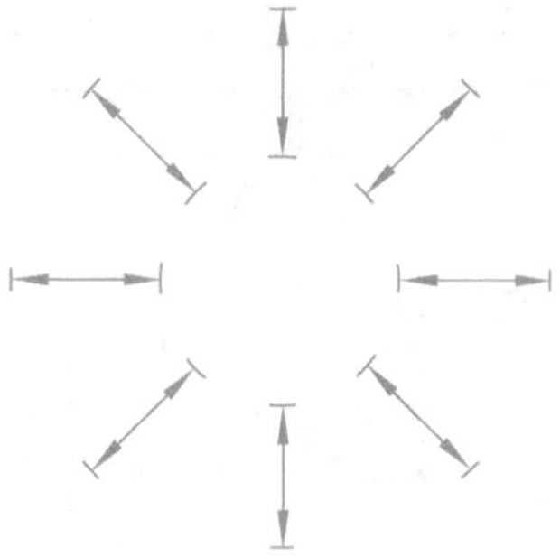

② 标注角度。

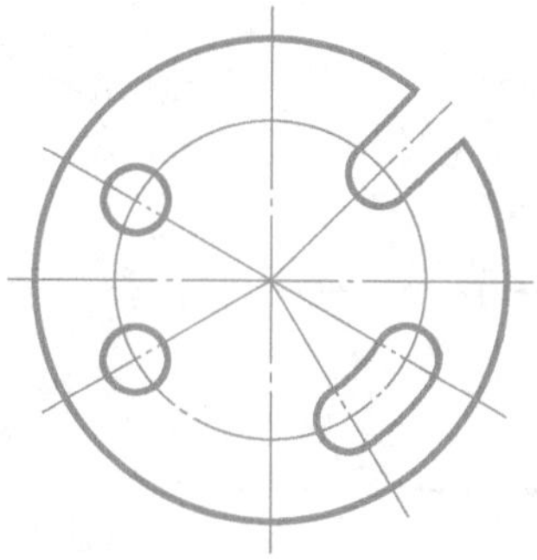

③ 注出各图的尺寸，后两个图要求采用不同的方式标注。

④ 标注圆的直径。

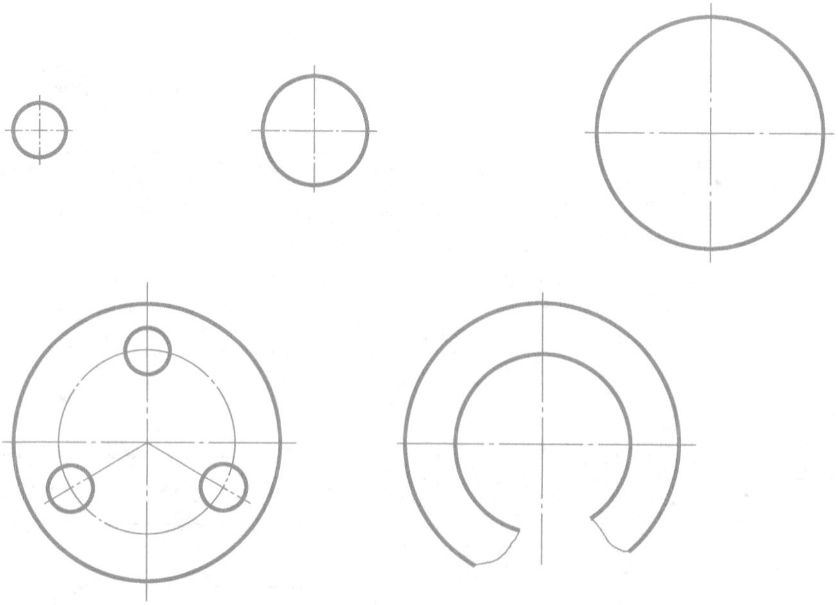

班级：

学号：

姓名：

班级：　　　　学号：　　　　姓名：

1-4　在下列各图的圆弧上标注半径尺寸（数值依次为 25、6、3、60、80）。

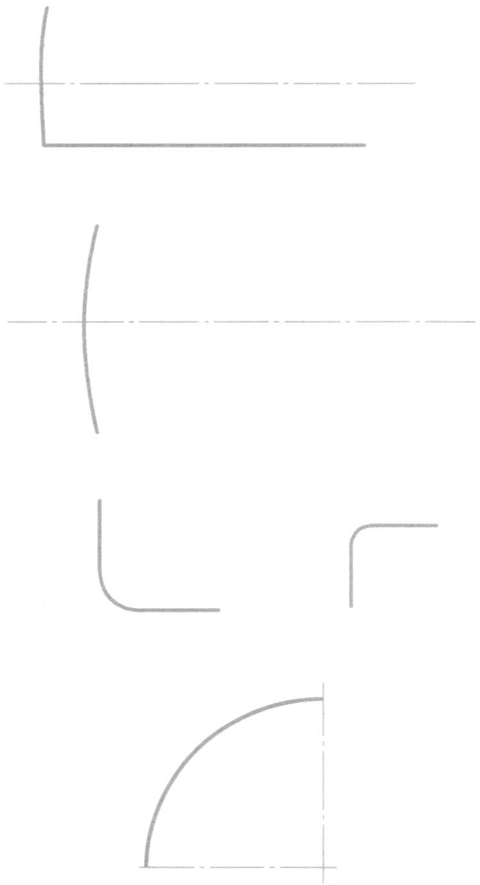

1-5　检查左图尺寸标注中的错误（9 个），并正确地标注在右图上。

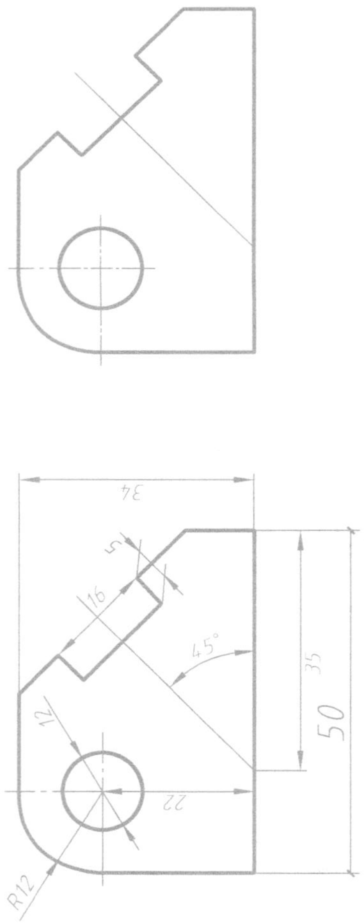

1-6 完成如下填空。

① 图框线用________线画出。

② 标题栏的位置在图纸的________。

③ 比值为 1 的比例是________，如________；比值大于 1 的比例是________，如________；比值小于 1 的比例是________，如________。

④ 同一机件如采用不同的比例画出图样，则其图形大小________（相同/不相同），但图样上所标注的尺寸数值________（相同/不相同）。

⑤ 字体号数，即字体的高度，分为________________________________八种。

⑥ 绘制圆的对称中心线时，圆心应为________的交点。

⑦ 细点画线和细双点画线的首末两端应是________，而不是________。

⑧ 图样中所标注的尺寸，为该图样所示机件的________尺寸，否则应________说明。

⑨ 机件尺寸，一般只注________，并应标注在反映该结构______________图形上。

⑩ 线性尺寸的数字注写位置分为注在尺寸线的________和注在尺寸线的________两种。

⑪ 角度的数字________写成________方向，尺寸线应画成________。

⑫ 标注角度的尺寸线应沿________向引出。

⑬ 图纸的基本幅面有________________________________共五种。

⑭ 图形是圆或大于半圆注________尺寸；半径尺寸必须注在________视图上。

⑮ 在同一图形中，对于尺寸相同的孔，可仅在一个要素上注出其____________________；对于尺寸相同的圆角，只在一个要素上注出其____________________。

1-7　完成如下平面图形作图练习。

① 已知对角线为 50mm，作正六边形。

② 作圆的内接正十三边形。

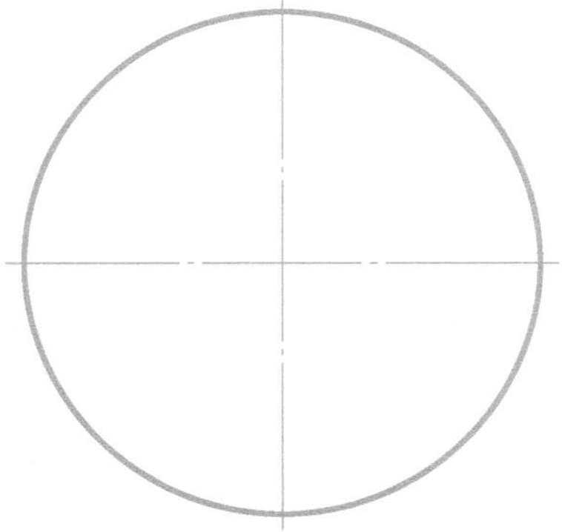

③ 在右侧的指定位置抄画下图。

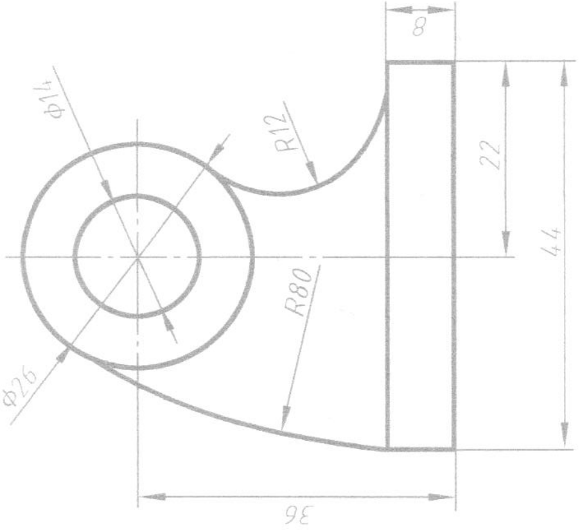

1-8　分析平面图形的尺寸，回答以下问题。

① 下图中，有________个定位尺寸，它们是________________；有________段连接圆弧，是________________。

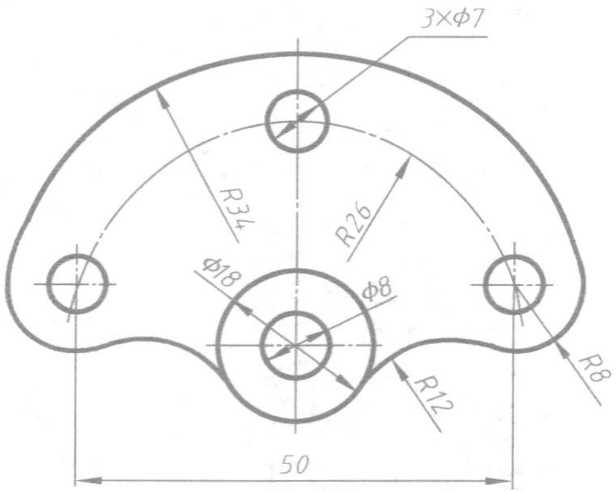

② 下图中，已知线段和已知圆弧是________________；中间线段和中间圆弧是________________；连接线段和连接圆弧是________________。

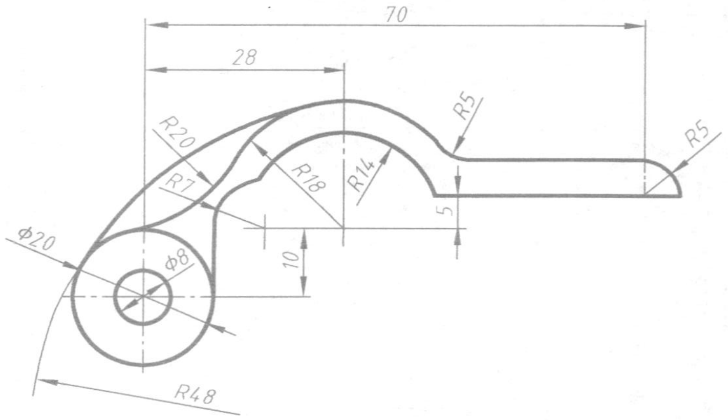

班级：　　　　学号：　　　　姓名：

1-9　指出图中不合理或错误的尺寸（画×），在下图中完整地标注尺寸（数值在图中按 1 : 1 比例量取，并取整）。

①

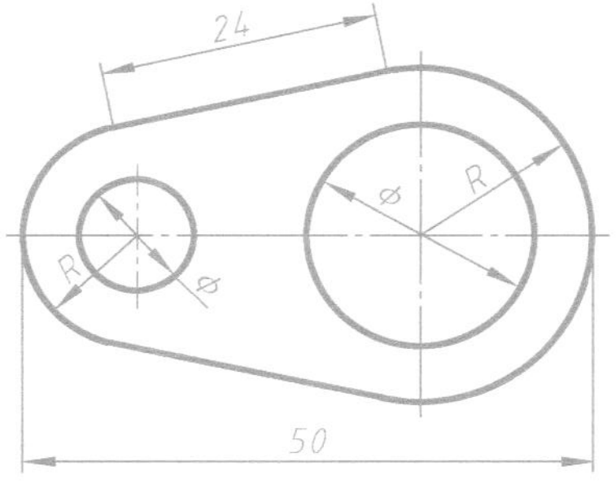

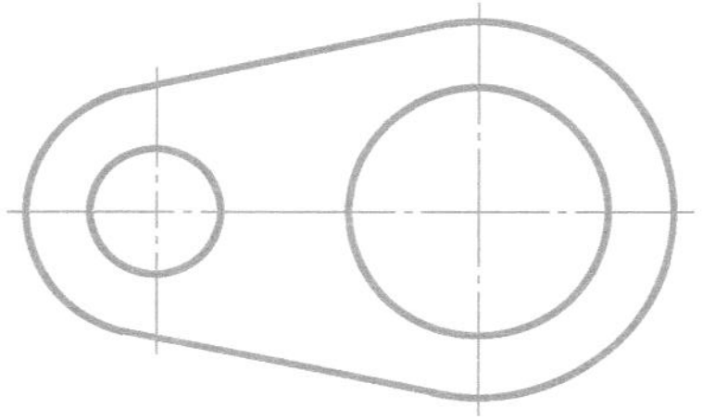

尺寸总数为________。

②

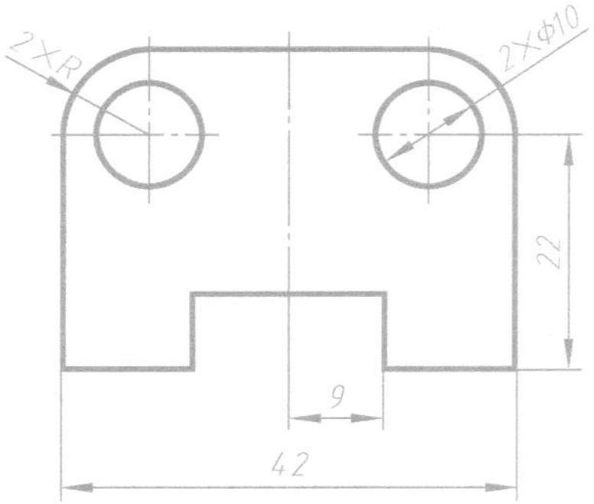

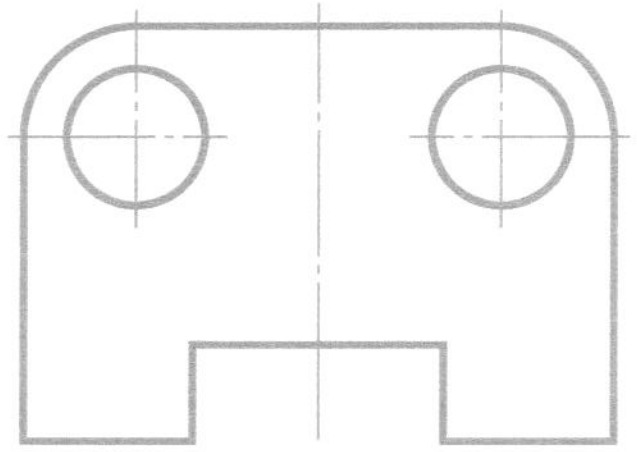

尺寸总数为________。

③

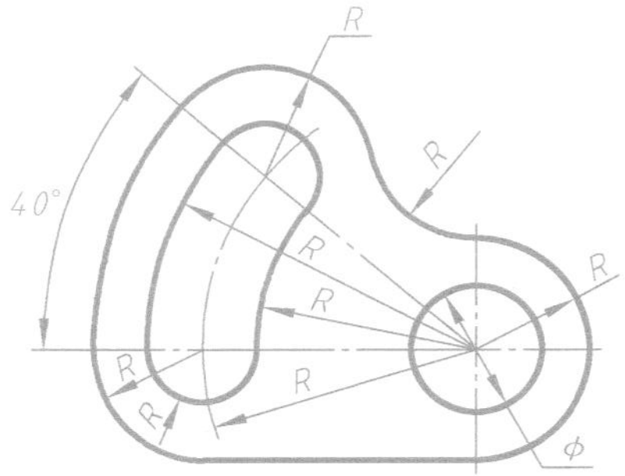

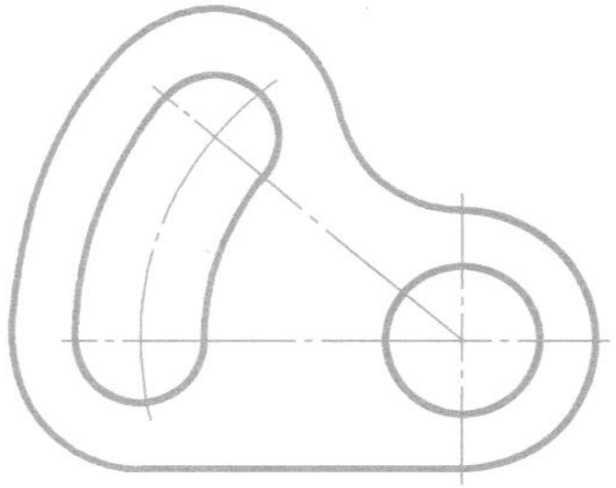

尺寸总数为________。

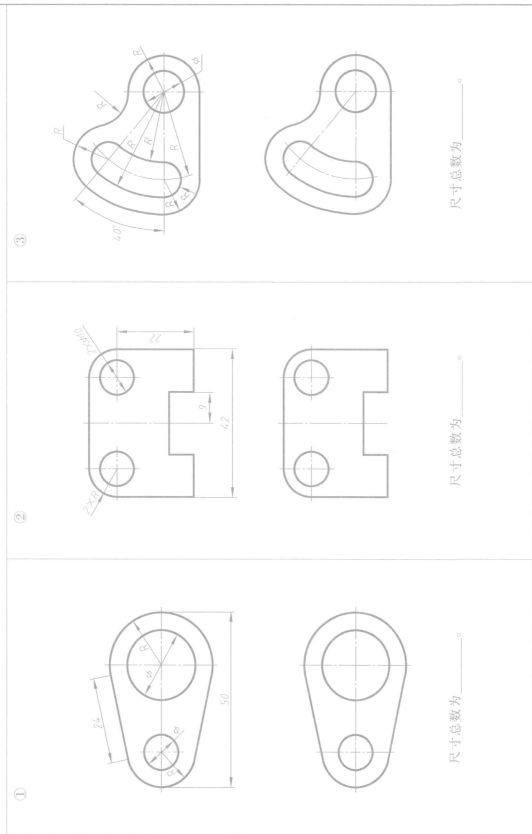

1-10　标注平面图形尺寸（数值在图中按 1∶1 比例量取，并取整）。

①

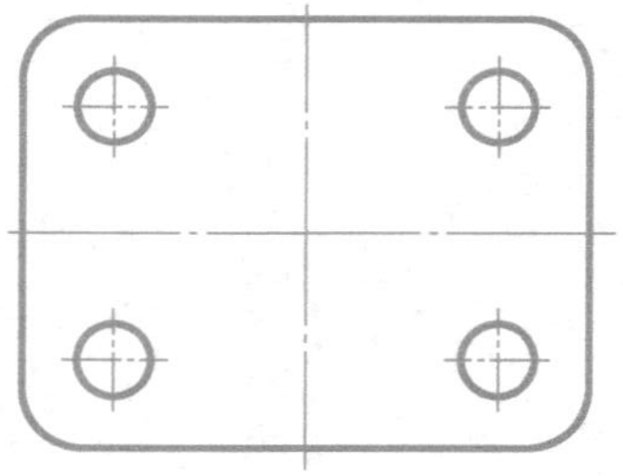

②

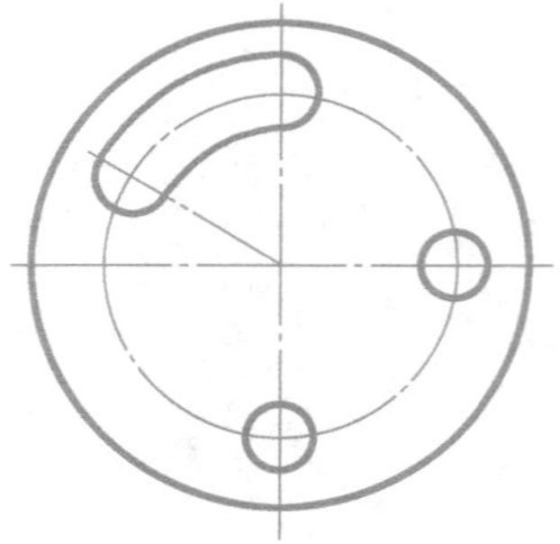

③

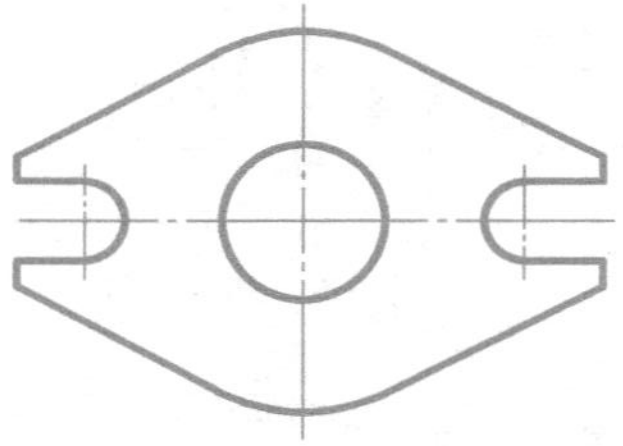

④

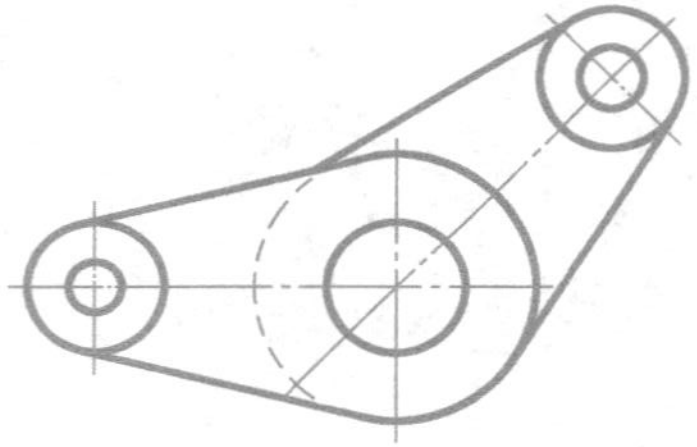

1-11　大作业：以 A4 图幅、1：1 比例，或者 A3 图幅、2：1 比例抄画如下吊钩图形。

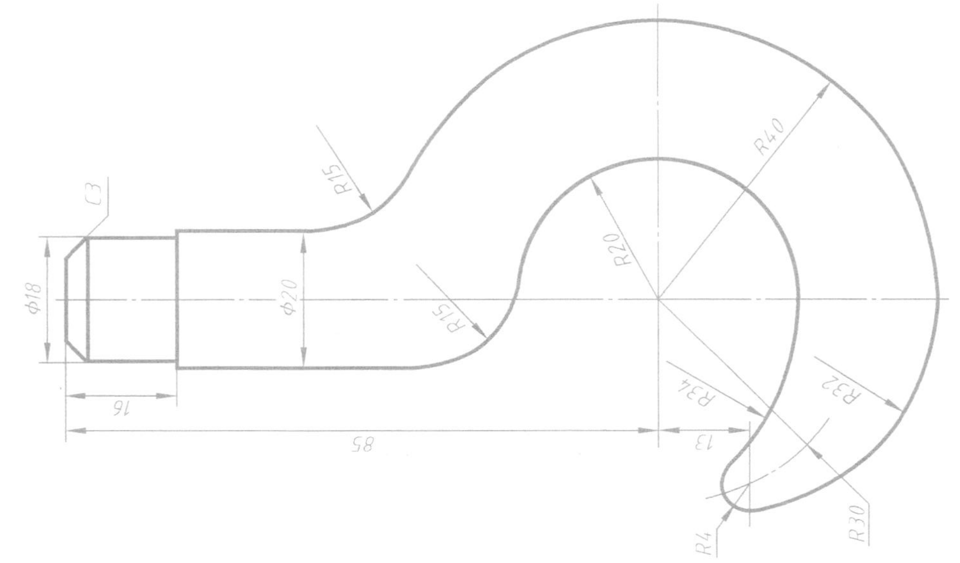

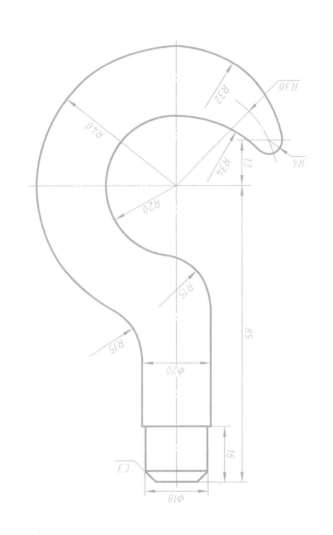

1-12　大作业：以 A4 图幅、1∶1 比例，或者 A3 图幅、2∶1 比例抄画下图。

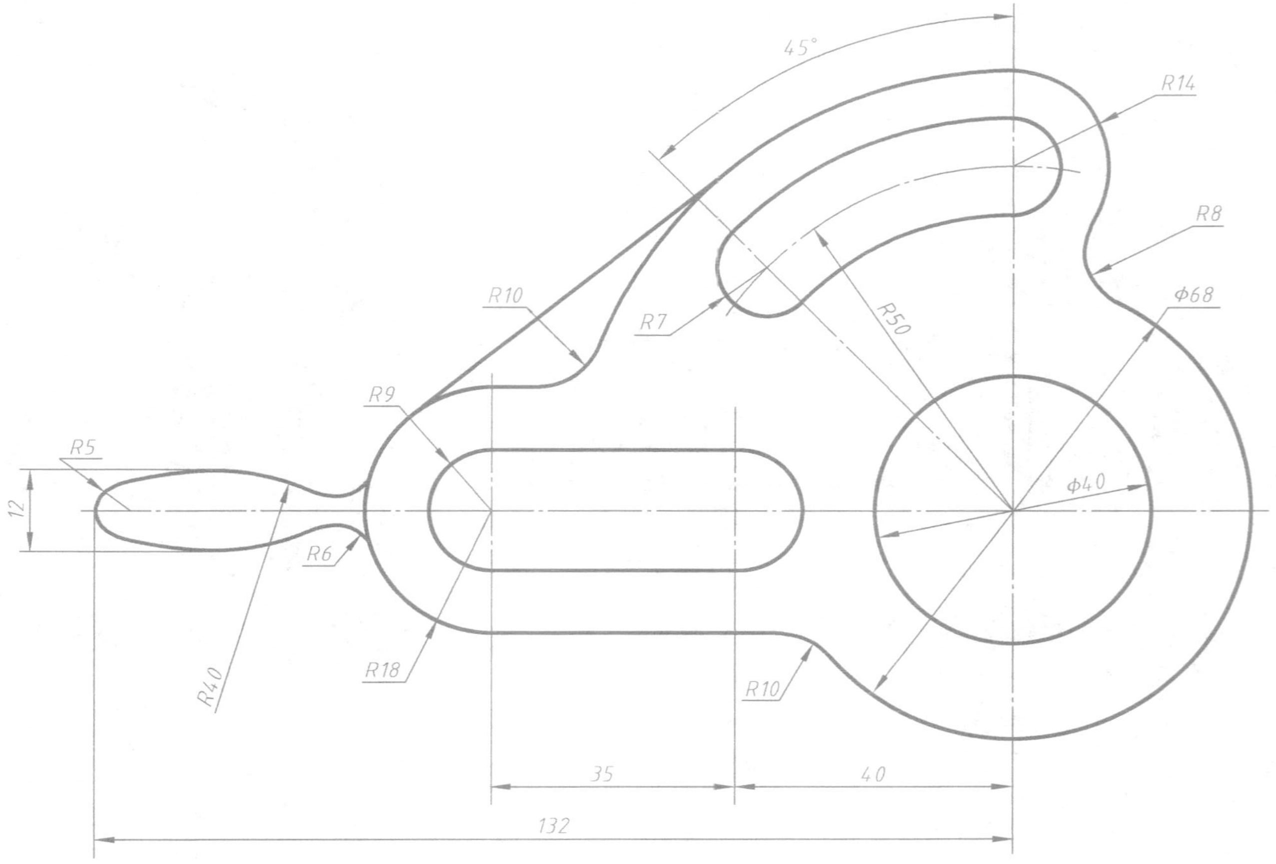

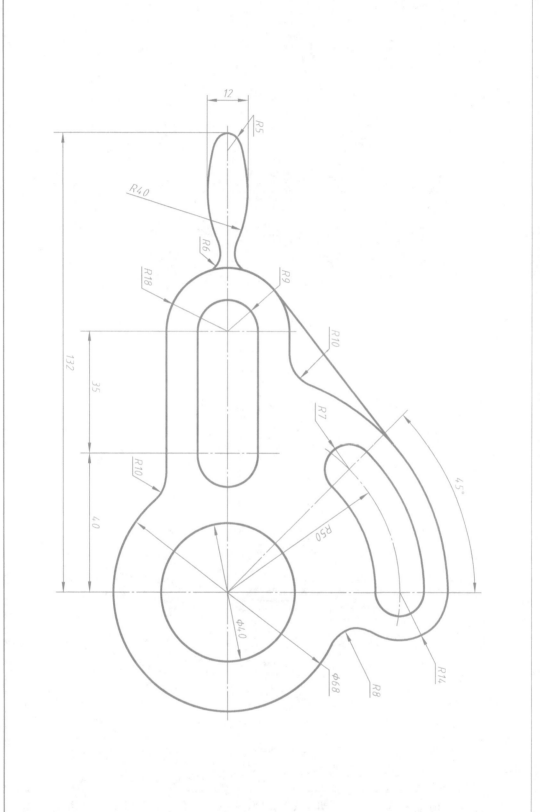

1-13　将所给图形徒手画在右侧的指定位置处。

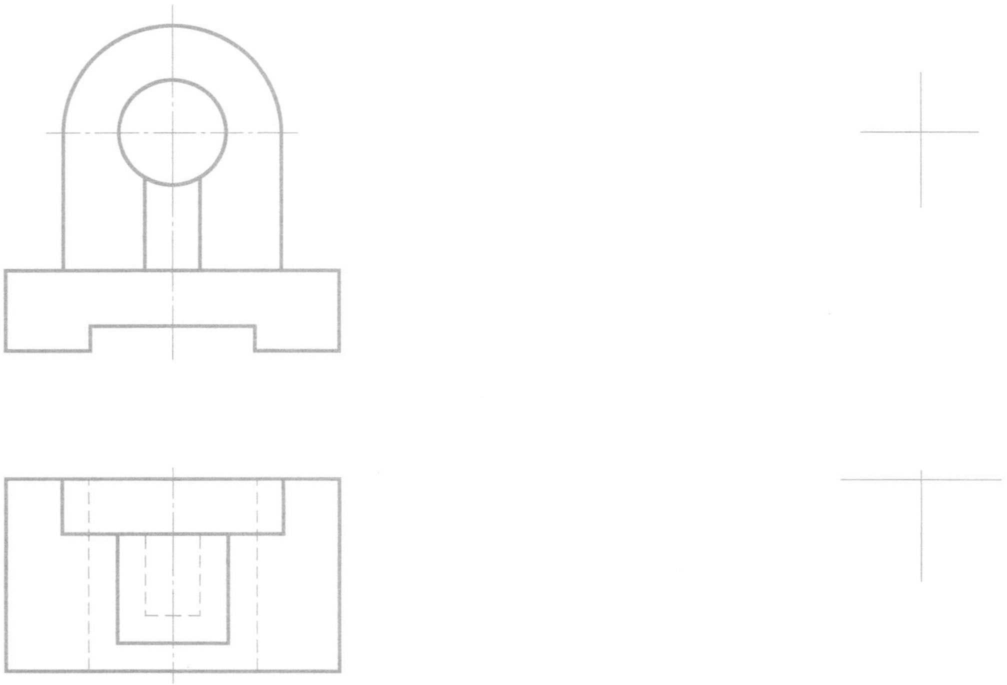

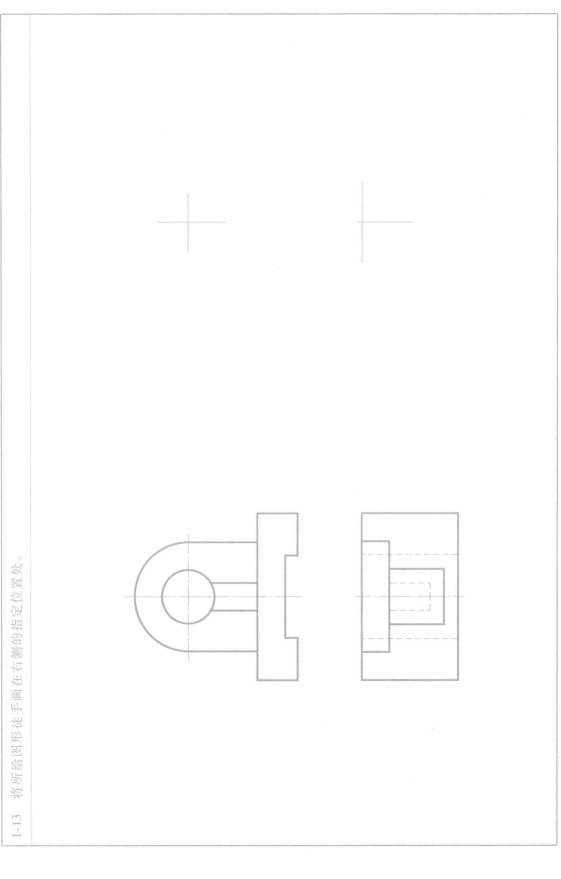

2-1　以 1 : 1 的比例用 AutoCAD 绘制图形（只绘图形，暂不标注尺寸）。

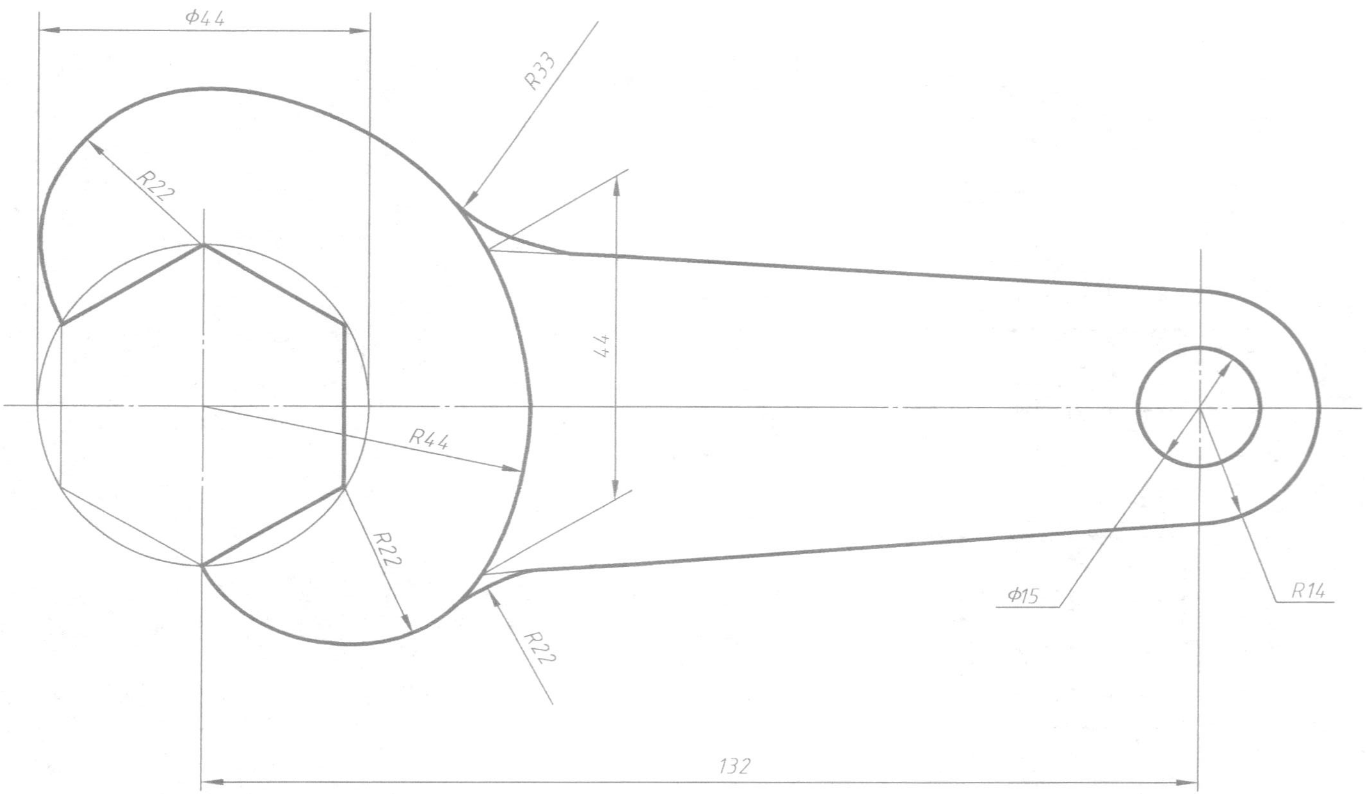

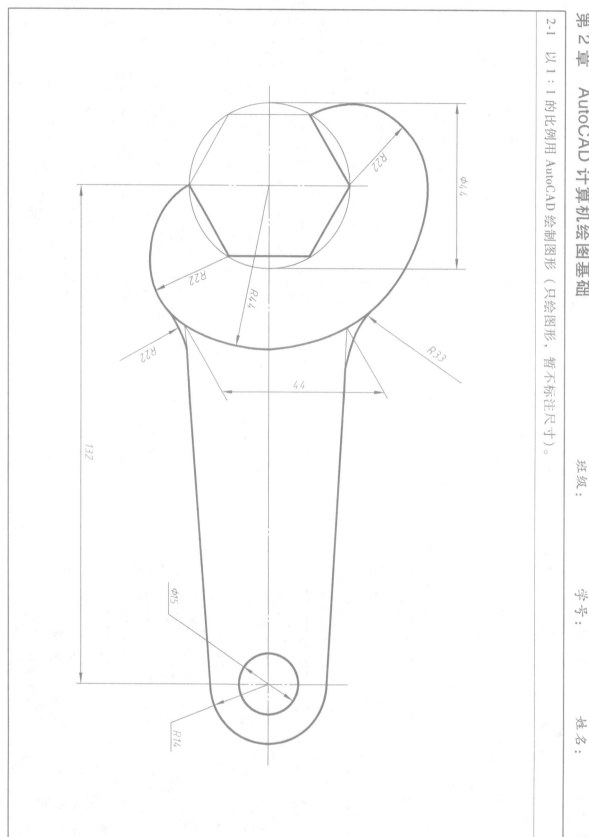

2-2　用 AutoCAD 创建 A4 图纸并按 1 : 1 的比例绘制图形（只绘图形，暂不标注尺寸）。

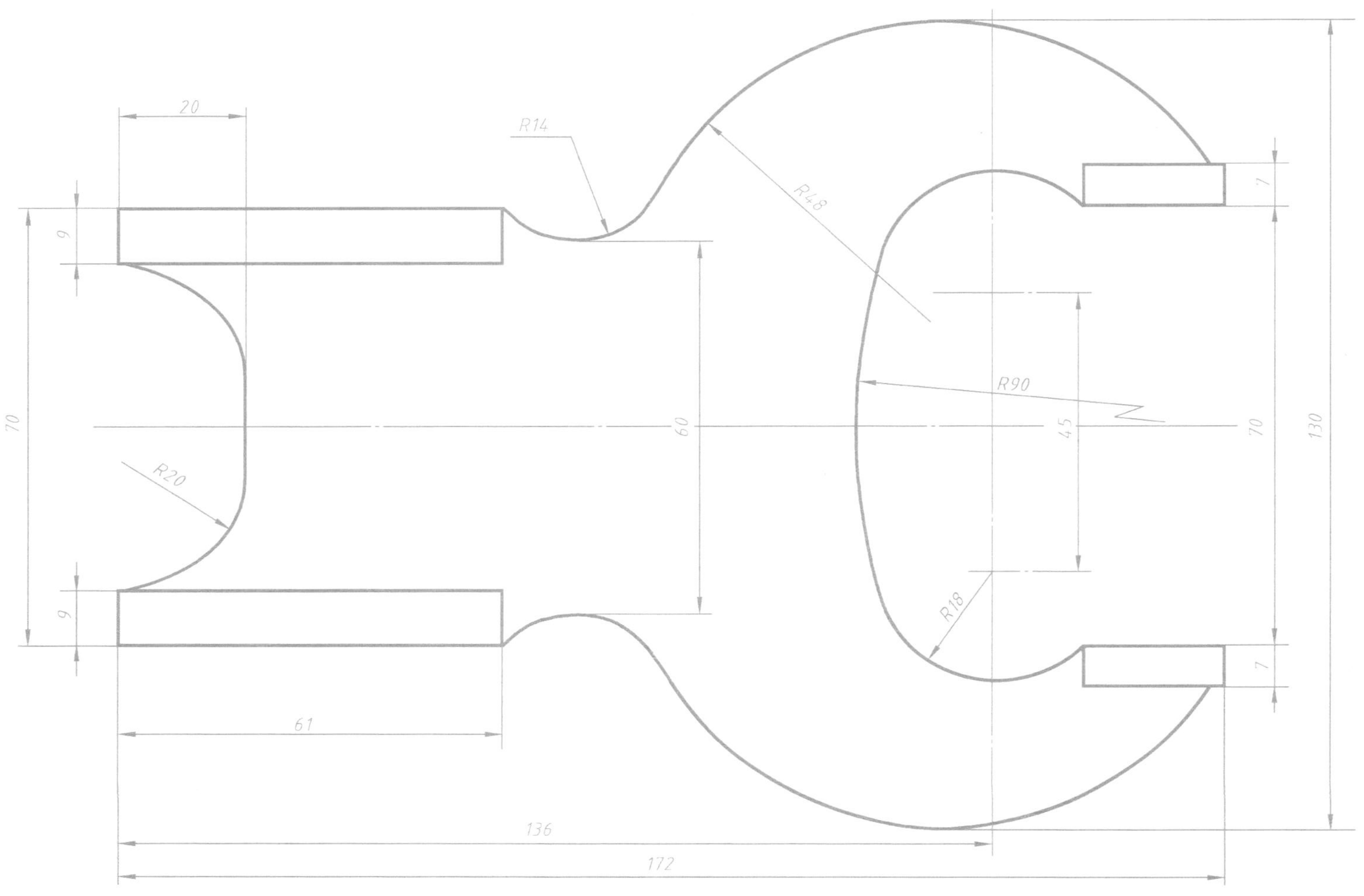

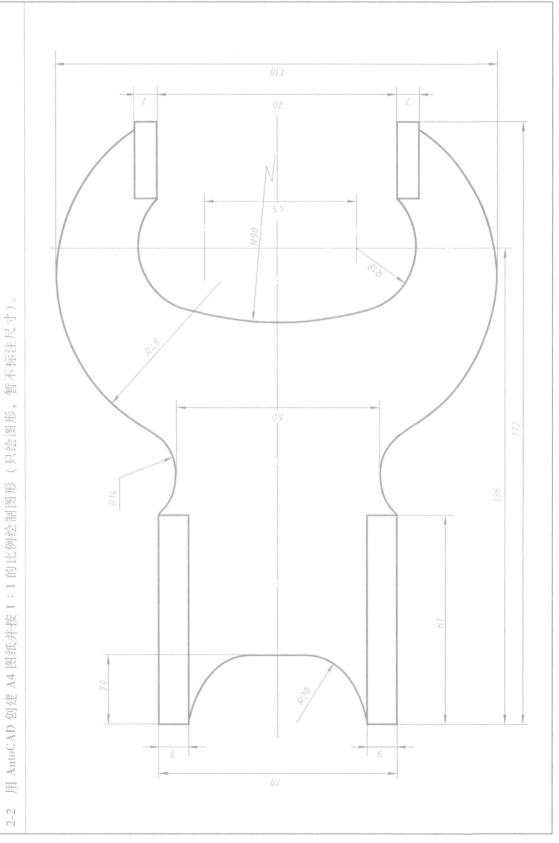

第 3 章 正投影基础

班级：　　　　学号：　　　　姓名：

3-1 已知点 A（25，15，20）、点 B（0，20，30），作出各点的投影图。

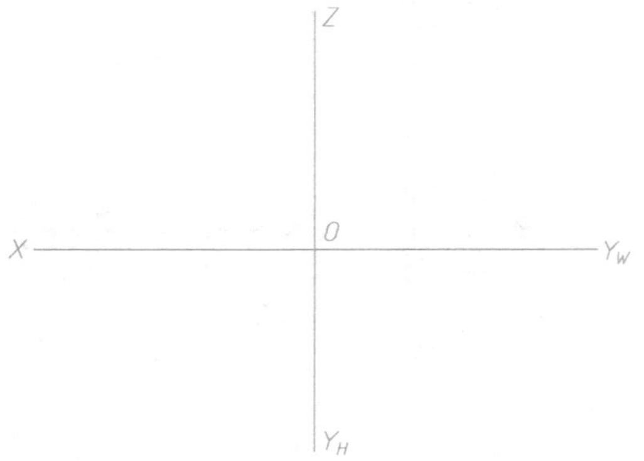

3-2 已知 A、B、C 三点的两面投影，求第三面投影。

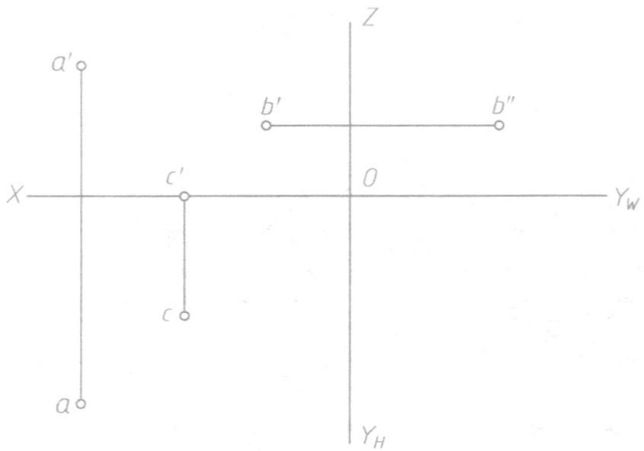

3-3 已知 A、B、C、D 四点到投影面的距离（单位为 mm），作出各点的三面投影图。

	距 V 面	距 H 面	距 W 面
A	20	13	15
B	15	0	20
C	5	20	0
D	10	0	0

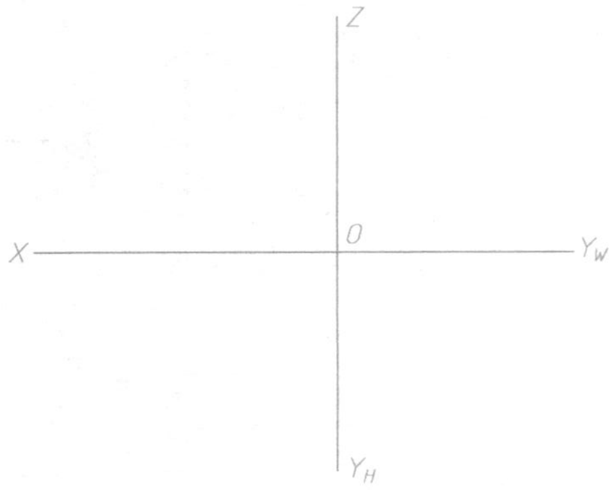

3-4 比较 C、D 两点的相对位置。

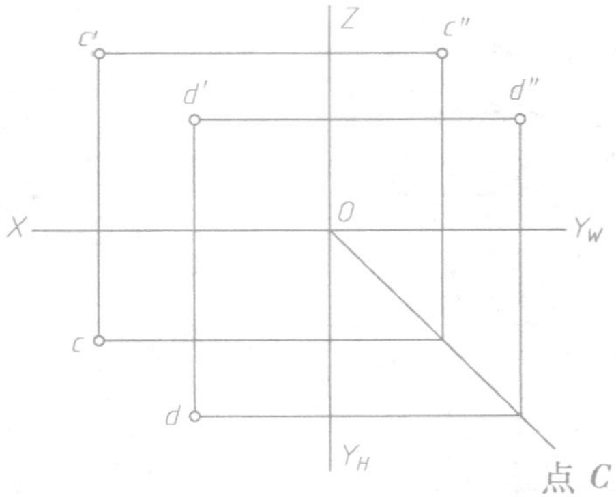

点 C 在点 D 的____方____ mm 处；

点 C 在点 D 的____方____ mm 处；

点 C 在点 D 的____方____ mm 处。

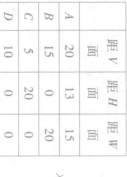

3-5　已知点 *B* 在点 *A* 的正上方 12mm 处，点 *C* 与点 *B* 同高且在点 *B* 的前方 10mm、左方 18mm 处，作出各点的三面投影。

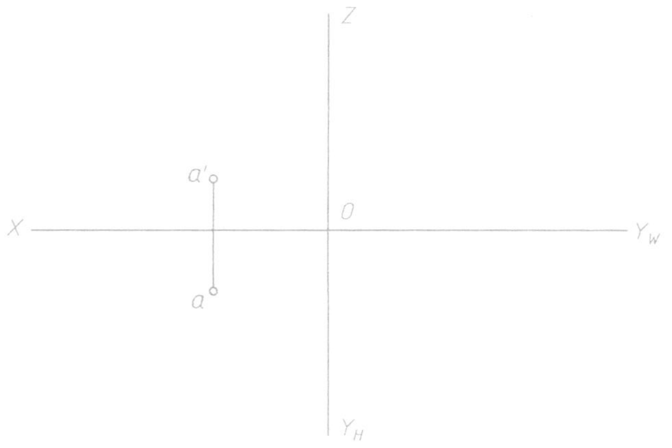

3-6　求各点的第三面投影并判断重影点，不可见投影加圆括号。

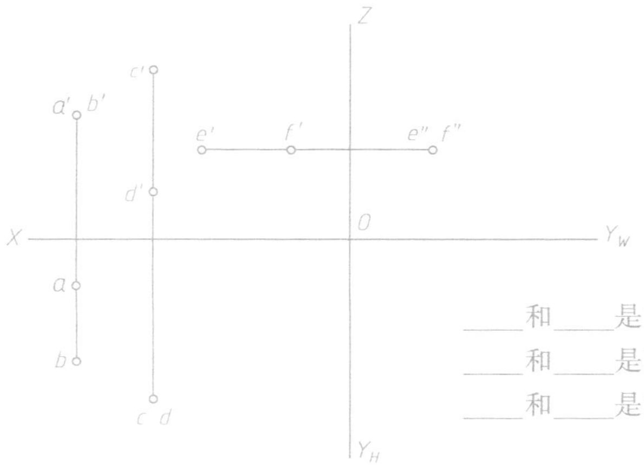

____和____是对 *H* 面的重影点；
____和____是对 *V* 面的重影点；
____和____是对 *W* 面的重影点。

3-7　已知点 *A* 距 *V* 面 15mm，点 *B* 距 *V* 面 20mm、距 *H* 面 10mm，且点 *B* 在点 *A* 的左侧 35mm 处，作出两点的投影图。

3-8　已知点 *B* 与点 *A* 等高，且点 *B* 到三个投影面的距离均相等，求点 *B* 的三面投影。

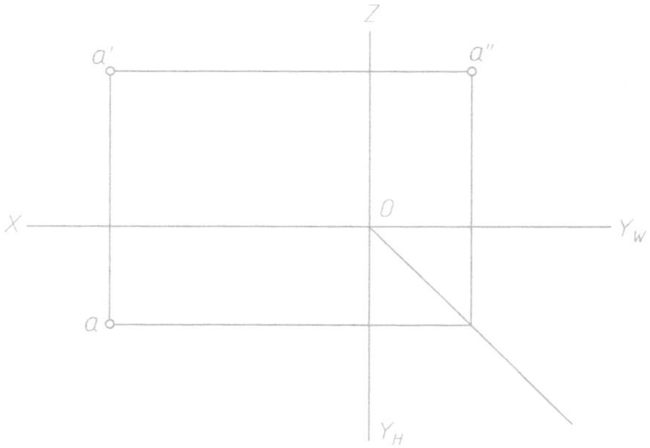

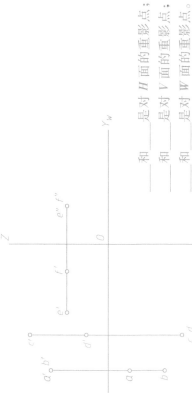

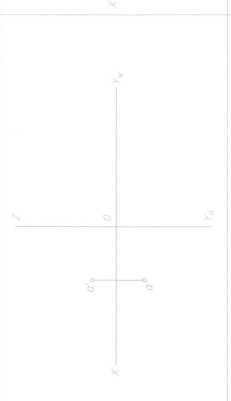

3-9　作出下列各直线的第三面投影，并判断它们与投影面的相对位置。

①

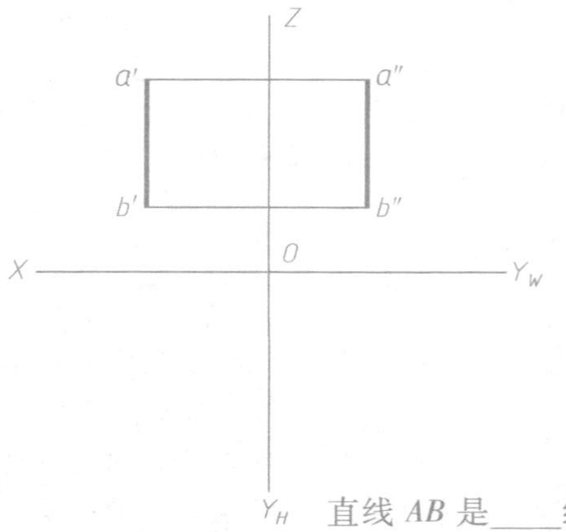

直线 *AB* 是____线。

②

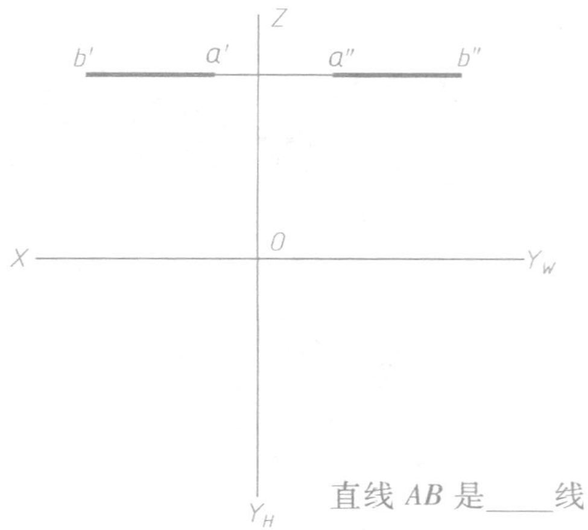

直线 *AB* 是____线。

③

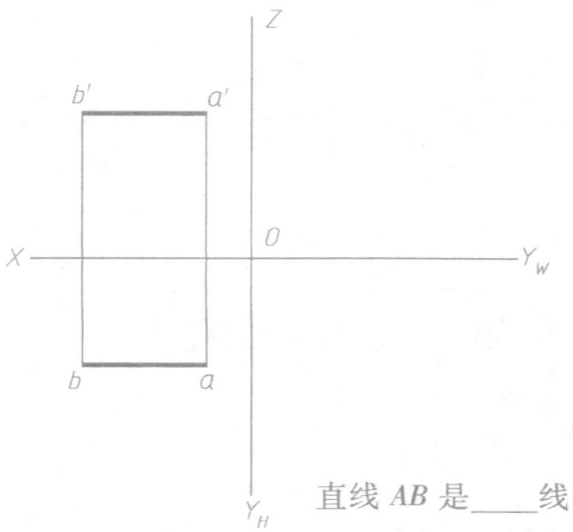

直线 *AB* 是____线。

④

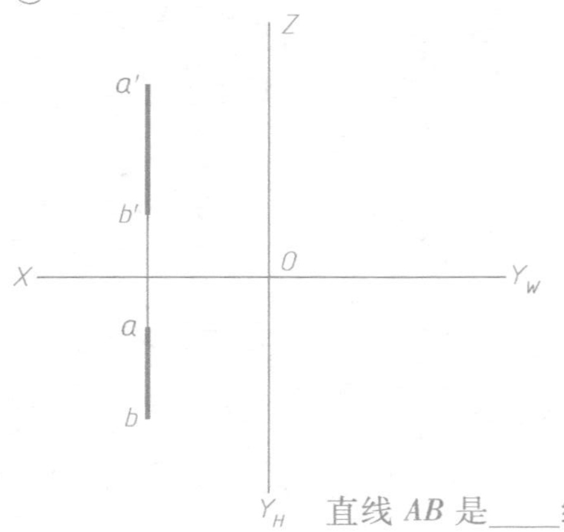

直线 *AB* 是____线。

⑤

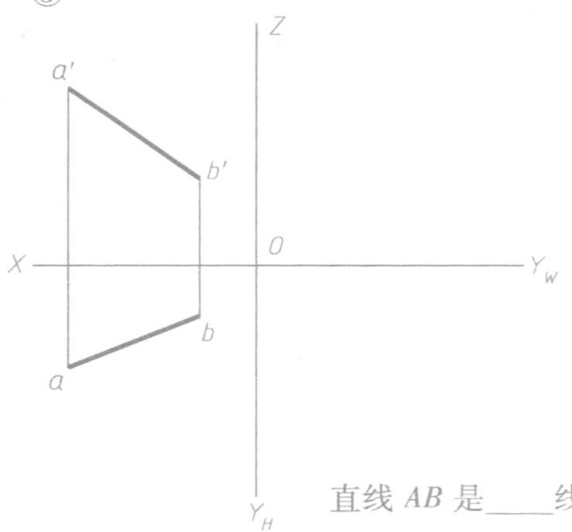

直线 *AB* 是____线。

⑥

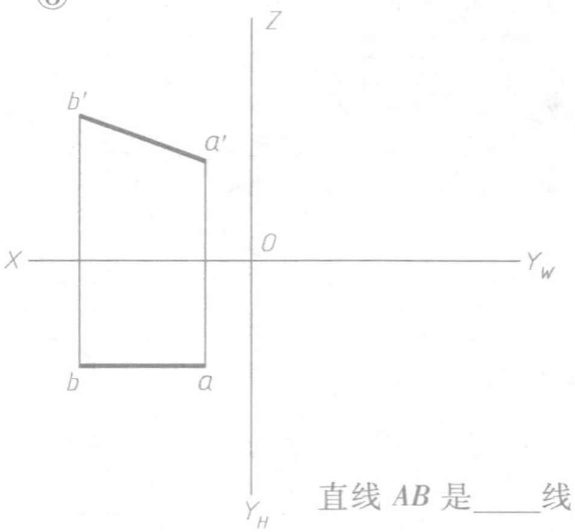

直线 *AB* 是____线。

3-10　过点 A 按给定条件画出直线 AB 的三面投影，说明有几个解，只画出其中一解即可。

① $AB // V$ 面，$AB = 20mm$，$\gamma = 30°$。

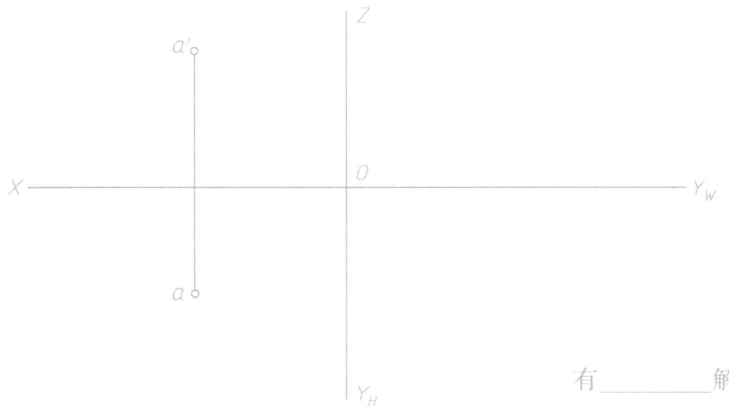

有________解。

② $AB // H$ 面，$AB = 20mm$，$\beta = 30°$。

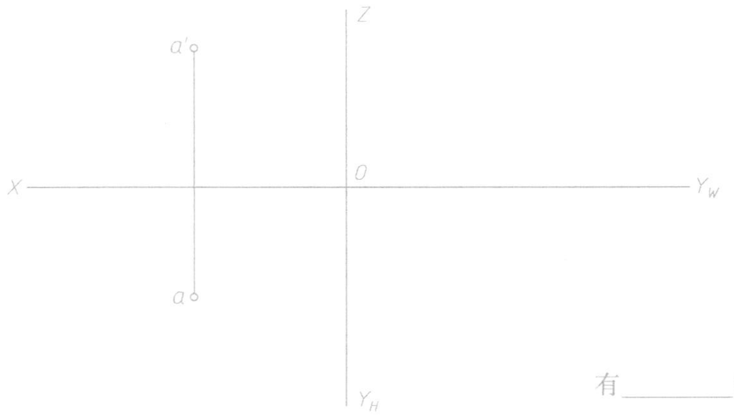

有________解。

③ $AB // W$ 面，$AB = 20mm$，$\alpha = 30°$。

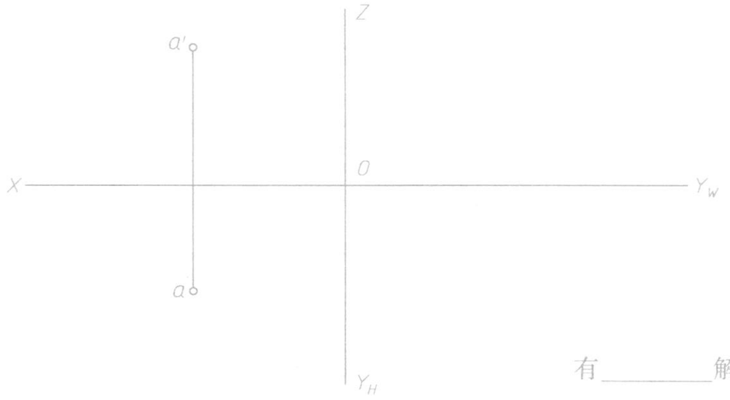

有________解。

④ $AB \perp H$ 面。

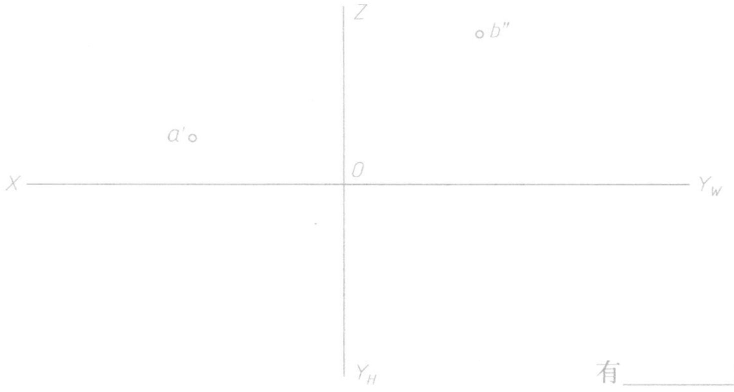

有________解。

3-11　已知水平线 AB 在 H 面上方 20mm 处，画出其他两面投影，并在 AB 上取一点 K，使 $AK=15$mm。

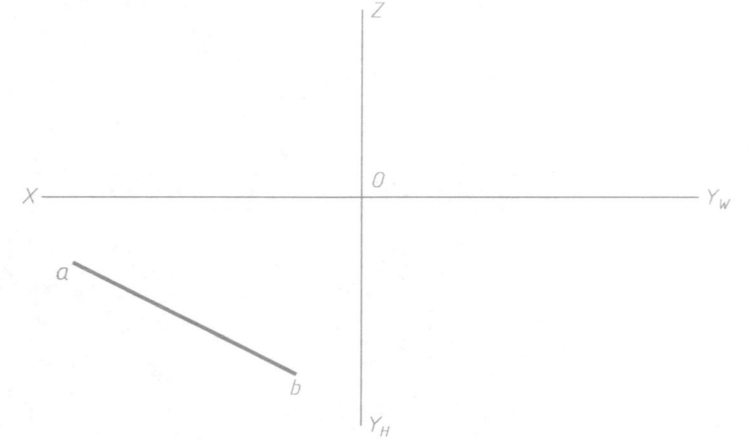

3-12　求直线 AB 的实长，及其对 H 面和 V 面的倾角 α 和 β。

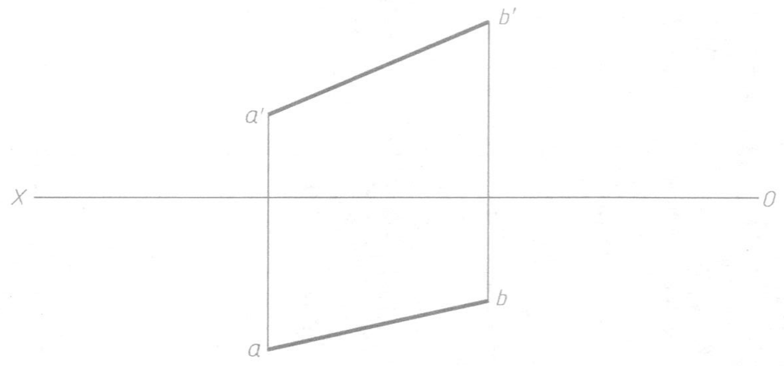

3-13　已知直线 EF 的水平投影 ef 及 e'，且 $EF=36$mm，完成它的正面投影。

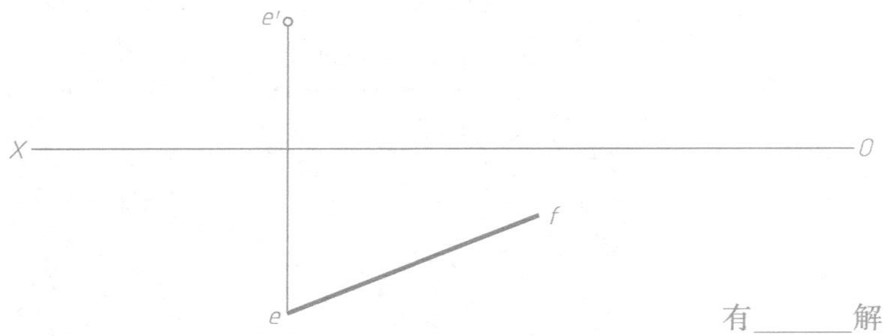

有______解。

3-14　已知直线 CD 的水平投影 cd 及 c'，$\beta=30°$，完成其正面投影。

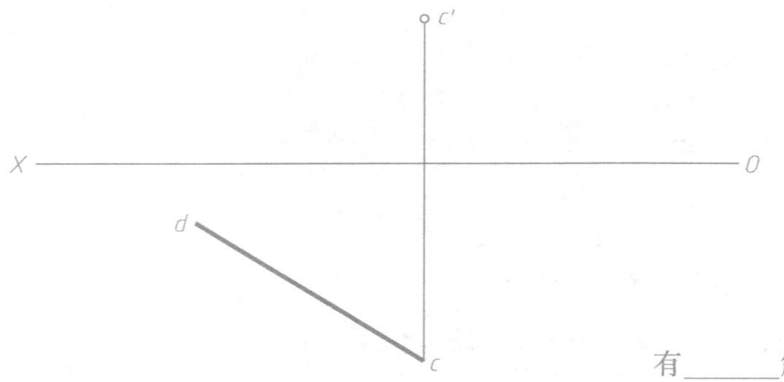

有______解。

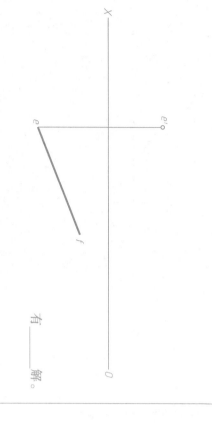

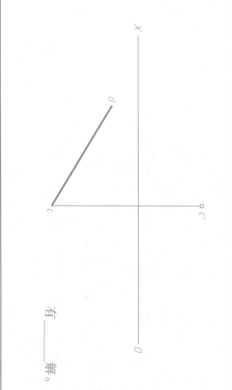

3-15　已知直线 AB 与 BC 的实长相等，并知 AB 的两面投影及 BC 的正面投影，求 BC 的水平投影。

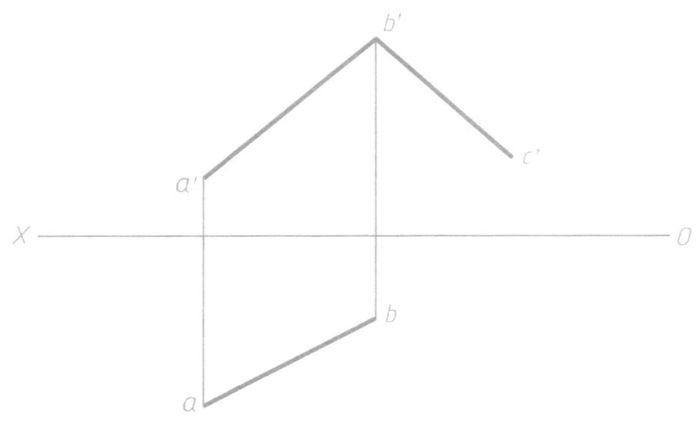

3-16　在直线 AB 上确定一点 C，使 $AC = 15\text{mm}$。

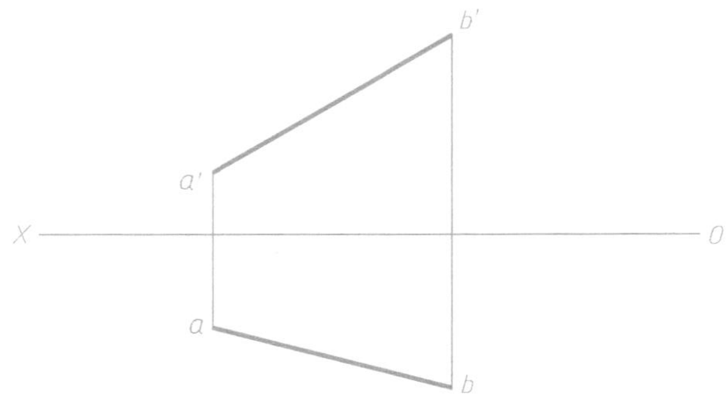

3-17　作直线 AB 的两面投影，其实长为 25mm，点 B 在 CD 上。

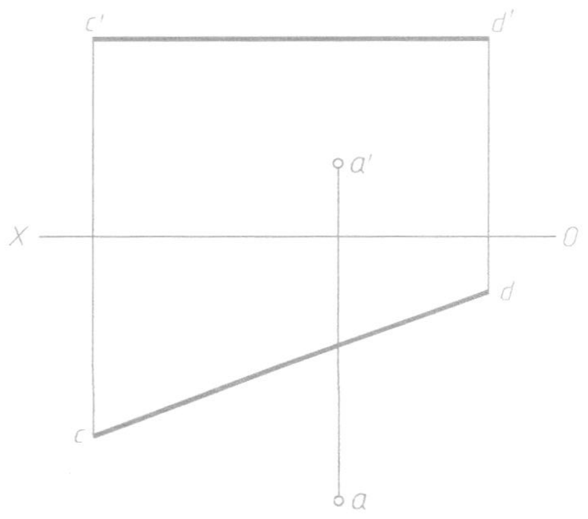

3-18　求 $\triangle ABC$ 中 $\angle BAC$ 的角平分线 AD 的投影。

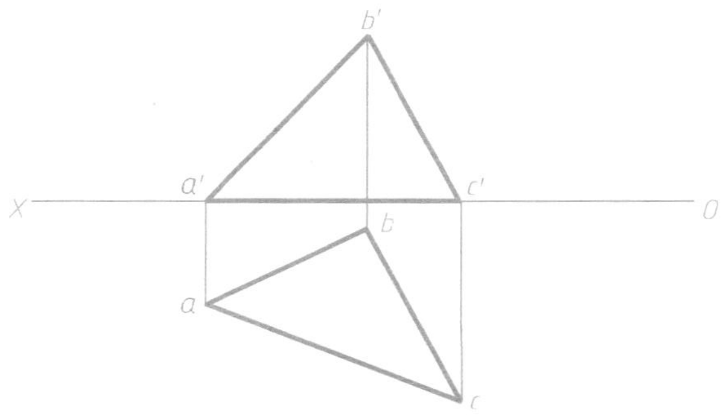

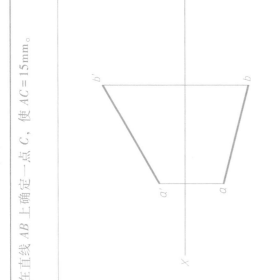

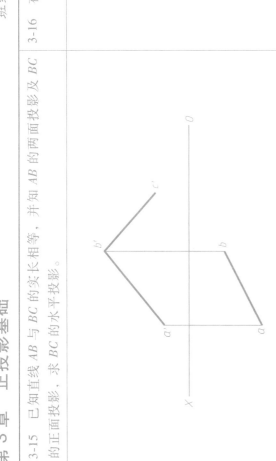

3-19　判断下列各图中的点 C 是否在直线 AB 上。

①

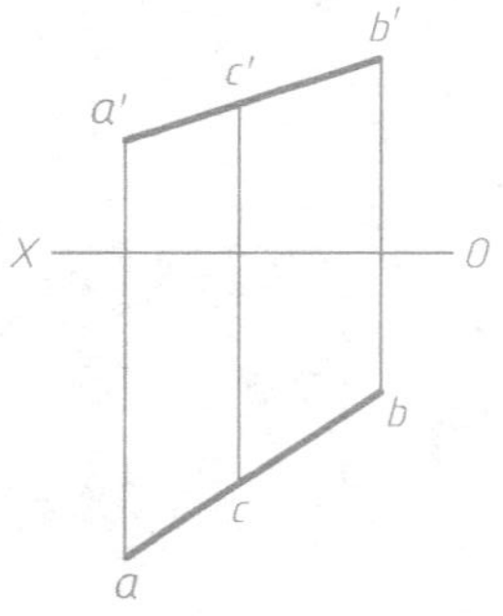

点 C ____直线 AB 上。

②

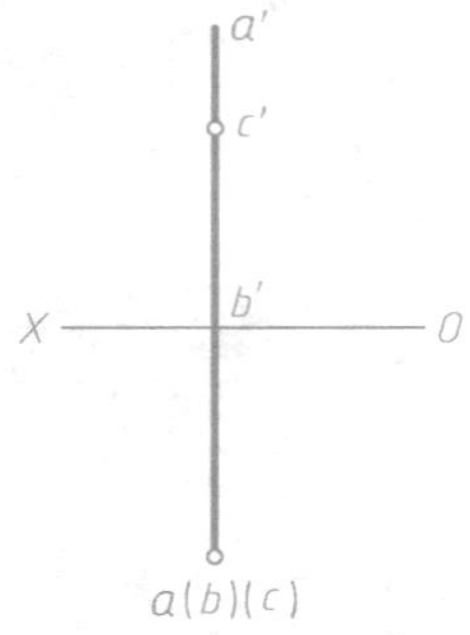

点 C ____直线 AB 上。

③

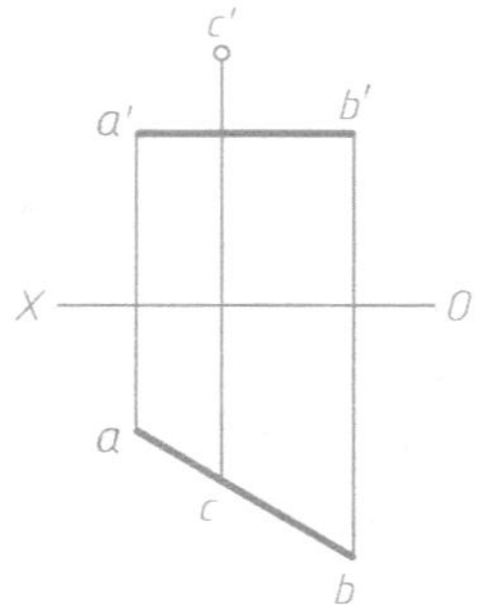

点 C ____直线 AB 上。

④

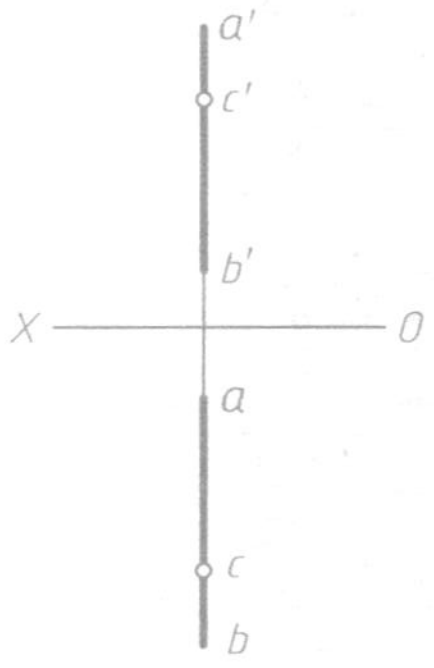

点 C ____直线 AB 上。

⑤

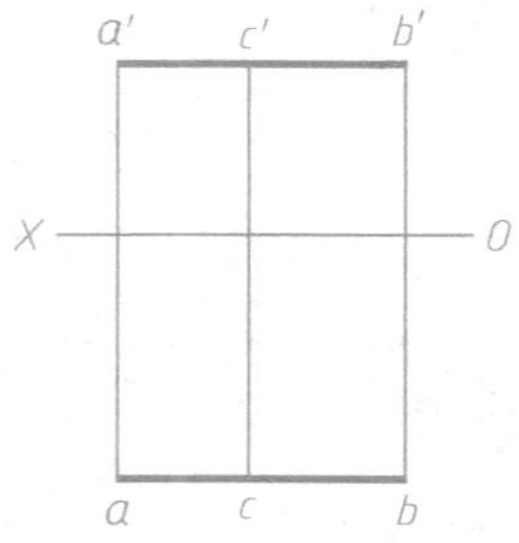

点 C ____直线 AB 上。

3-20　已知点 C 在直线 AB 上，且 $AC:CB=1:2$，求作点 C 的两面投影。

①

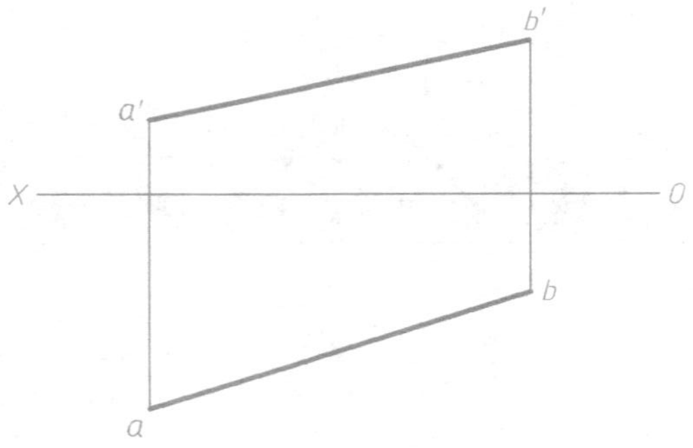

②

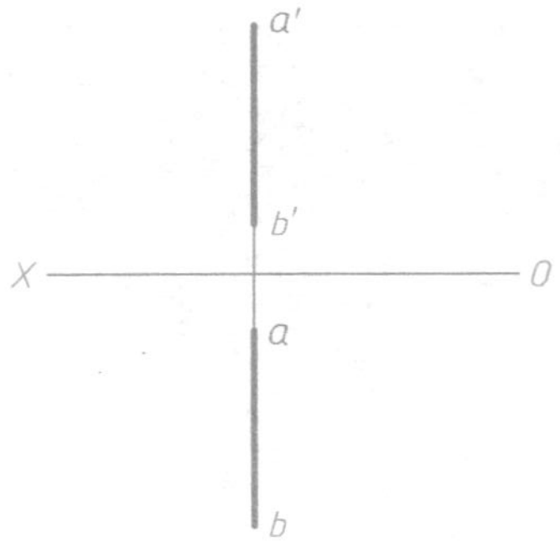

3-21　判断下列各图中两直线的相对位置（平行/相交/相错）。

①

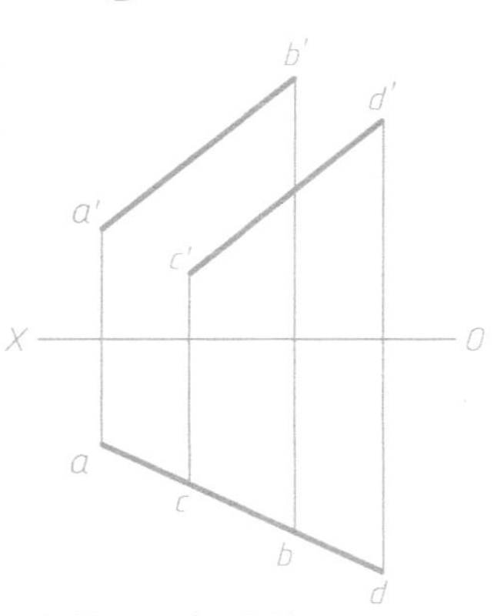

直线 *AB* 与直线 *CD* ___。

②

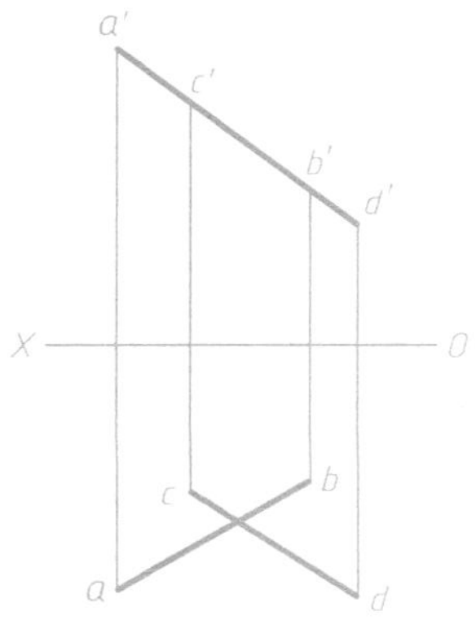

直线 *AB* 与直线 *CD* ___。

③

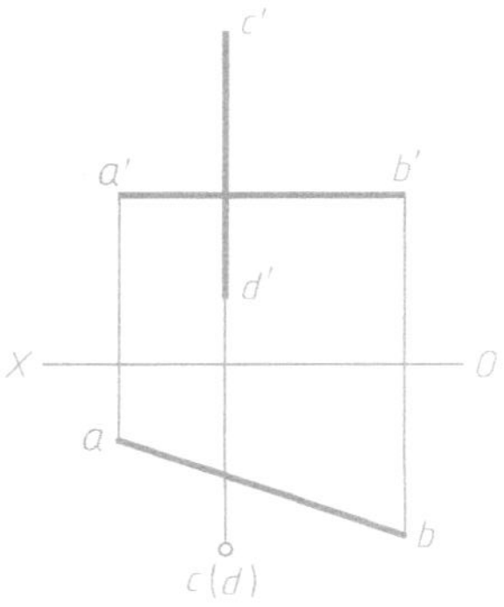

直线 *AB* 与直线 *CD* ___。

④

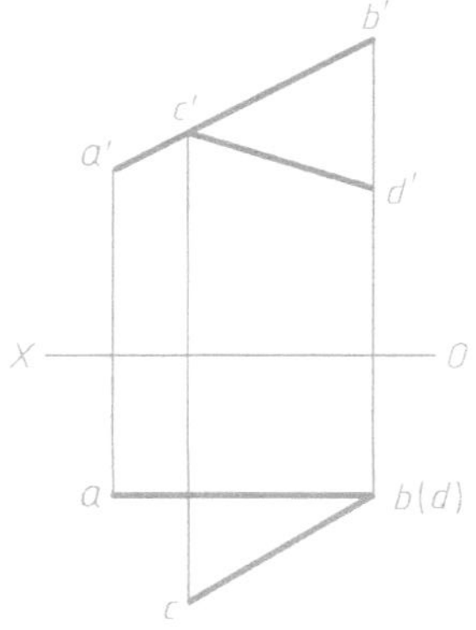

直线 *AB* 与直线 *CD* ___。

⑤

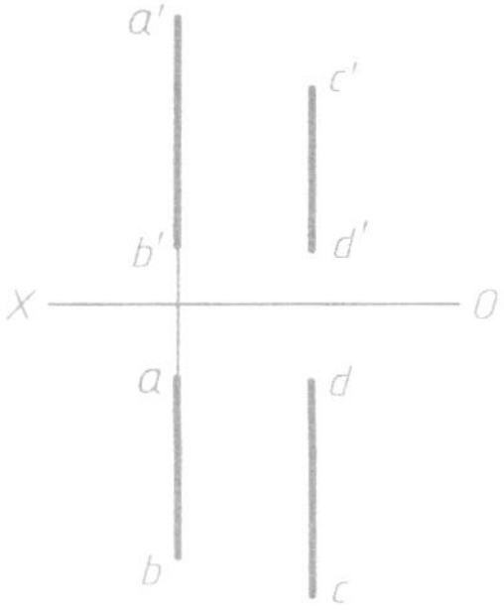

直线 *AB* 与直线 *CD* ___。

3-22　求直线 *MN*，使其与 *AB* 平行且与 *CD* 相交，作出其两面投影。

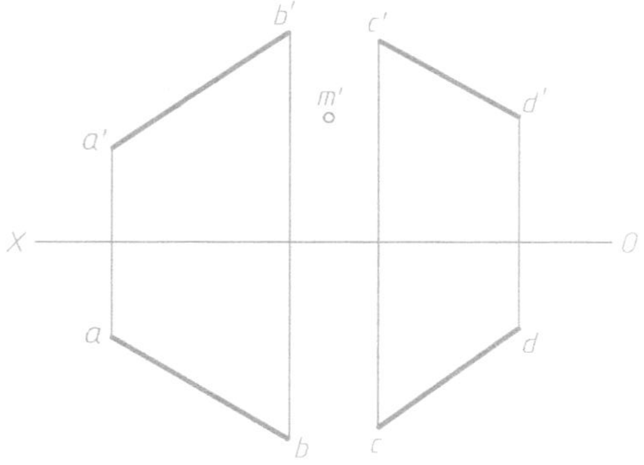

3-23　求直线 *MN*，使其与 *AB*、*CD* 都相交，作出其两面投影。

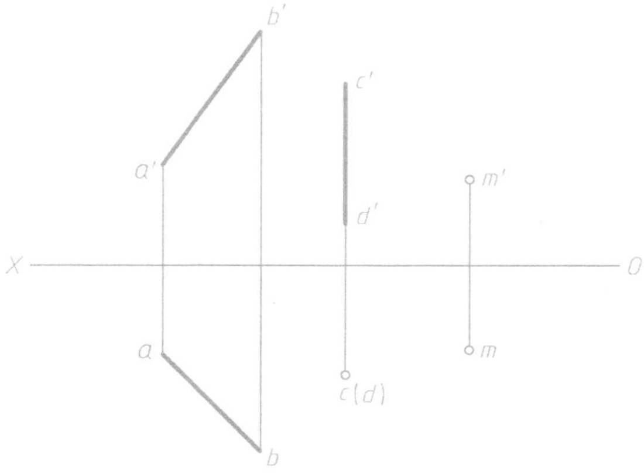

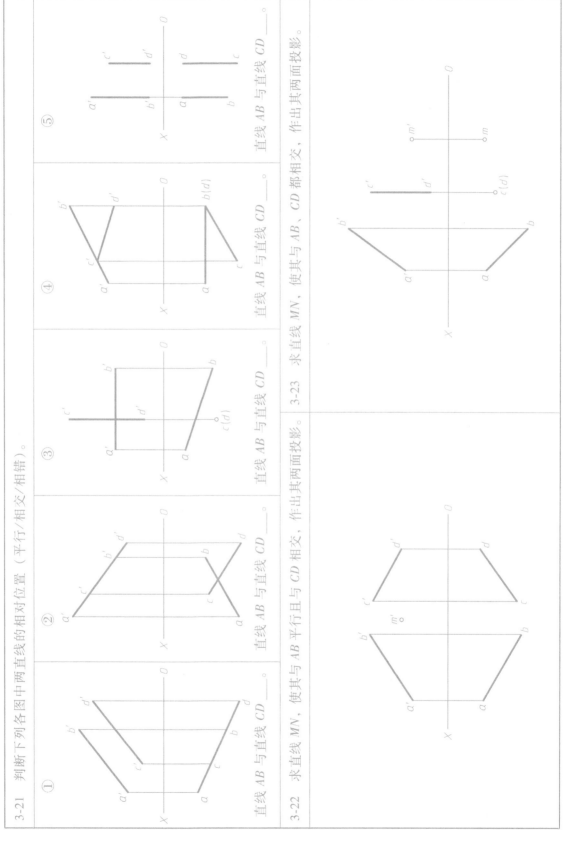

3-24　求一直线 MN，使其与 AB 平行，与 CD 相交且交点与 V 面、H 面等距，作出其两面投影。

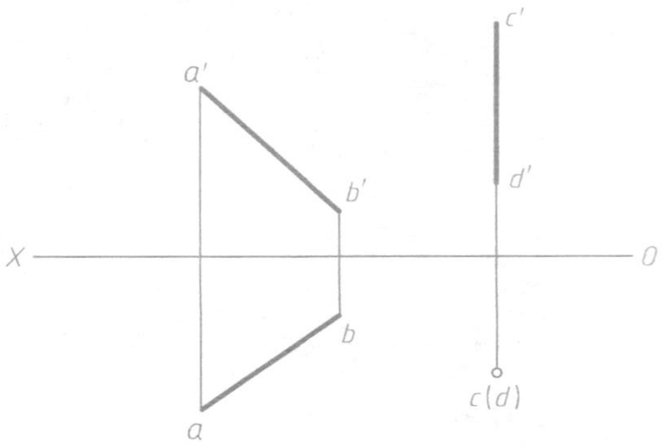

3-25　求一直线 MN，使其与 AB、CD 相交，且距 H 面 15mm，作出其两面投影。

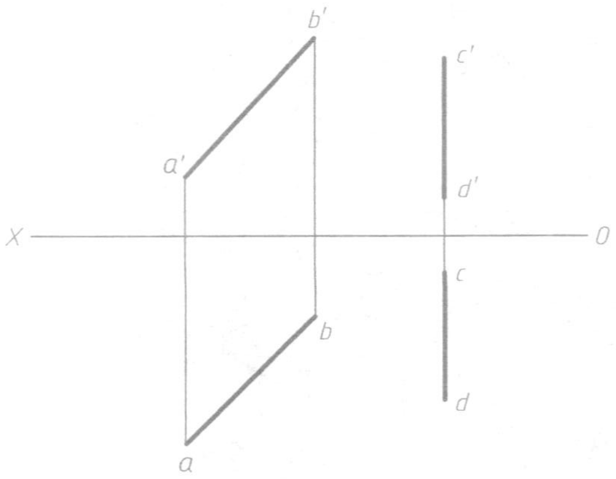

3-26　判断下列两直线是否垂直。

①

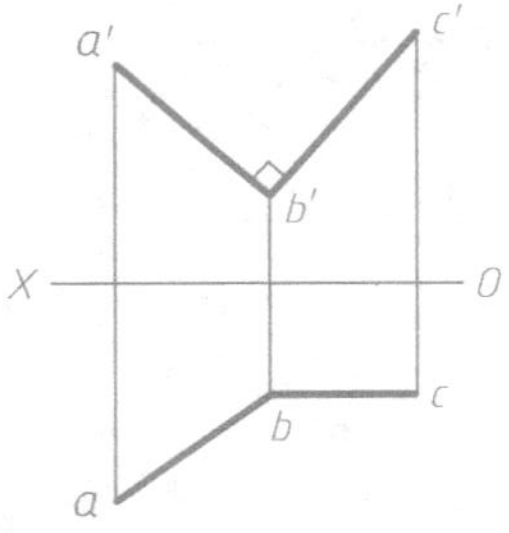

直线 AB 与直线 BC ____。

②

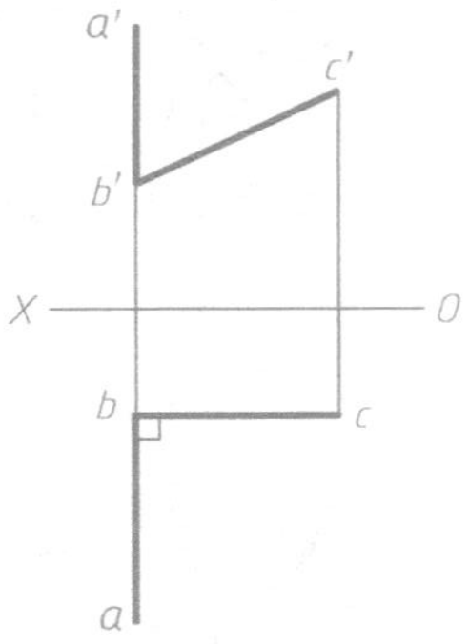

直线 AB 与直线 BC ____。

③

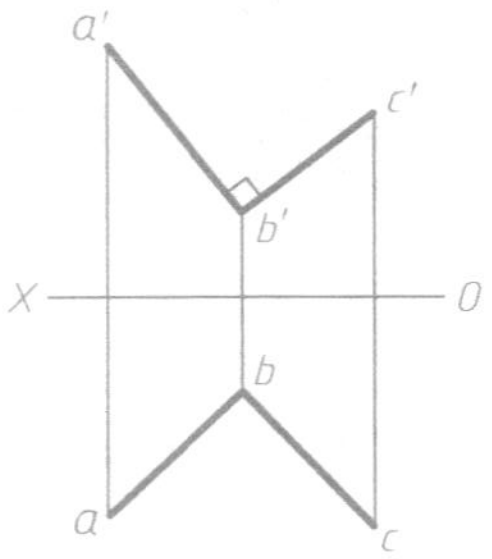

直线 AB 与直线 BC ____。

④

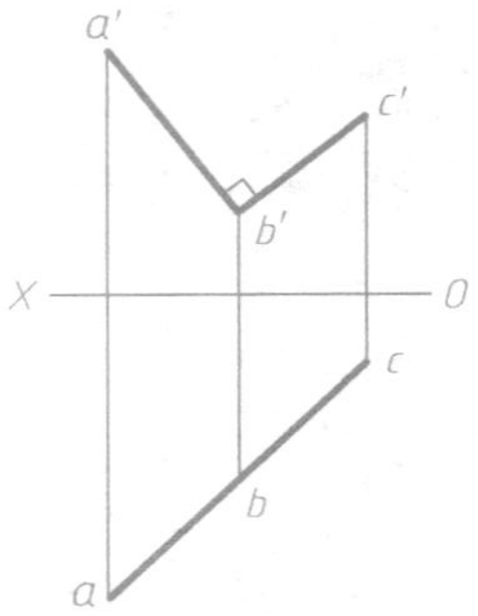

直线 AB 与直线 BC ____。

⑤

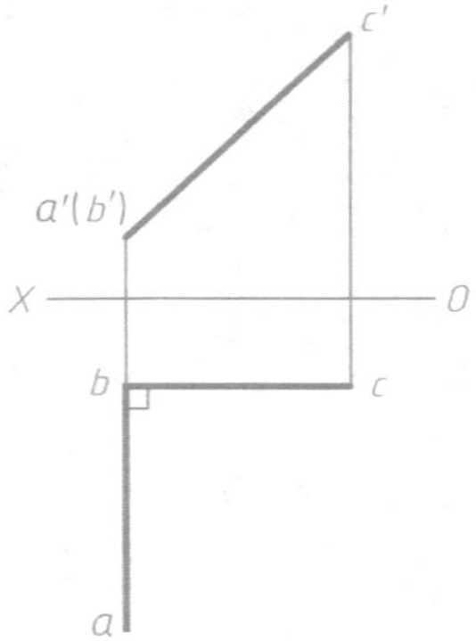

直线 AB 与直线 BC ____。

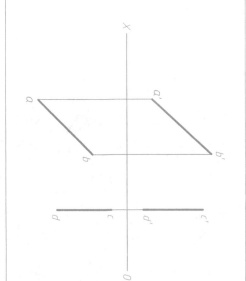

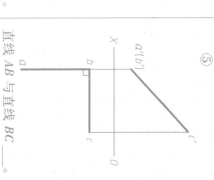

3-27　应用直角定理，求过点 M 与 CD 异面垂直的直线，作出一种答案的两面投影。

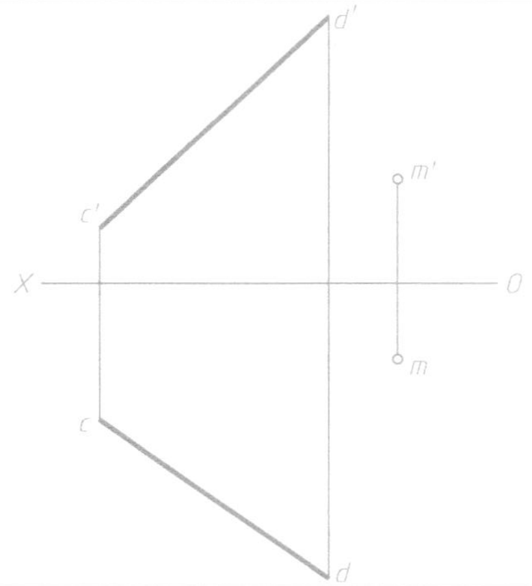

3-28　完成正方形 $ABCD$ 的两面投影。

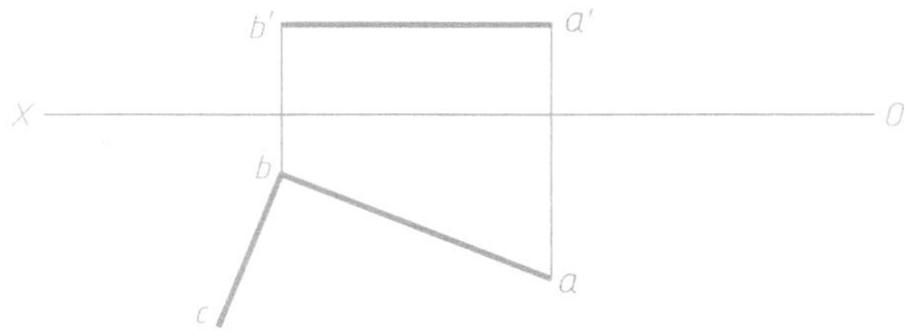

3-29　线段 CM 是等腰 $\triangle ABC$ 的高，点 A 在 H 面上，点 B 在 V 面上，作出 $\triangle ABC$ 的两面投影。

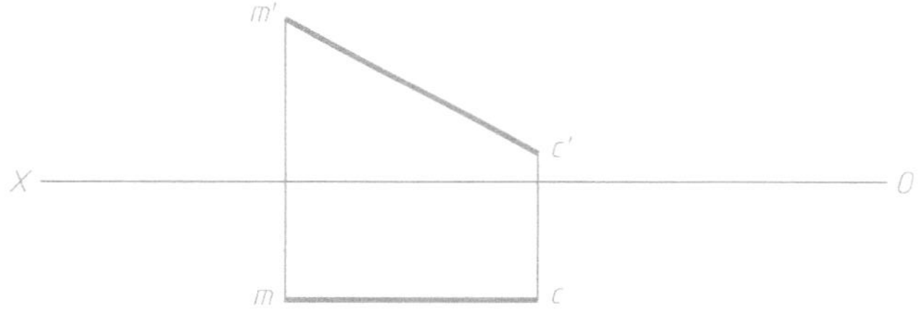

3-30　作等边 $\triangle ABC$，顶点 A 的位置已确定，并知 BC 在直线 EF 上，完成 $\triangle ABC$ 的两面投影。

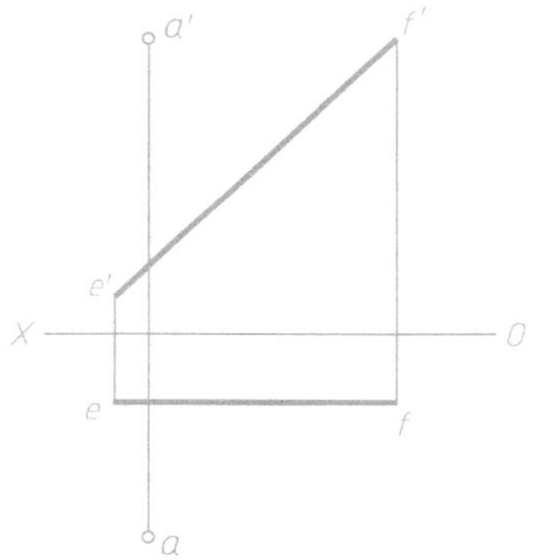

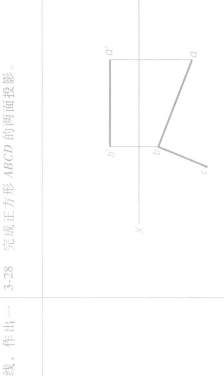

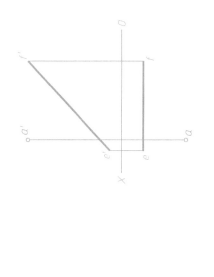

班级：　　　　学号：　　　　姓名：

3-31　求两异面直线之间的最短距离（投影和实长）。

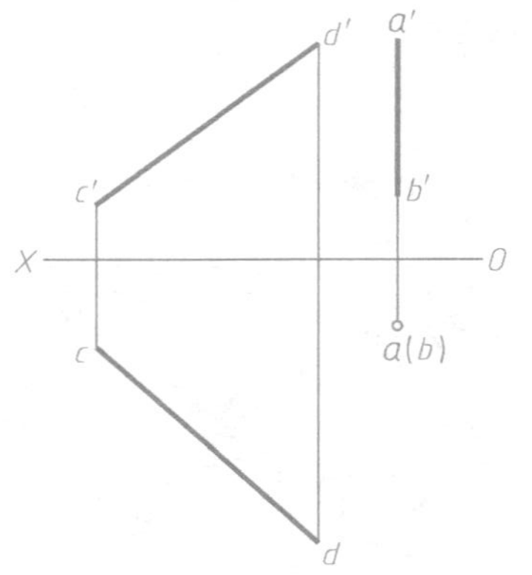

3-32　已知点 A 到直线 BC 的距离实长为 20mm，求 a'。

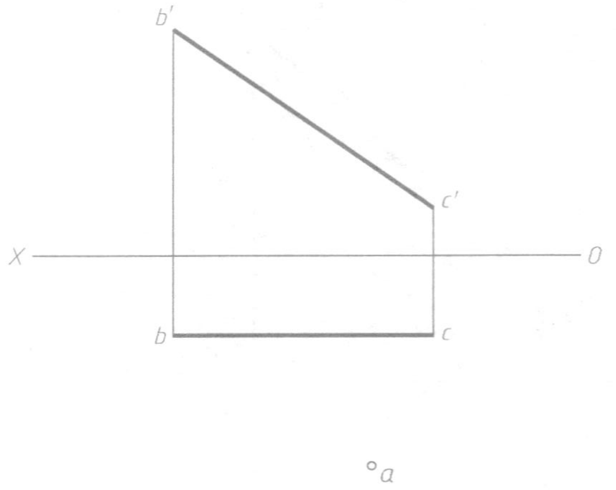

3-33　已知两平行直线 AB 与 CD 之间的距离实长为 20mm，求 $c'd'$。

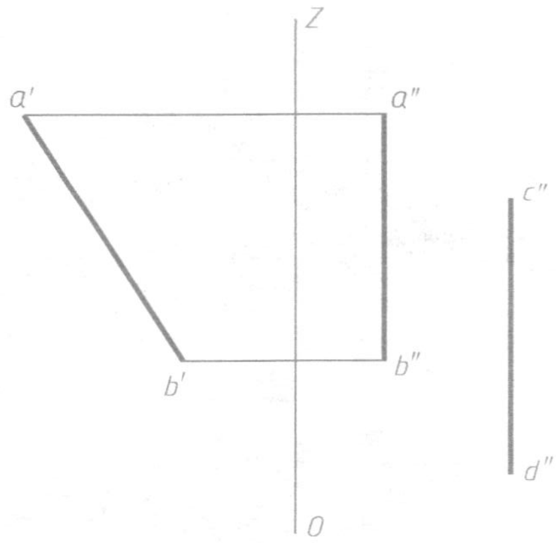

3-34　已知直线 AB 与 CD 之间的最短距离为 20mm，求 $c'd'$。

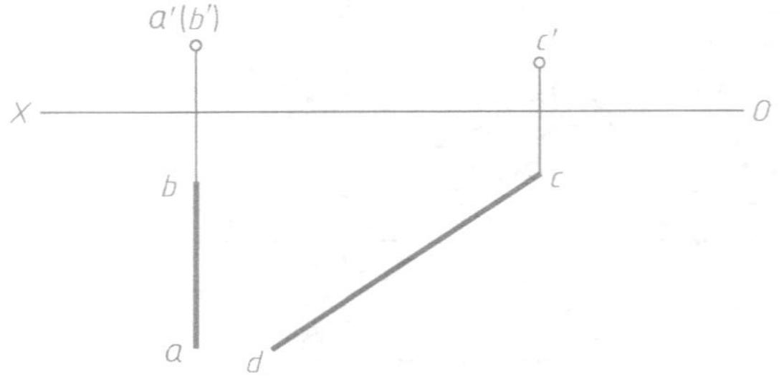

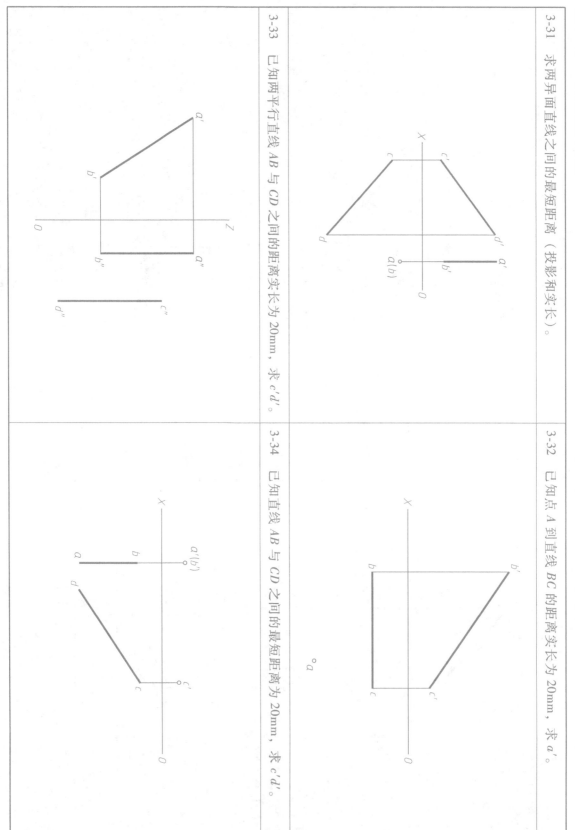

3-35　补全下列各平面的第三面投影，并判断它们与投影面的相对位置。

①

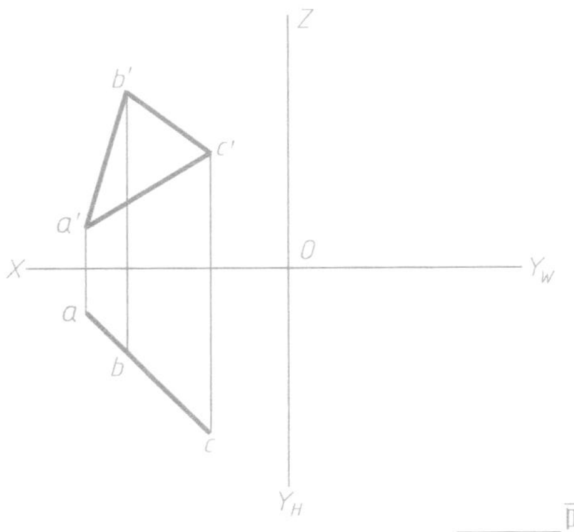

______面。

②

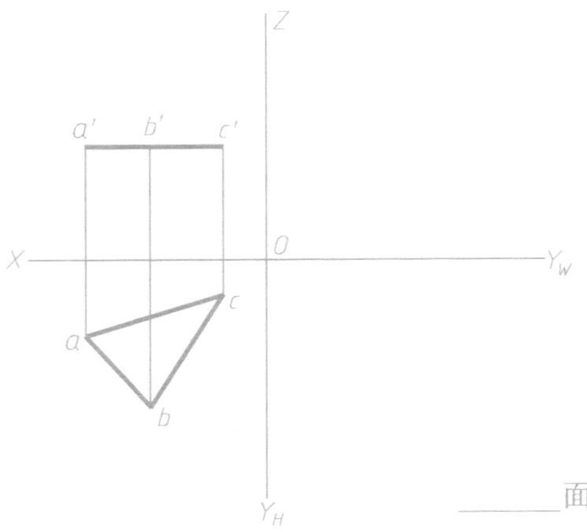

______面。

③

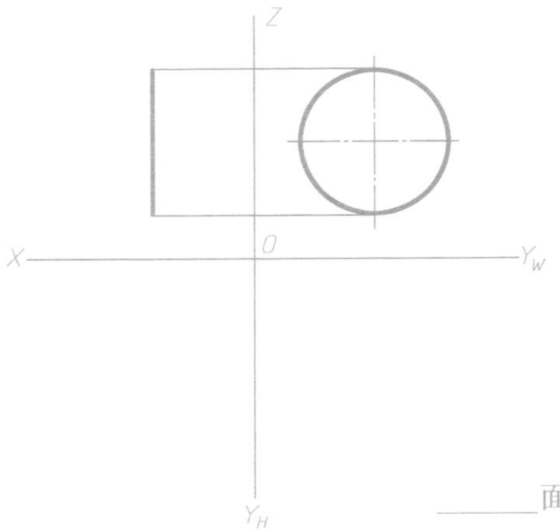

______面。

④

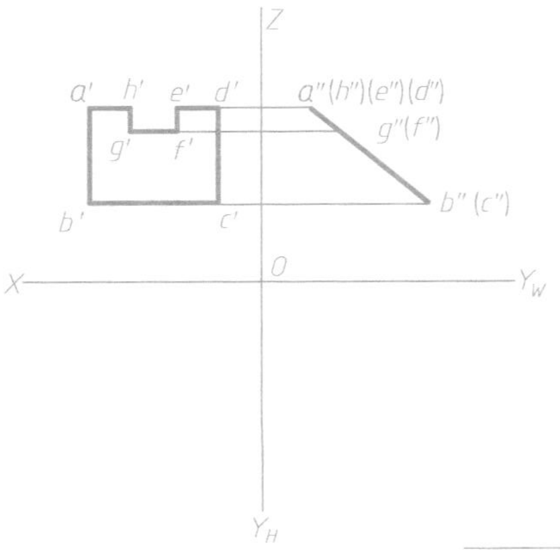

______面。

⑤

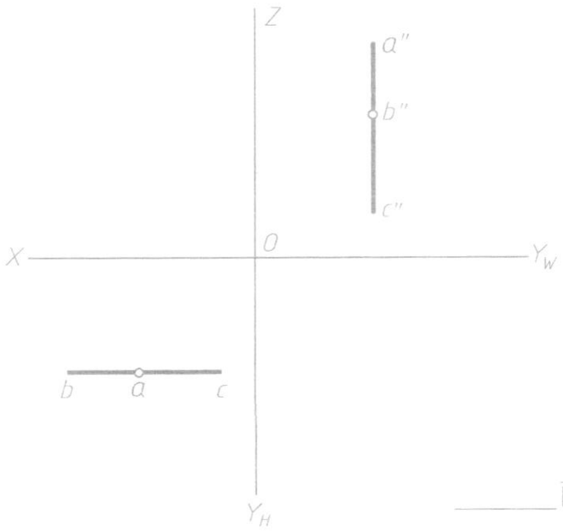

______面。

⑥

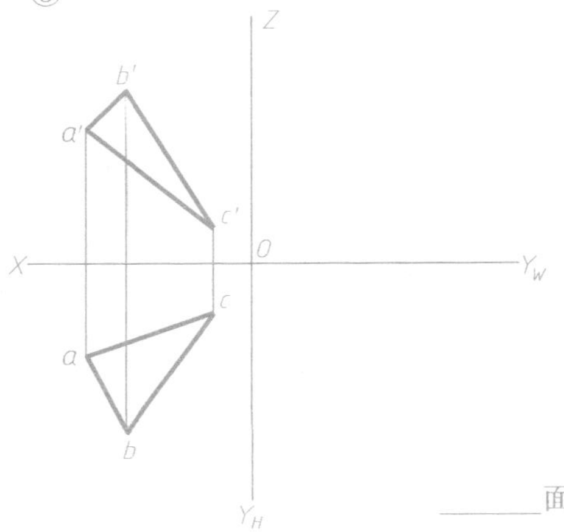

______面。

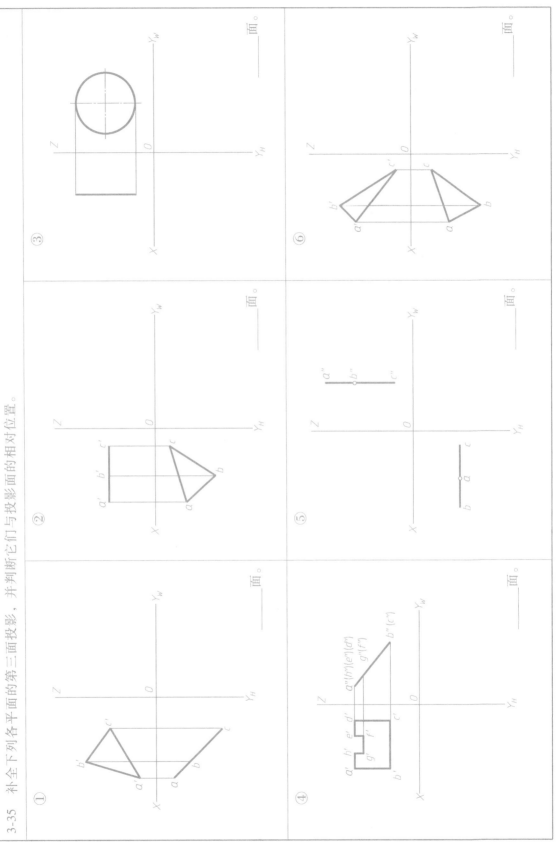

3-36　已知铅垂面△*ABC* 的正面投影，且它与 *W* 面的倾角 $\gamma=60°$，求其另两面投影。

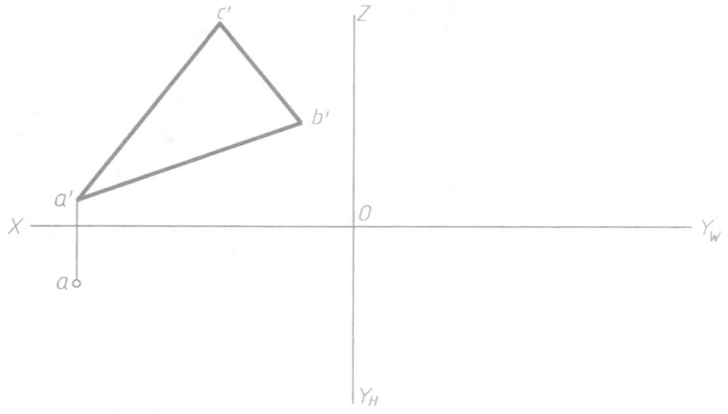

3-37　作位于正平面上的等边△*ABC* 的三面投影。

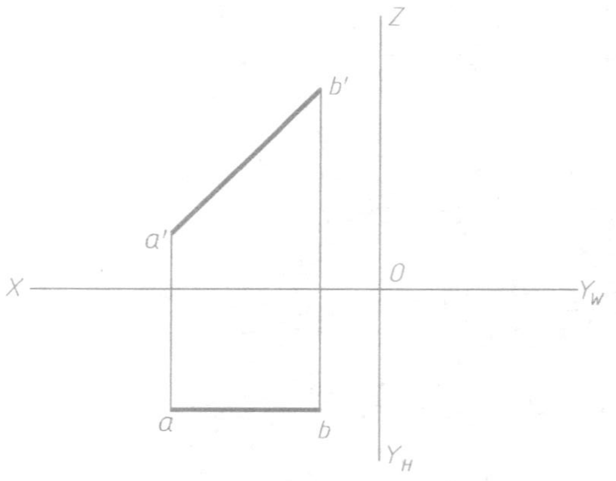

3-38　判断下列各图中的点、线是否在平面内。

①

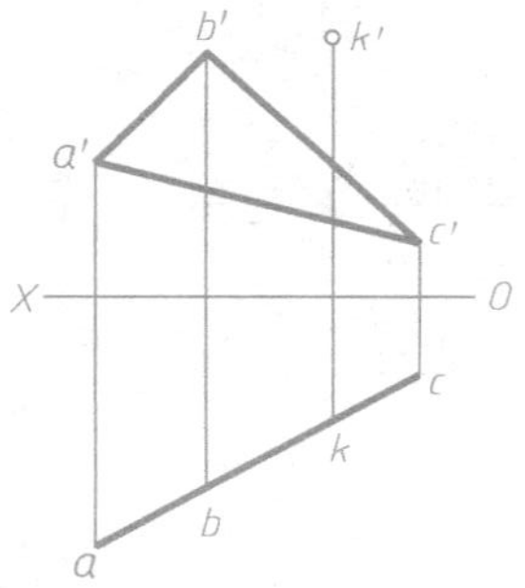

点 *K* ___ 平面△*ABC* 内。

②

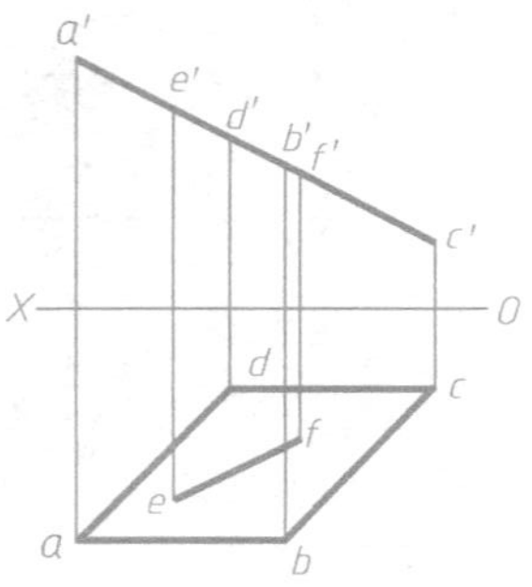

直线 *EF* ___ 平面 *ABCD* 内。

③

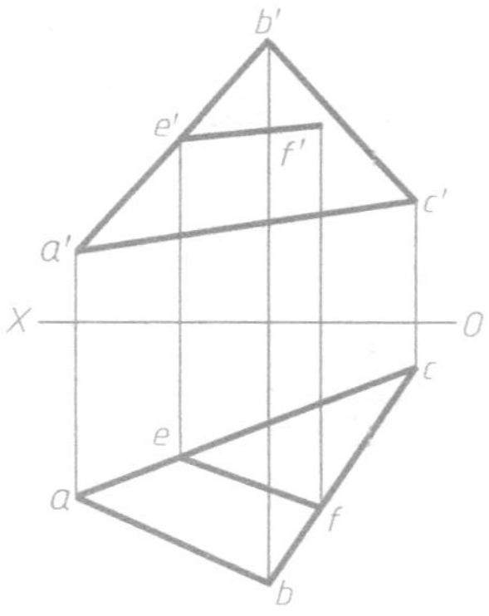

直线 *EF* ___ 平面△*ABC* 内。

④

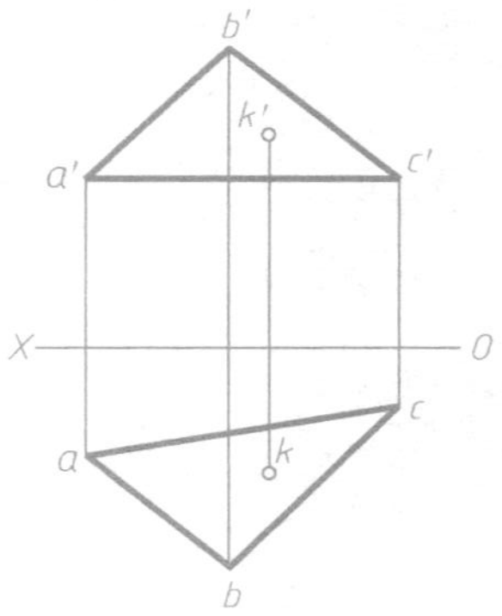

点 *K* ___ 平面△*ABC* 内。

⑤

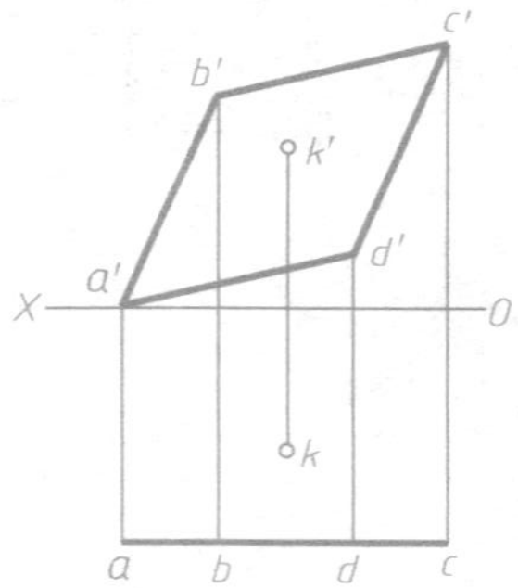

点 *K* ___ 平面△*ABC* 内。

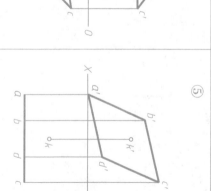

3-39　求平面△*ABC* 内一点 *K*，使其距 *H* 面 18mm、距 *V* 面 24mm，作出其两面投影。

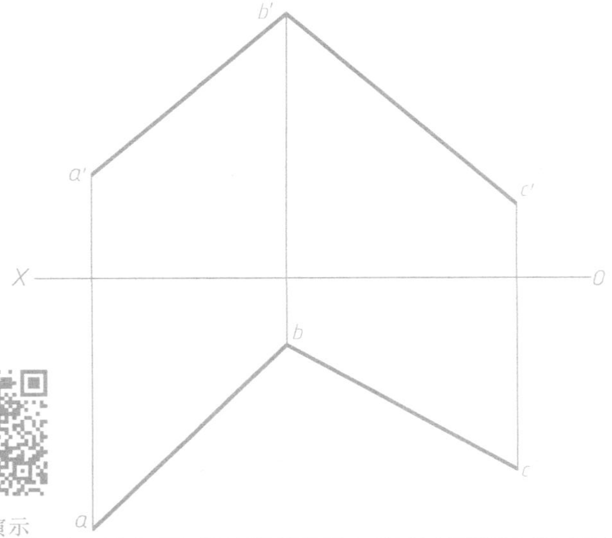

解题演示

3-40　补全平面五边形 *ABCDE* 的水平投影。

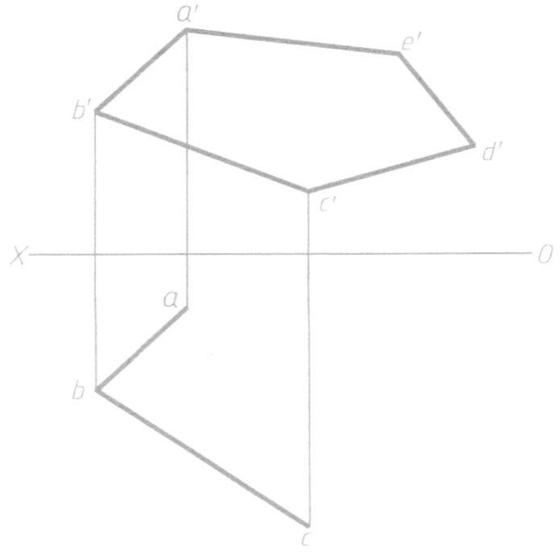

3-41　已知平面△*ABC* 的 *V* 面投影及顶点 *A* 的 *H* 面投影，且 *a'm'* 和 *an* 分别是平面△*ABC* 内正平线的 *V* 面投影和水平线的 *H* 面投影，求作平面△*ABC* 的 *H* 面投影。

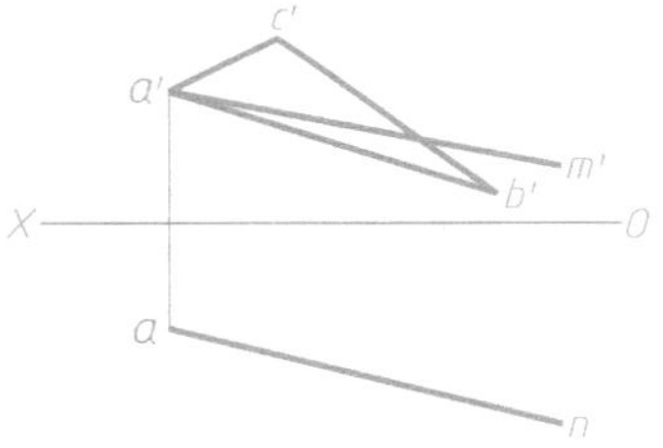

3-42　已知 *BC* 边为水平线，补全平面四边形 *ABCD* 的正面投影。

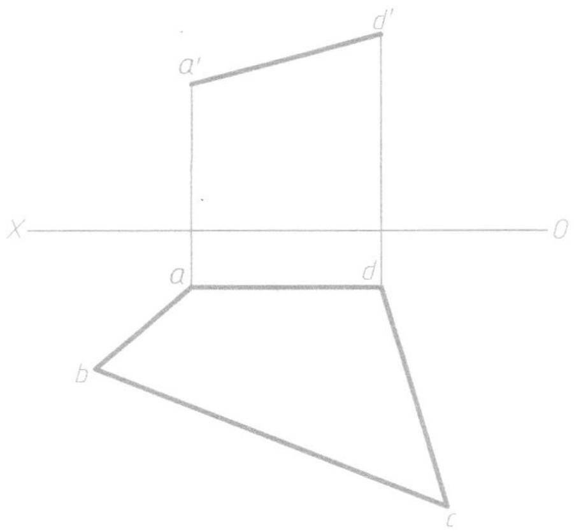

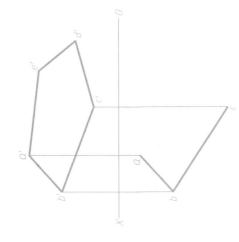

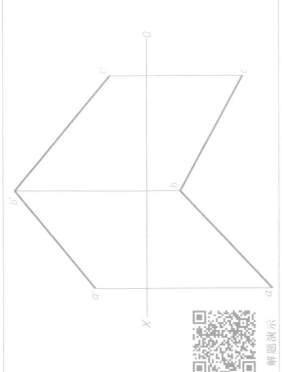

班级：　　　　学号：　　　　姓名：

3-43　求过点 K 与平面 $\triangle ABC$ 平行的水平线，作出其两面投影。

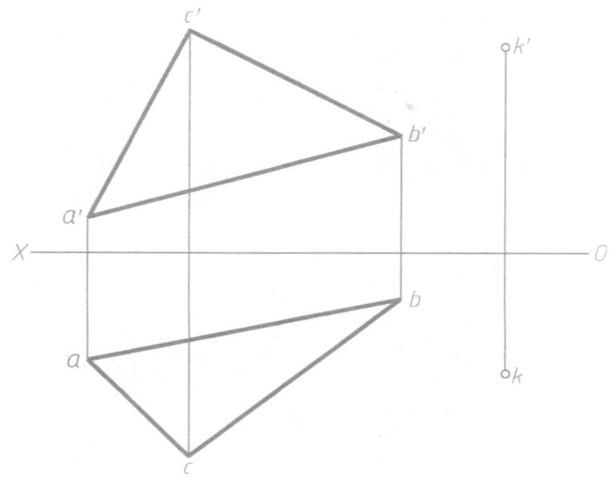

3-44　已知平面 $\triangle ABC$ 平行于 EF，求作其投影 $\triangle a'b'c'$。

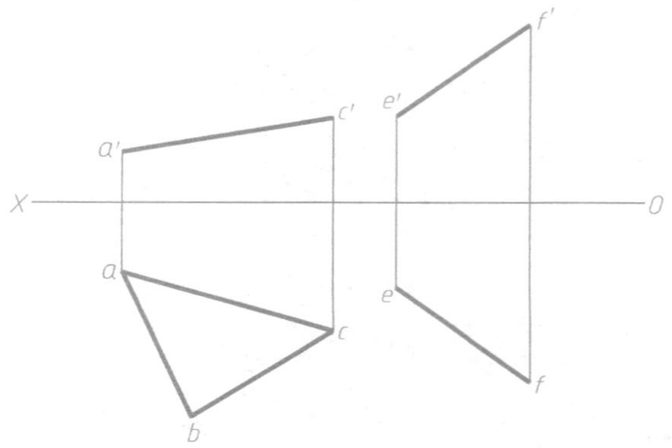

3-45　求过直线 AB 平行于直线 CD 的平面，求过点 K 平行于直线 CD 的正垂面，作出它们的两面投影。

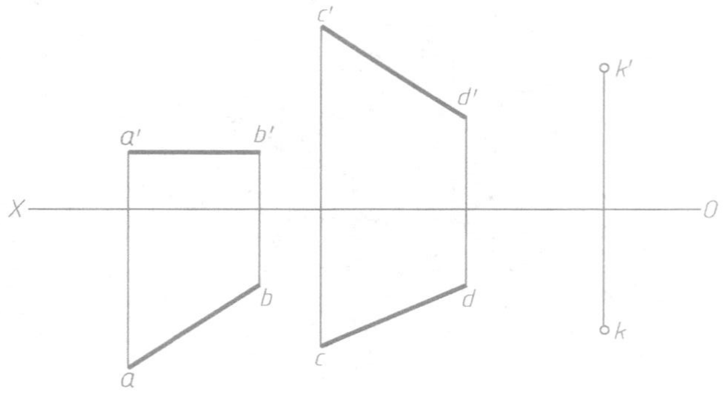

3-46　已知平面 $\triangle ABC$ 平行于直线 DE、FG，求作其投影 $\triangle abc$。

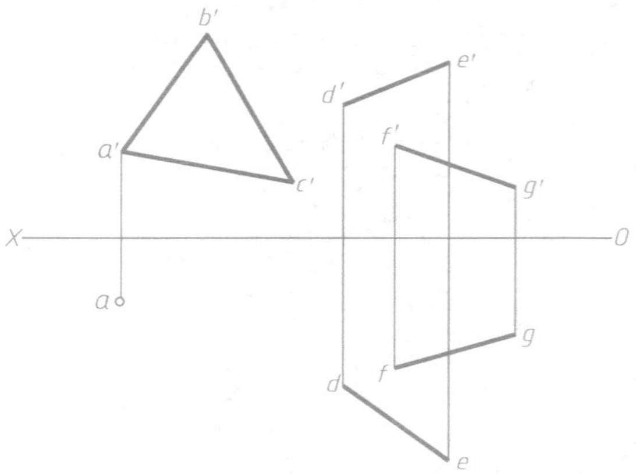

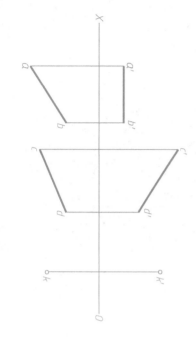

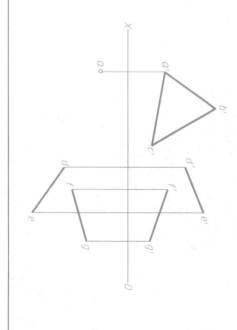

3-47　求过点 A 与平面 $\triangle DEF$ 平行的一个平面，作出其两面投影。

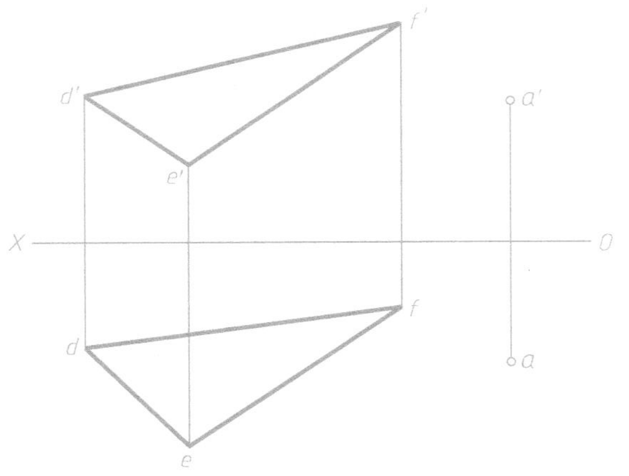

3-48　求过点 E 与平面 $\triangle ABC$ 平行的一个平面，作出其两面投影。

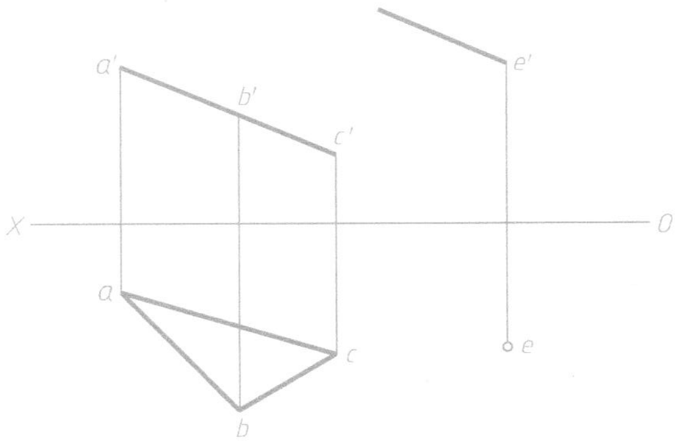

3-49　判断平面 $ABDC$ 与平面 $MNFE$ 是否平行。

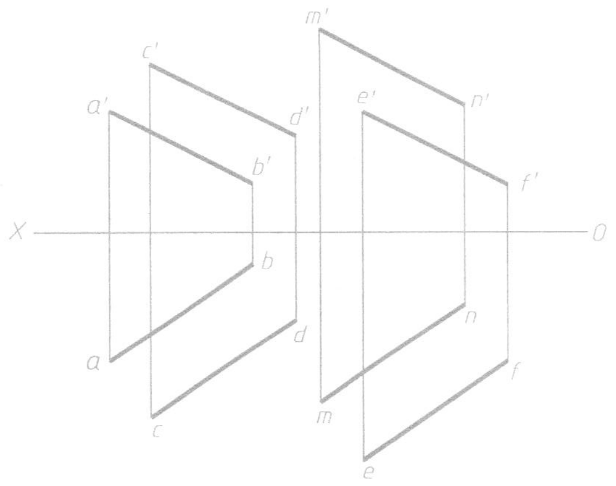

平面 $ABDC$ 与平面 $MNFE$ ______。

3-50　过直线 AB、CD 各求一平面，使它们相互平行，作出它们的两面投影。

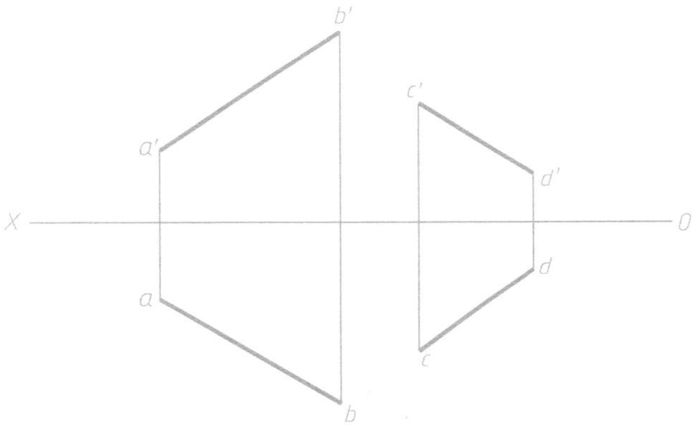

3-51　求直线与平面的交点，并判断可见性。

①

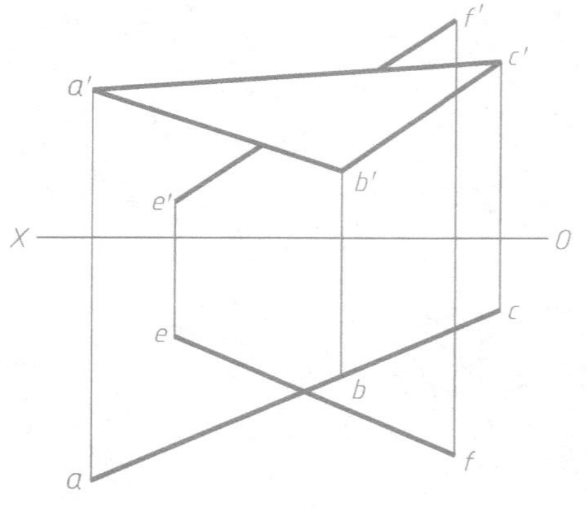

②

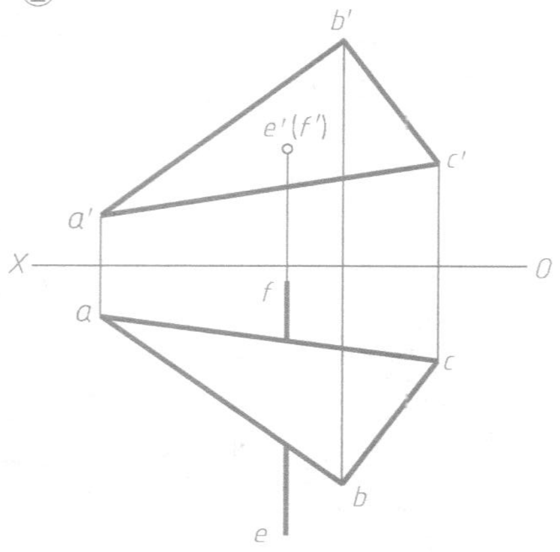

③

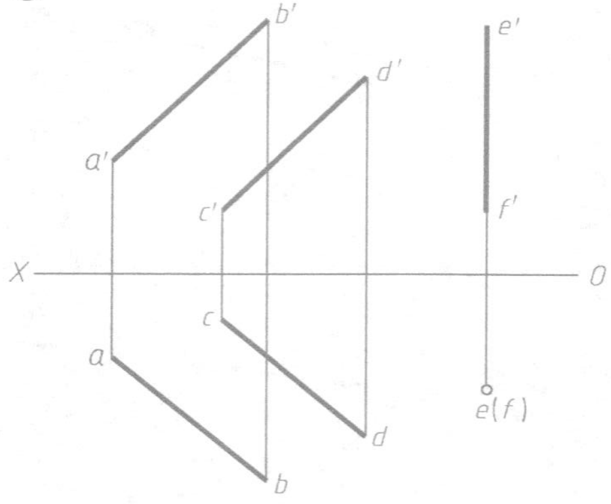

3-52　求两平面的交线，并判断可见性。

①

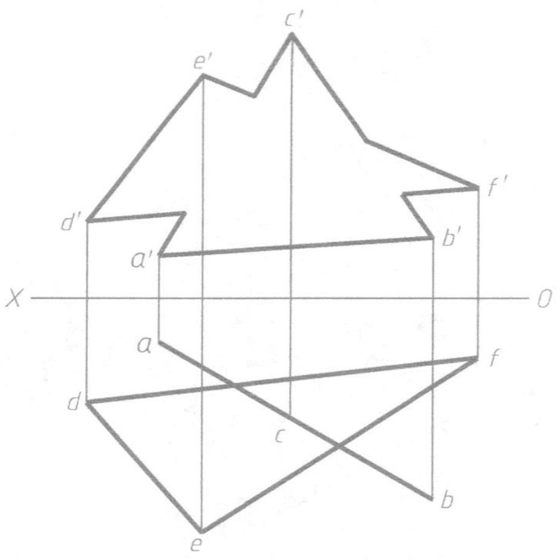

②

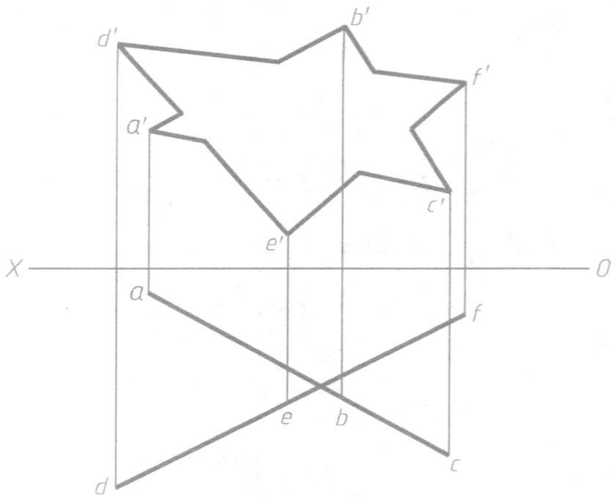

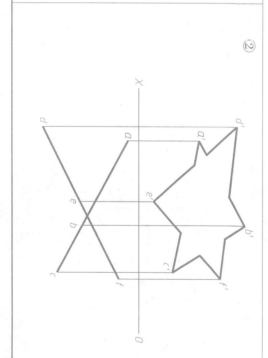

3-53　求过点 A 的一平面，使其垂直于直线 BC（用两条相交直线表示），作出其两面投影。

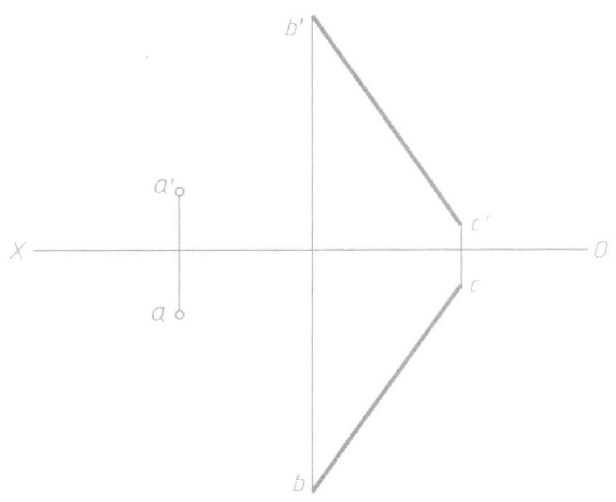

3-54　求点 K 到 $\triangle ABC$ 的距离实长。

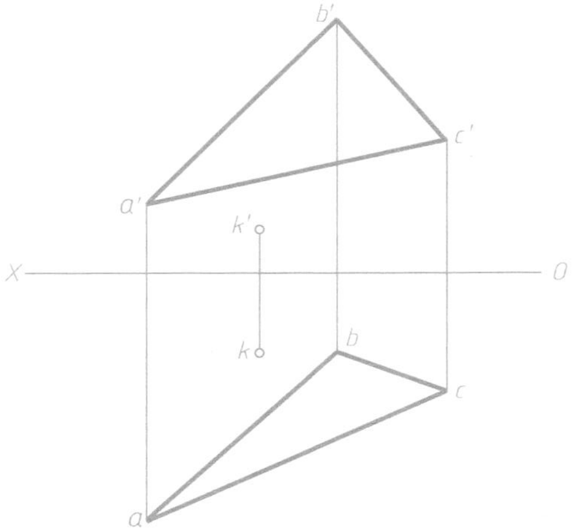

3-55　求平面 $\triangle ABC$ 内的一直线，使其与已知直线 EF 垂直相交，作出其两面投影。

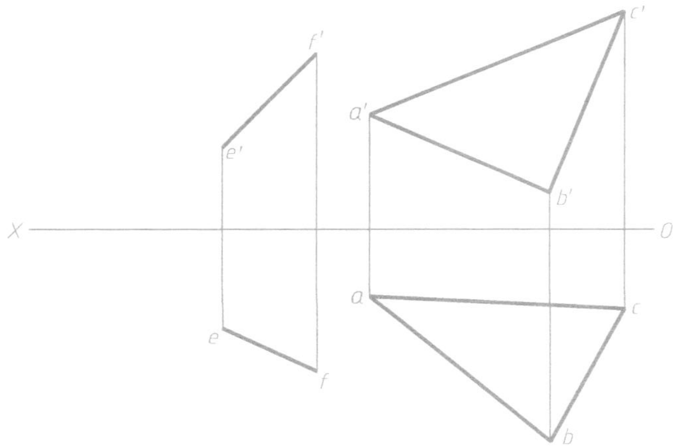

3-56　求过直线 EF 垂直于 $\triangle ABC$ 的平面，作出其两面投影。

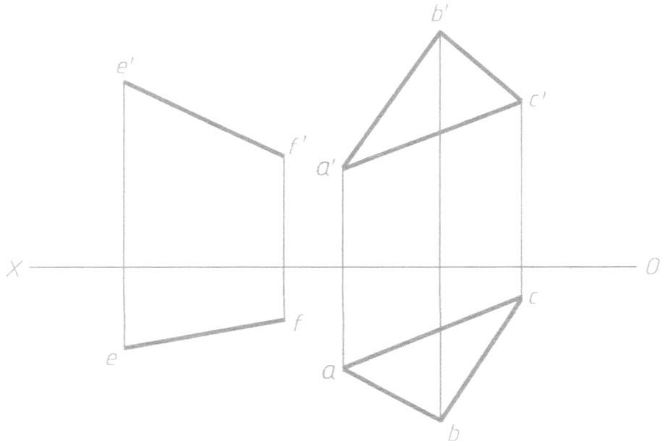

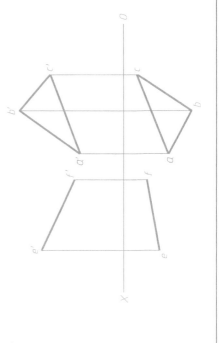

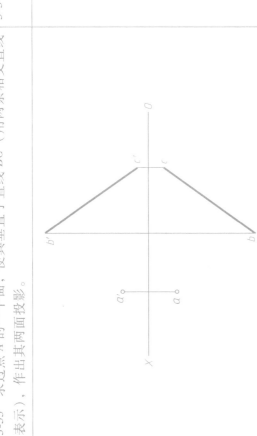

班级：　　　　学号：　　　　姓名：

3-57　求点 A 的新投影。

①

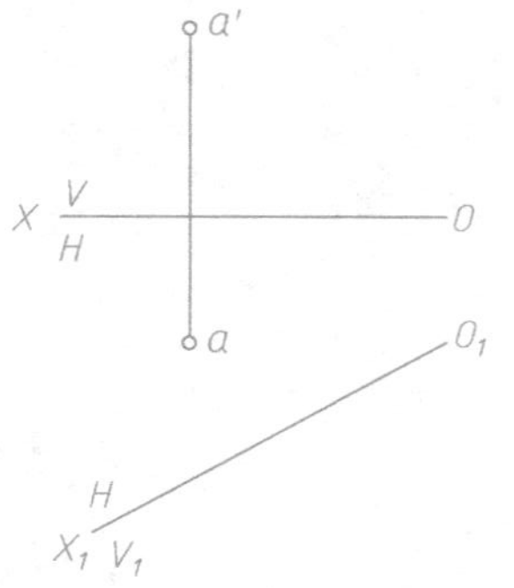

②

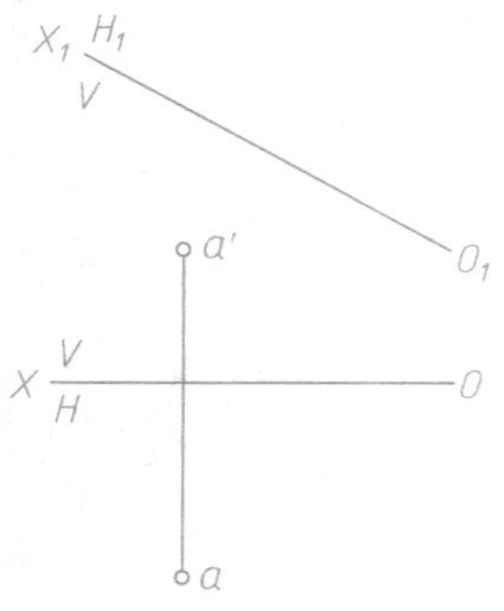

3-58　求新投影轴 O_1X_1 和 O_2X_2。

①

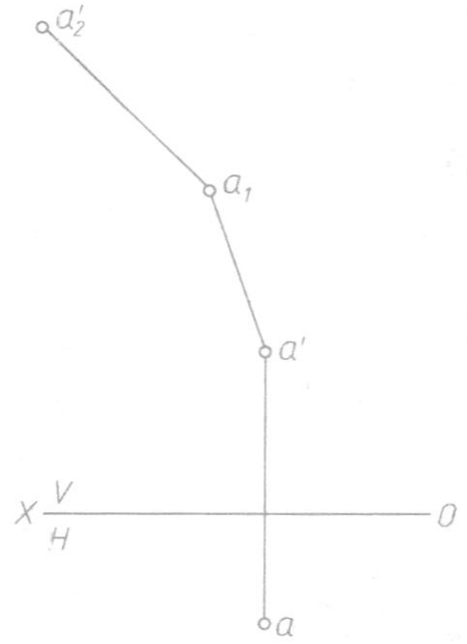

②

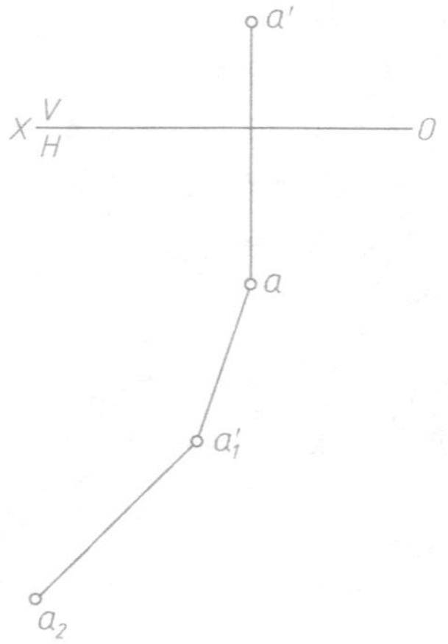

3-59　用换面法求直线段 AB 的实长和 α 角，直线段 CD 的实长和 β 角。

①

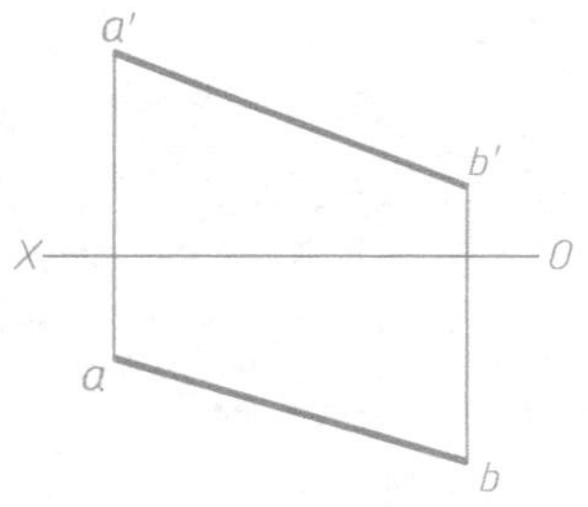

②

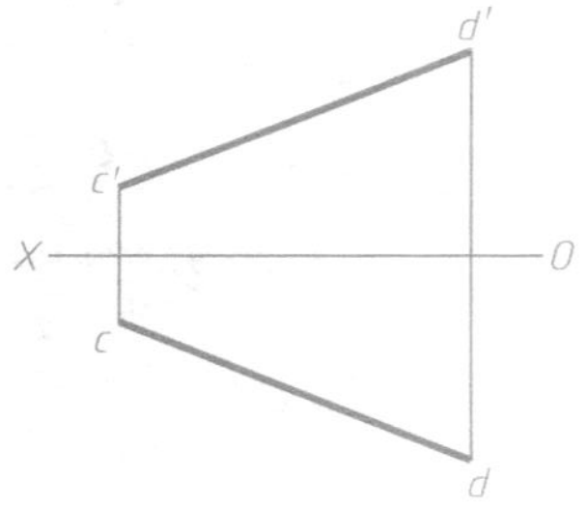

3-60　已知 $\beta=30°$，求 ab。

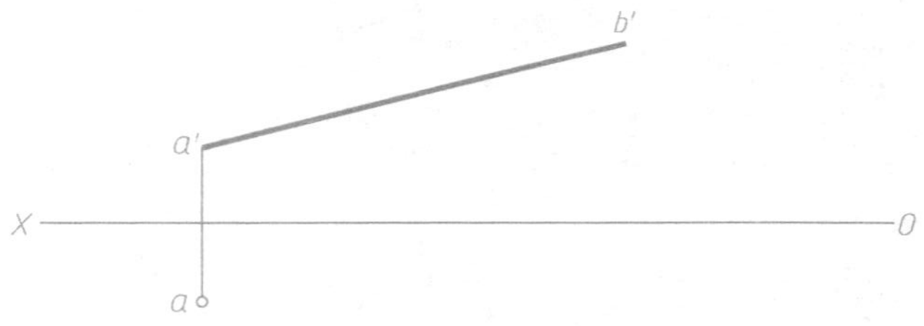

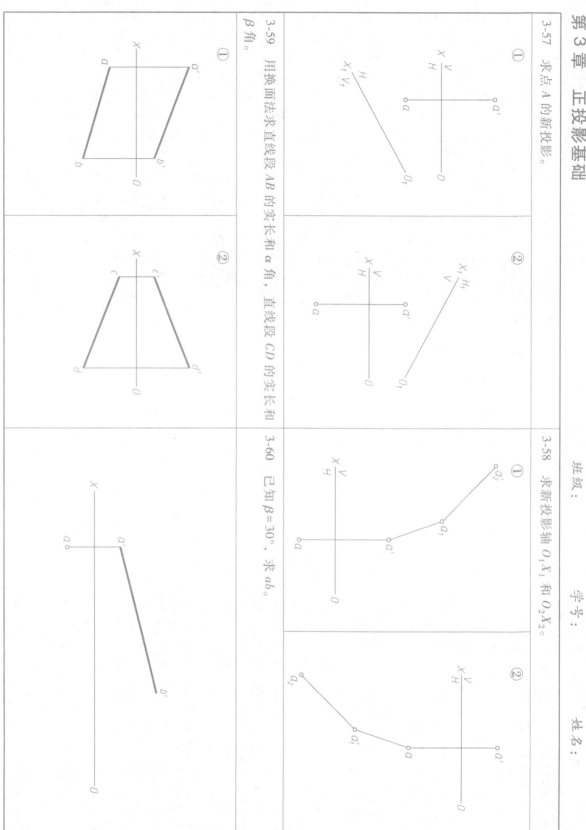

3-61　已知点 C 在直线 AB 上，$AC=25\text{mm}$，用换面法求点 C 的投影。

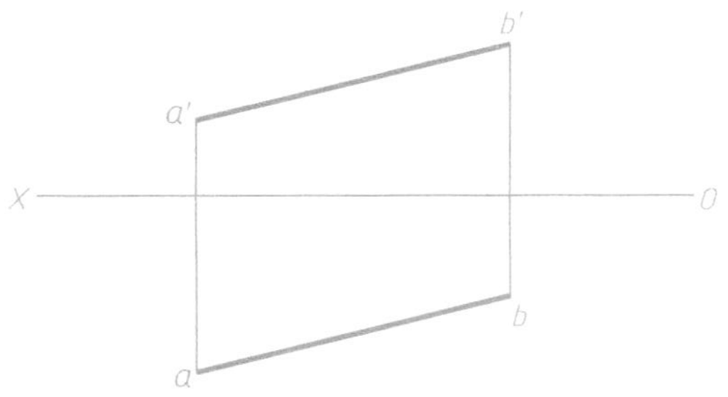

3-62　用换面法求点 A 到直线 BC 的距离（投影和实长）。

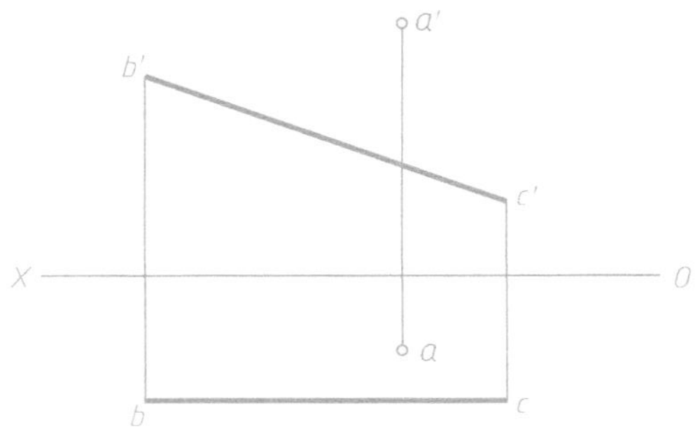

3-63　用换面法求两平行直线之间的距离（投影和实长）。

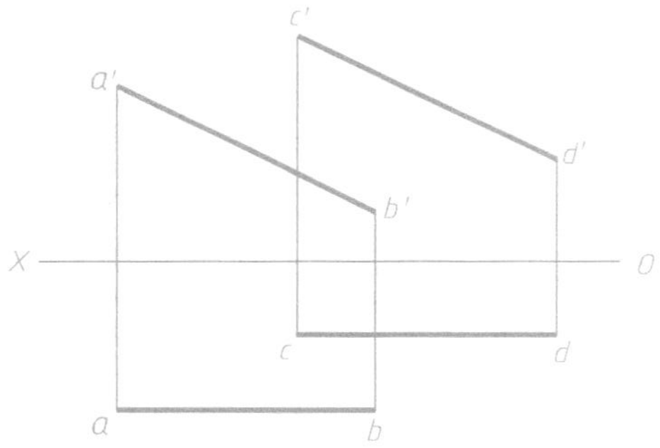

3-64　用换面法求两异面直线之间的距离（投影和实长）。

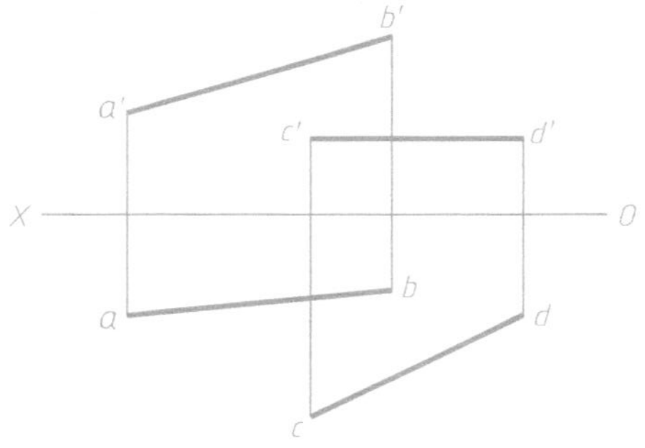

3-65　用换面法求平面五边形 $ABCDE$ 的实形。

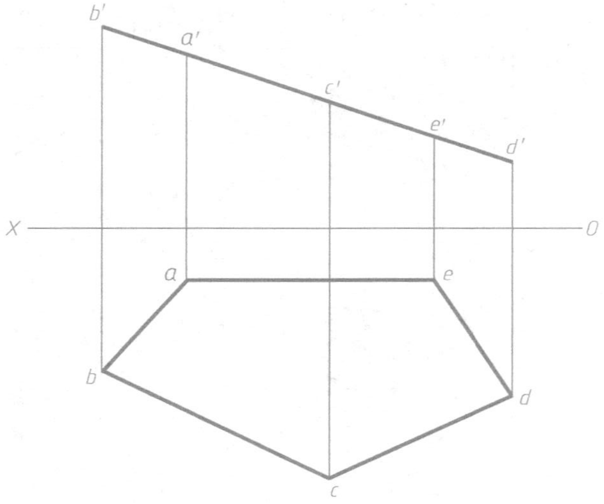

3-66　用换面法求平面△ABC 的 α、β 角，并求点 D 到平面△ABC 的距离（投影和实长）。

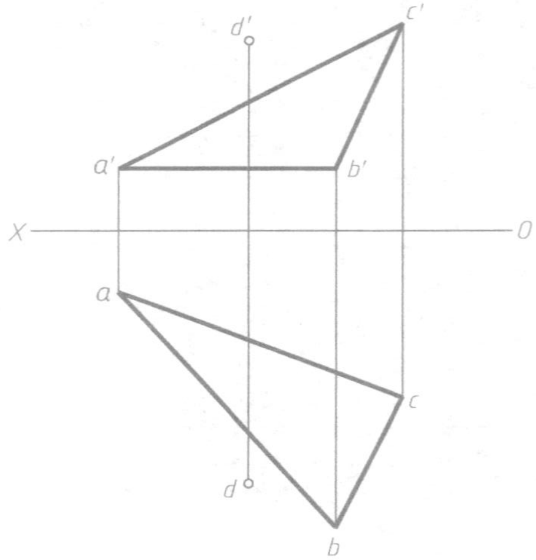

3-67　用换面法求点 A 到直线 BC 的距离（投影和实长）。

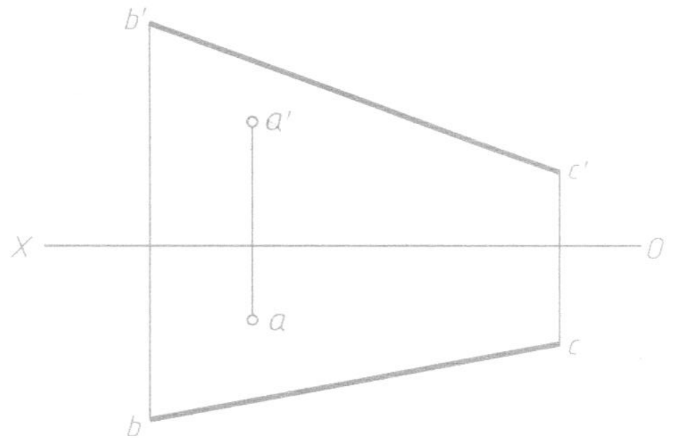

3-68　已知直线 AB 与直线 CD 平行，且相距 18mm，试用换面法求投影 $c'd'$。

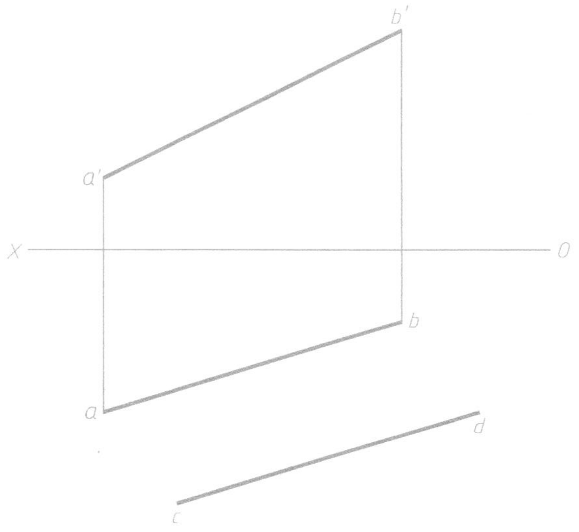

班级：　　　　学号：　　　　姓名：

3-69　用换面法求平面 $\triangle ABC$ 的实形。

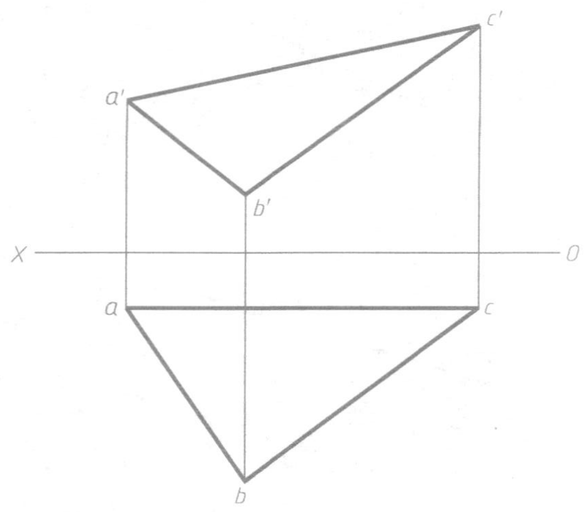

3-70　用换面法求异面两直线之间的最短距离（投影和实长）。

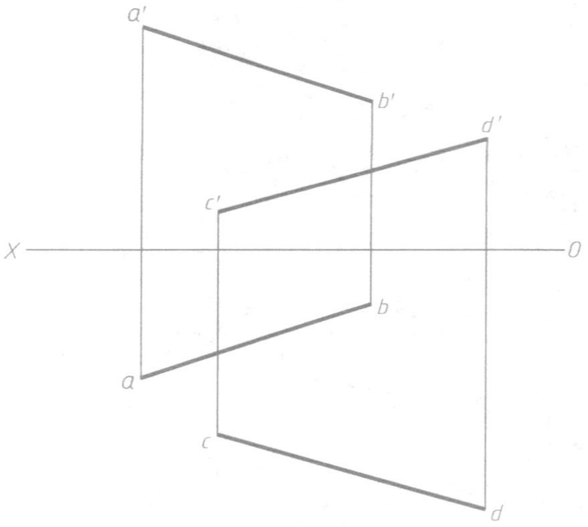

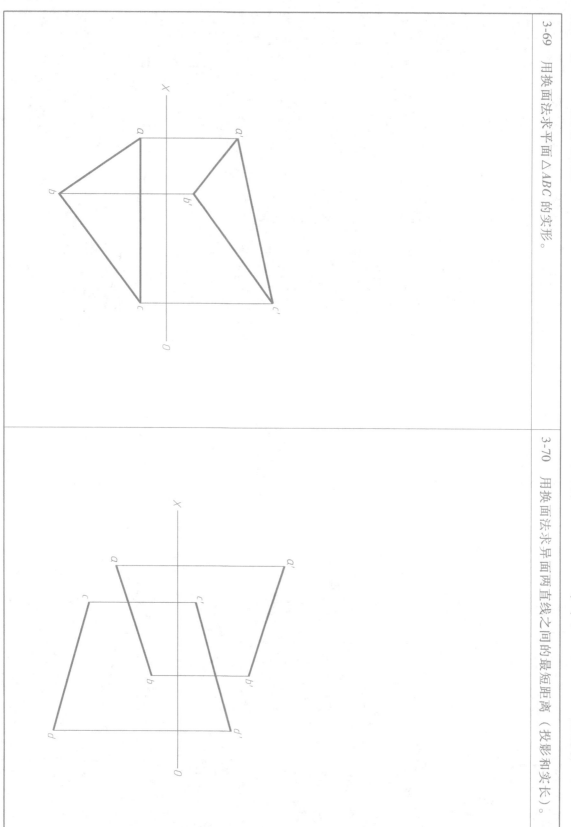

3-71　用换面法求平面$\triangle ABC$与$\triangle ABD$的夹角θ。

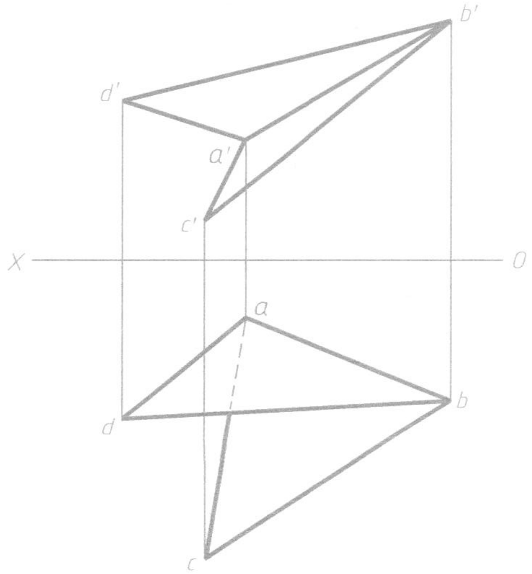

3-72　已知平面$\triangle ABC$的两面投影，平面$\triangle DEF$与$\triangle ABC$相距20mm，求平面$\triangle DEF$的两面投影。

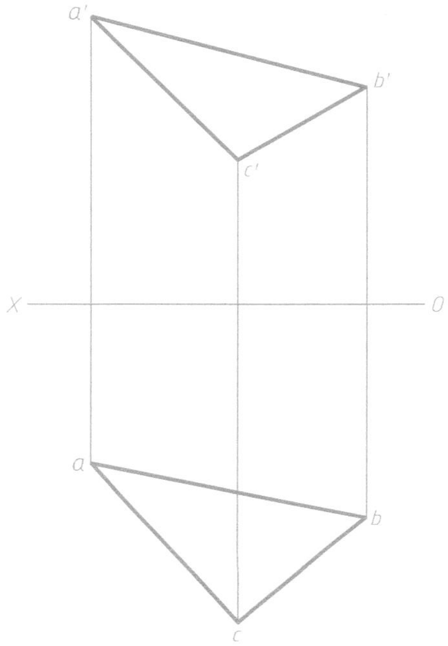

3-73　用换面法在直线 CD 上取一点 E，使点 E 到直线 AB 的距离为 l。

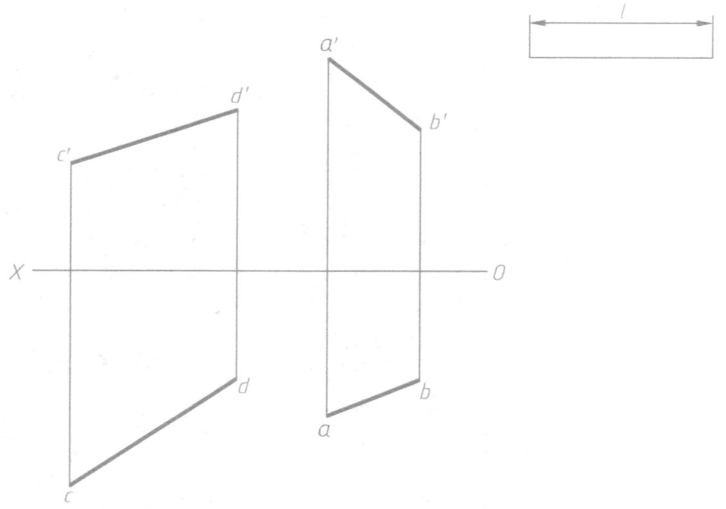

3-74　用换面法求一直线 EF，使直线 EF 平行于直线 MN，且与直线 AB、CD 均相交。

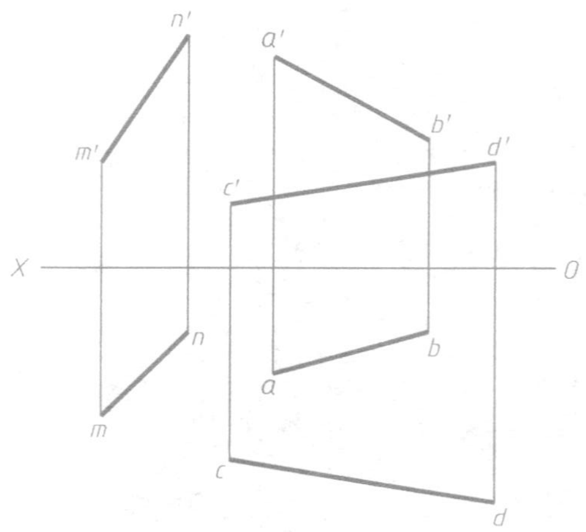

4-1　应用 Inventor 软件创建如下模型。

提示：使用草图平面绘制草图，应用拉伸特征创建棱柱和圆柱，应用旋转特征创建半个圆锥和半圆球（圆锥的顶点在棱柱上表面的中心位置）。

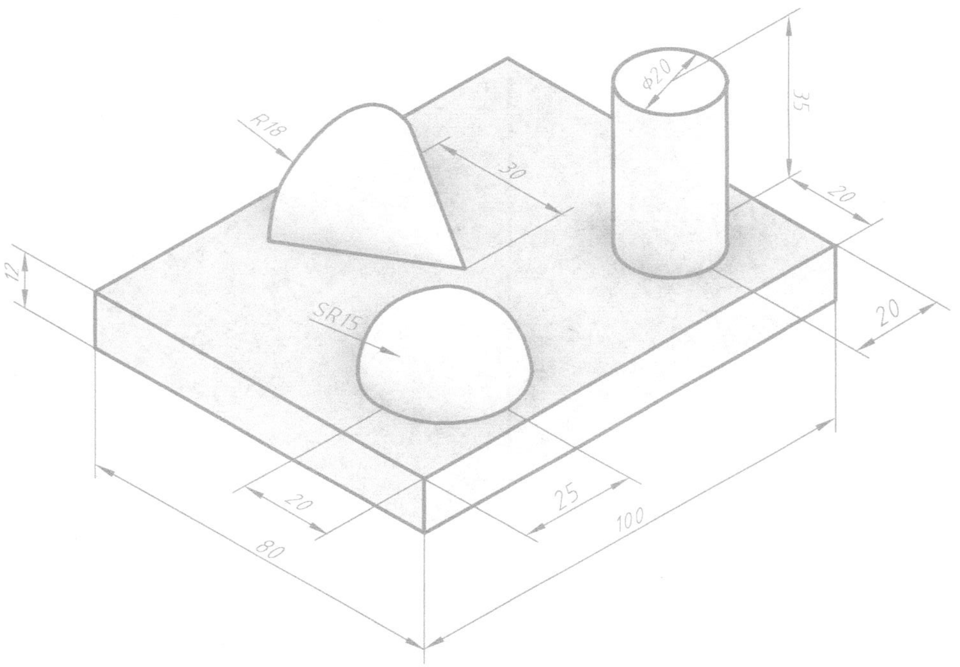

4-2　发挥想象力和创造力，合理利用草图和特征自行创建一个三维模型。

班级：　　学号：　　姓名：

5-1　完成下列平面立体的三面投影及其表面上各已知点和直线的三面投影。

①

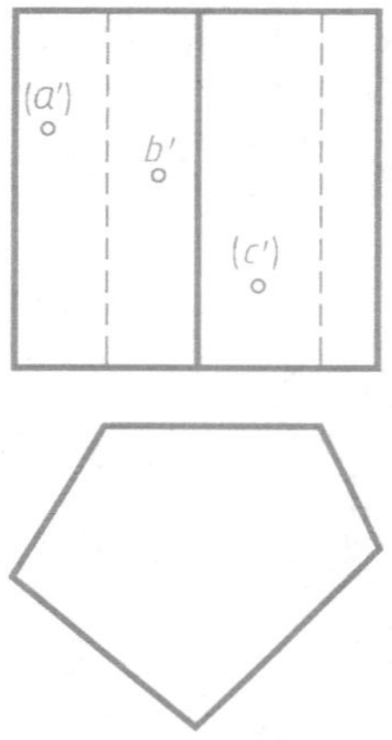

②

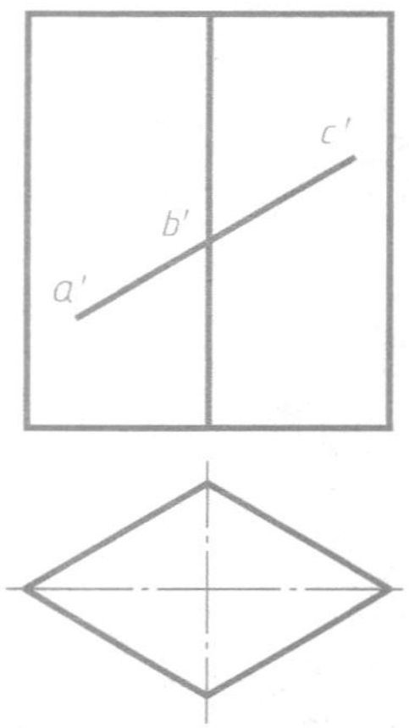

③

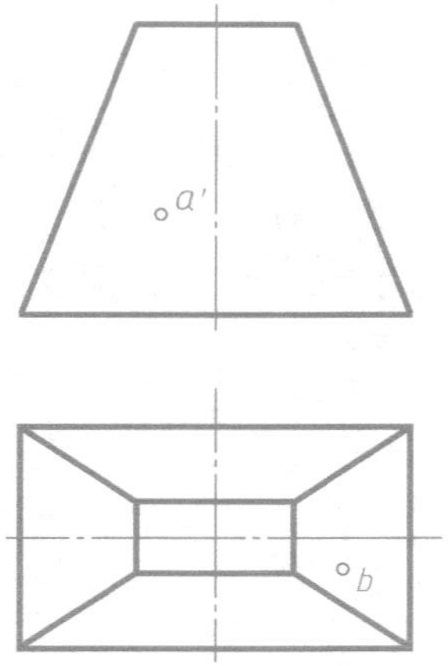

④

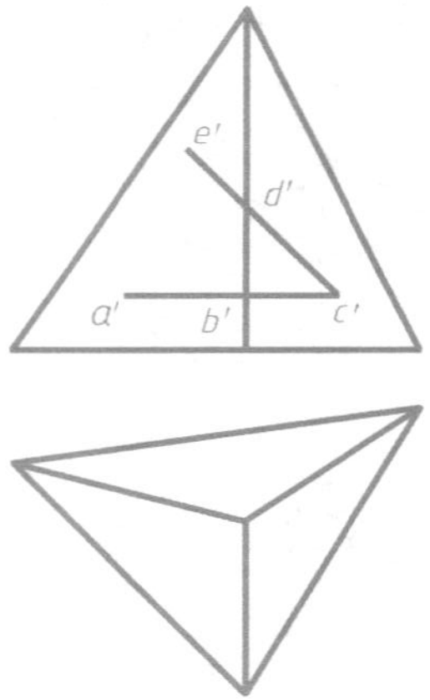

5-2　完成下列回转体的第三面投影及其表面上各已知点和线的三面投影。

①

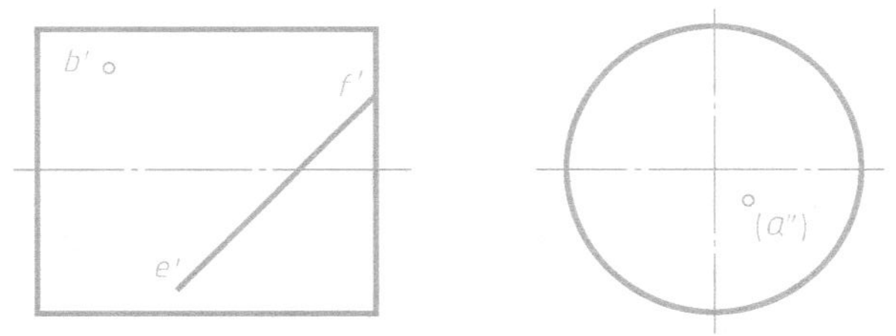

②

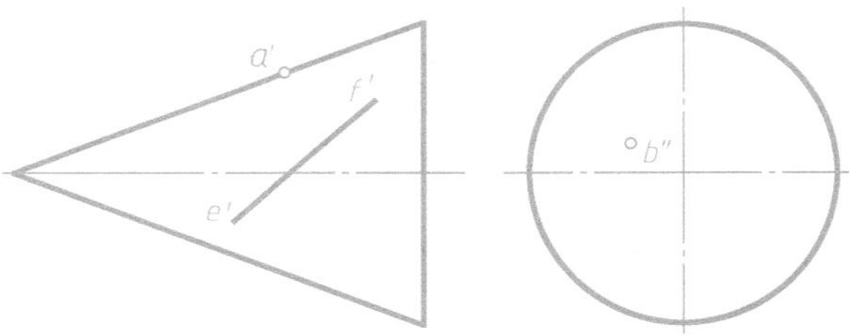

③

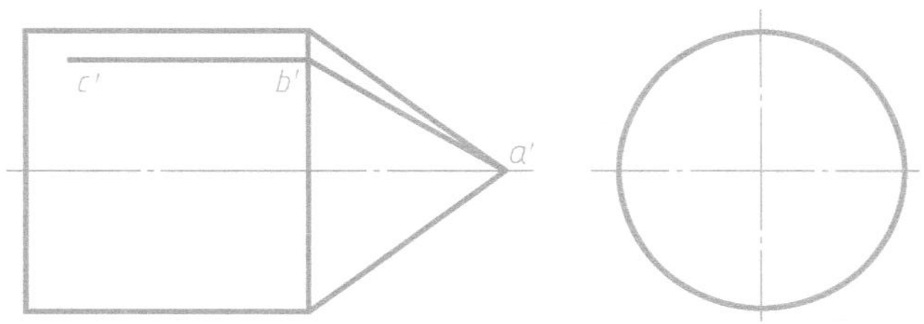

④

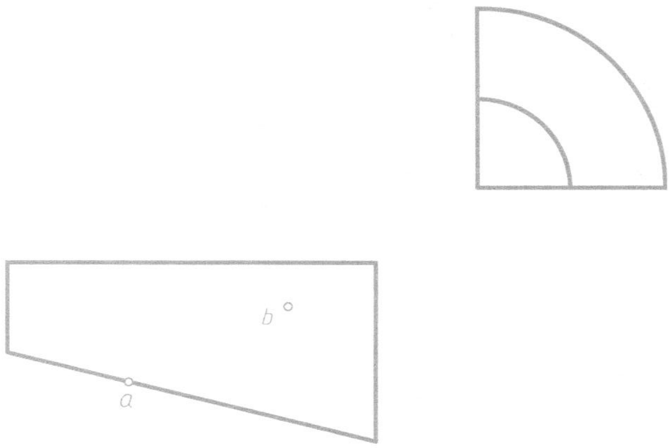

5-2　完成下列回转体的第三面投影及其表面上各已知点和线的三面投影。（续）

⑤

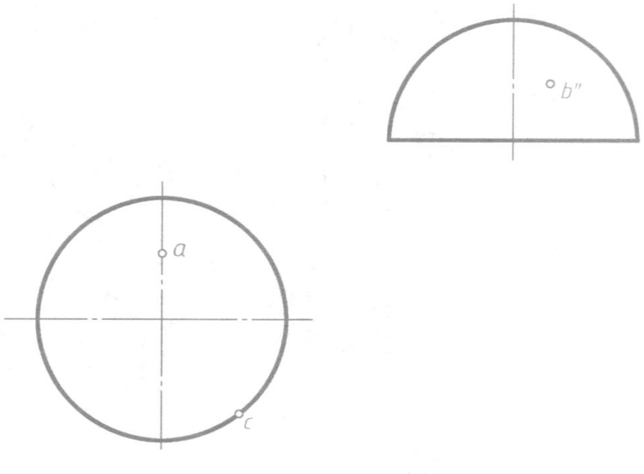

⑥

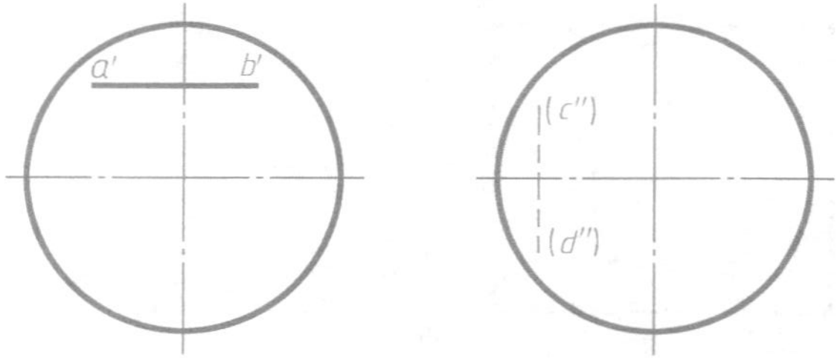

⑦

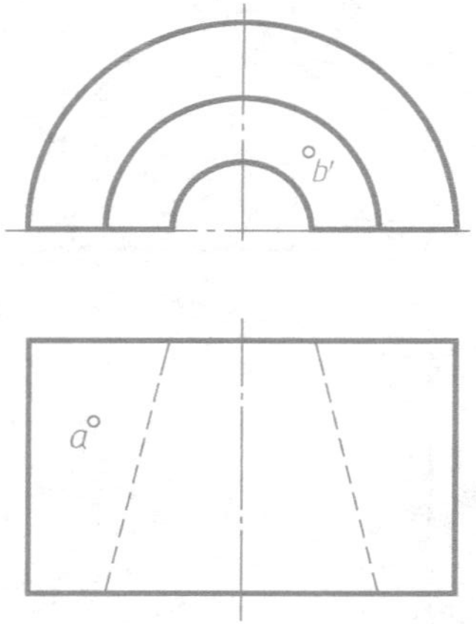

⑧

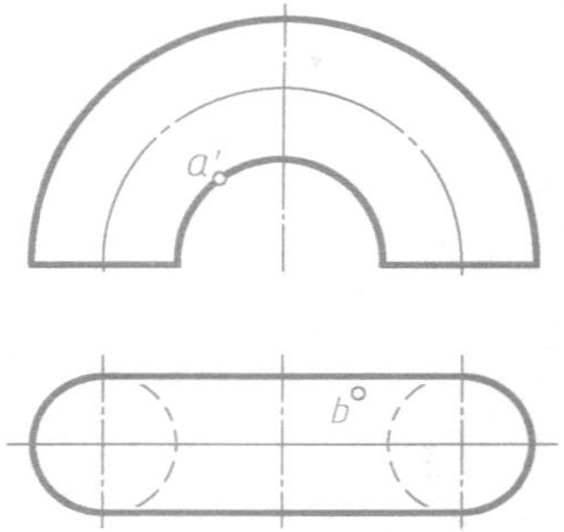

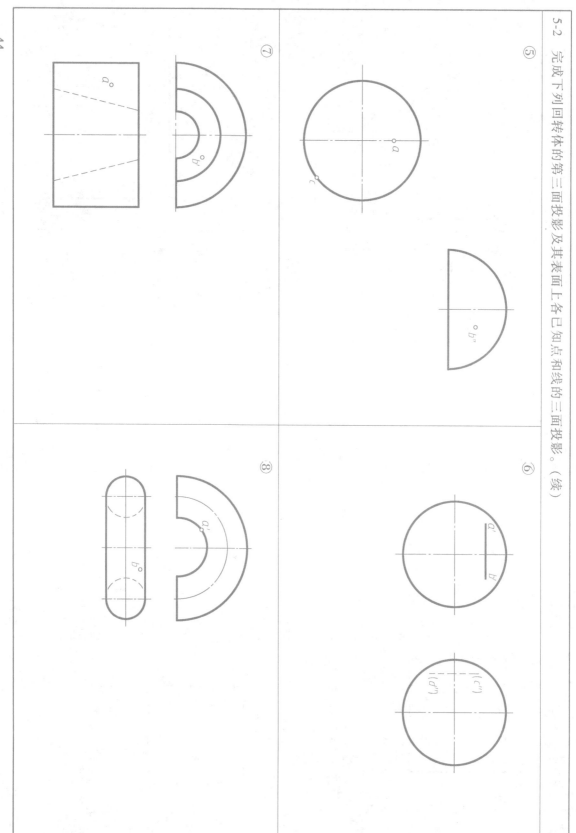

班级：　　　　学号：　　　　姓名：

5-3　完成下列各立体的第三面投影，并标出立体表面上点 A 的其他两面投影。

①

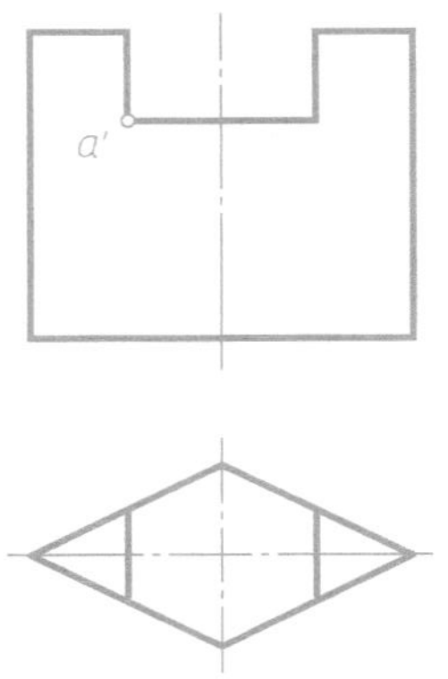

②

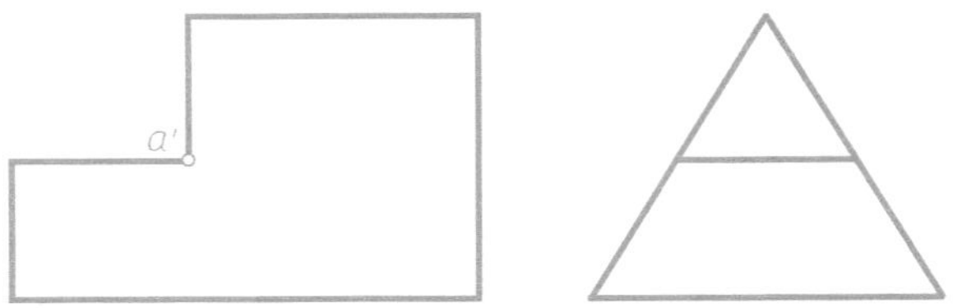

③

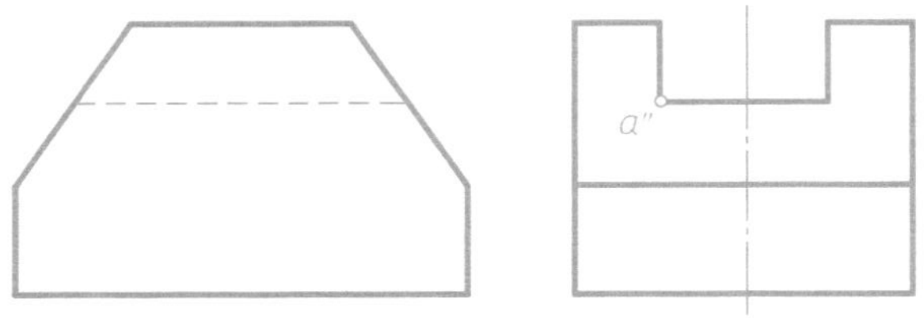

④

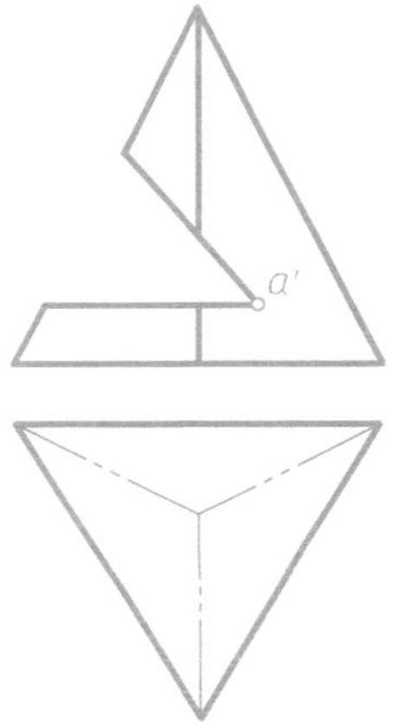

5-4　求三棱柱截切后的 W 面投影。

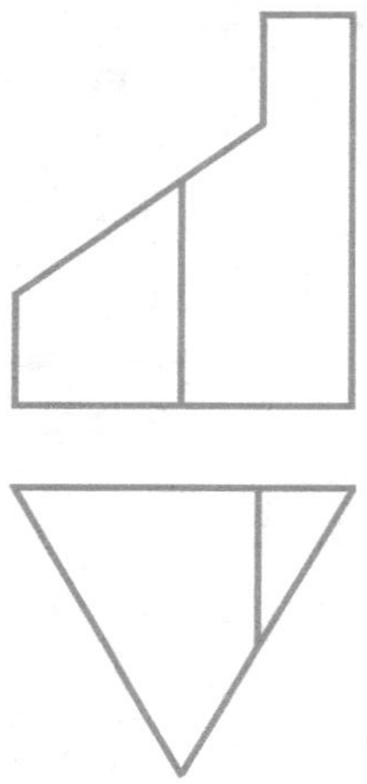

5-5　求四棱柱切口后的 W 面投影。

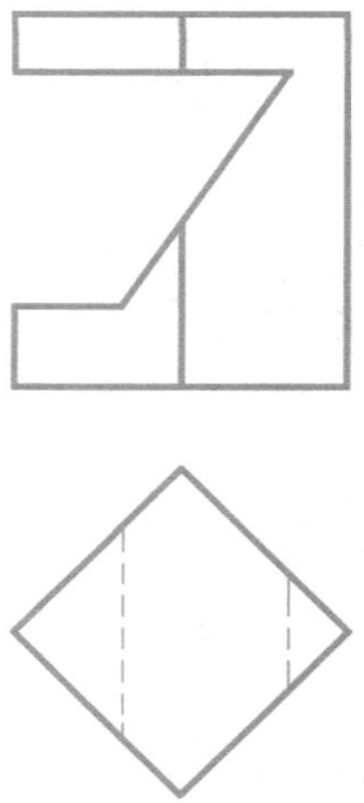

5-6　求立体的 W 面投影。

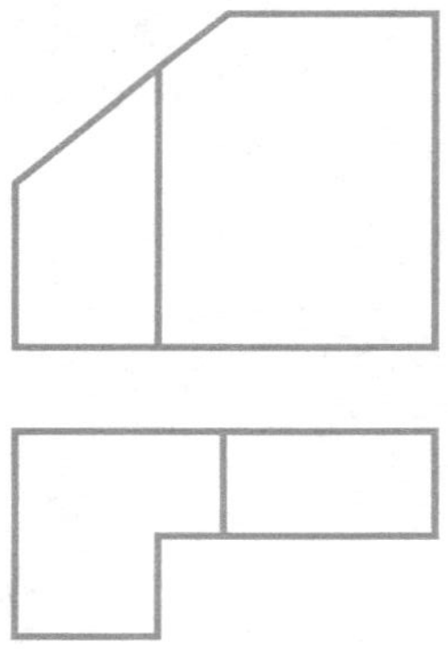

解题演示

5-7　求四棱锥切口后的 H 面和 W 面投影。

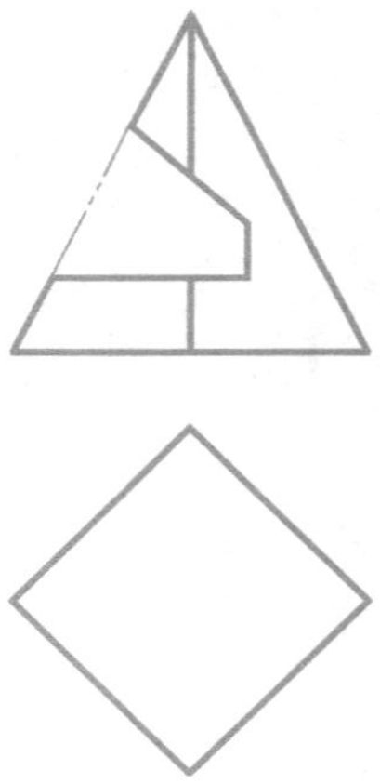

5-8　完成下列各立体的三面投影。

①

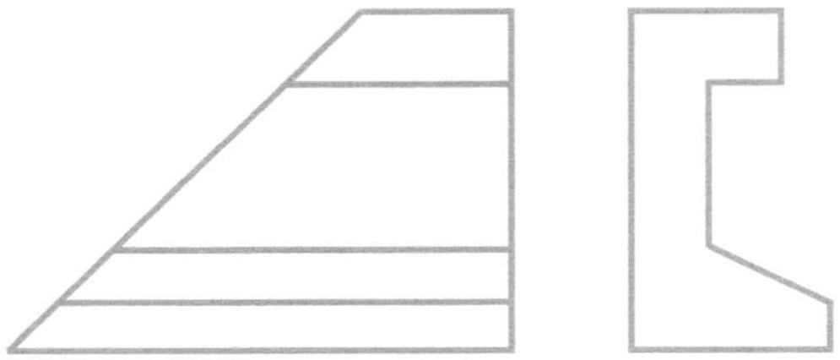

②

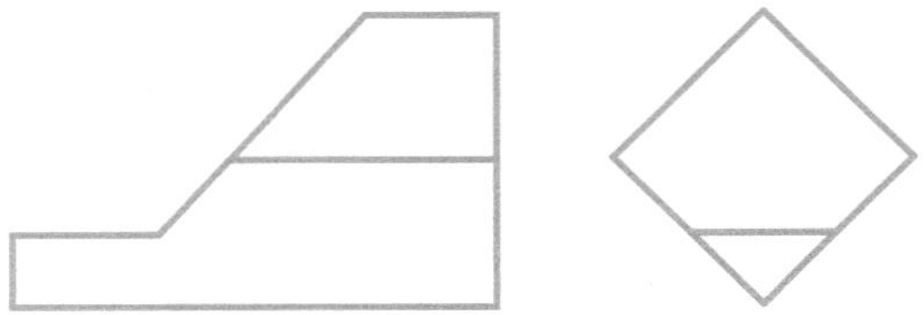

③

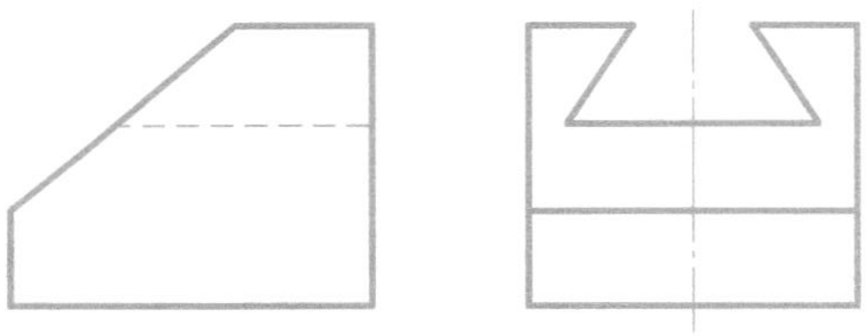

④

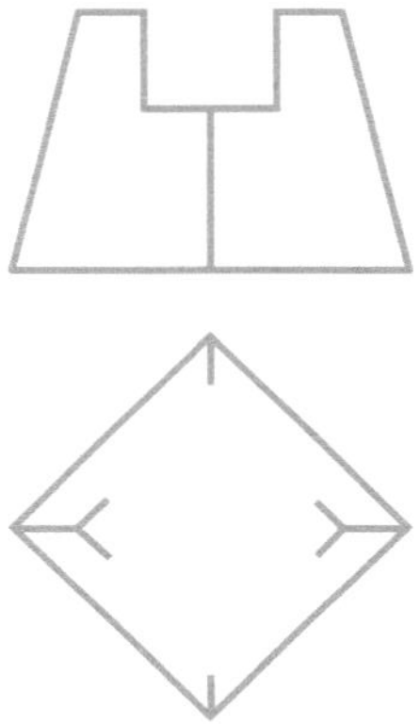

5-9　求四棱台开孔后的 H 面和 W 面投影。

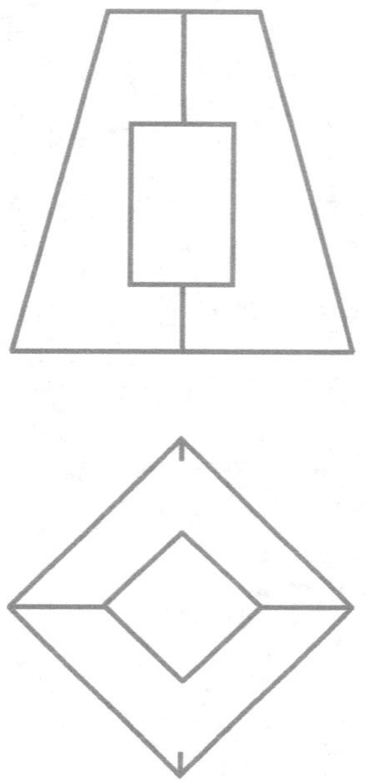

5-10　求五棱柱截切后的 H 面和 W 面投影。

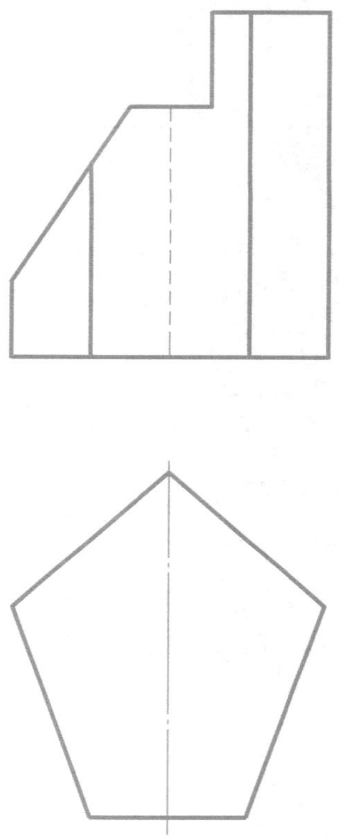

5-11 完成圆柱截切后的 *H* 面和 *W* 面投影。

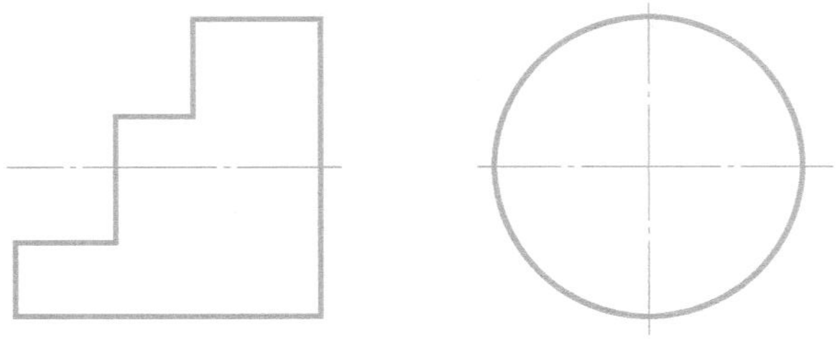

5-12 画出圆柱截切后的 *H* 面投影。

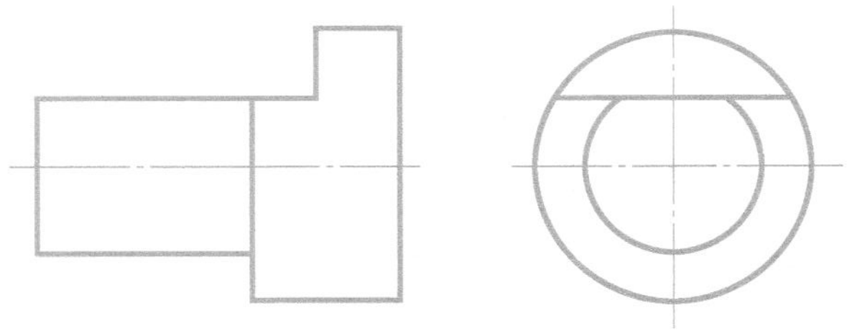

5-13 完成圆柱截切后的 *W* 面投影。

①

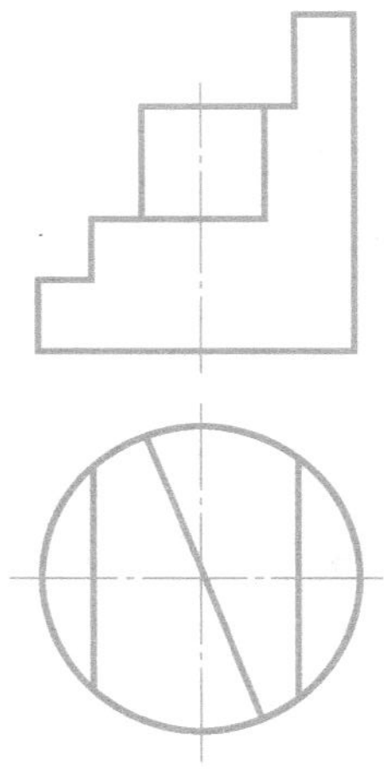

②

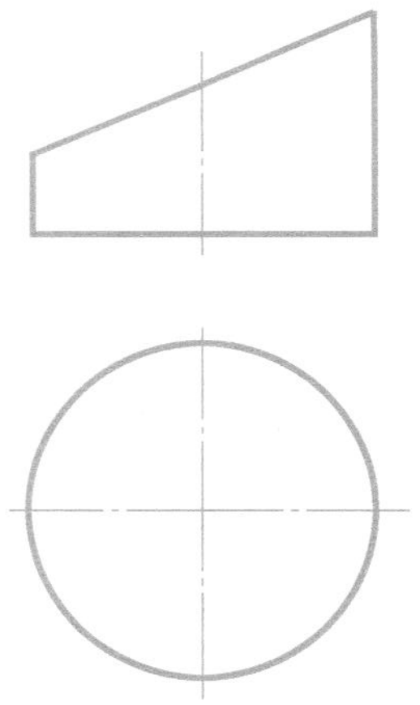

5-14　画出圆柱截切后的 *W* 面投影。

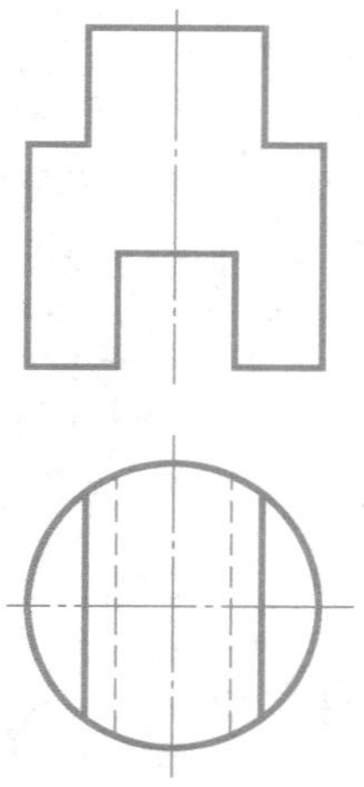

5-15　画出立体的 *W* 面投影。

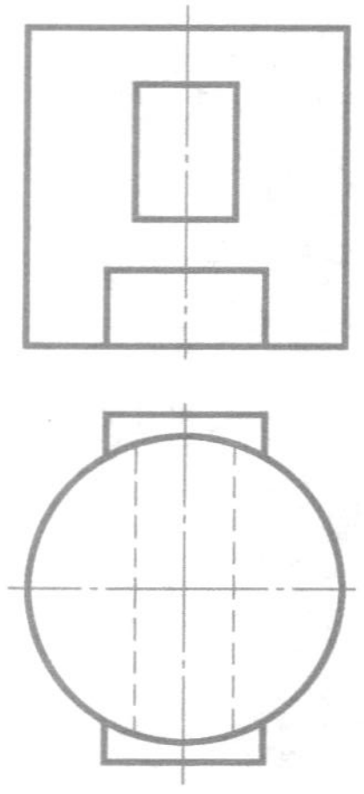

5-16　求作内、外圆柱截切后的 *H* 面投影。

①

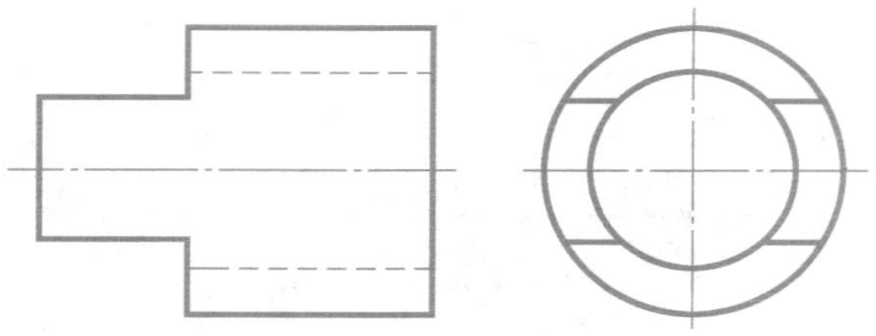

②

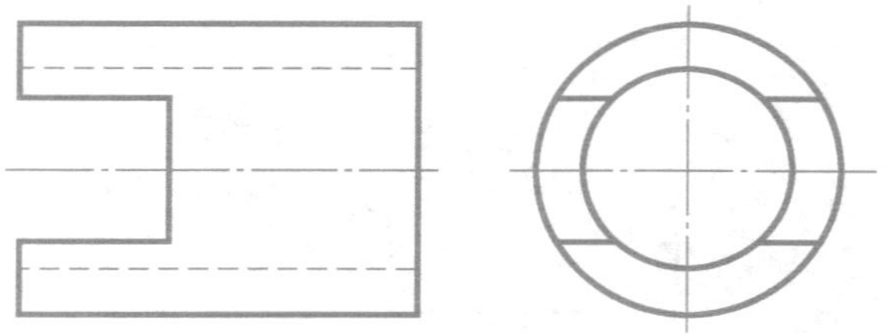

解题演示

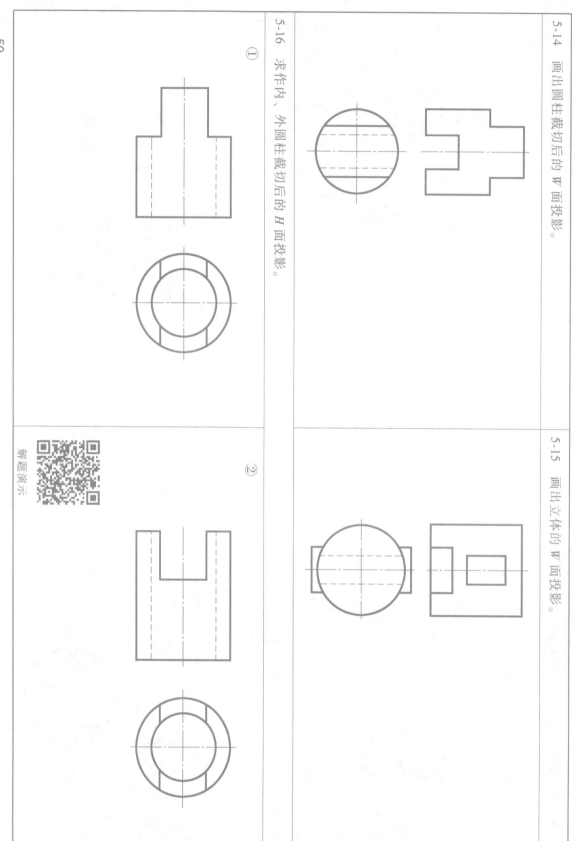

5-17　完成圆锥截切后的 *H* 面和 *W* 面投影。

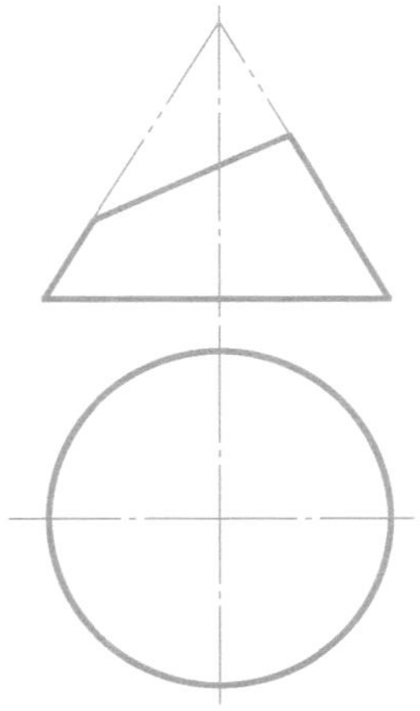

5-18　完成圆锥截切后的 *W* 面投影。

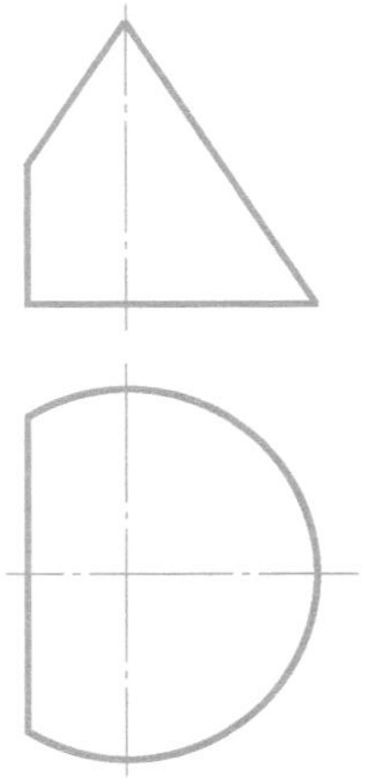

5-19　完成圆锥截切后的 *H* 面和 *W* 面投影。

①

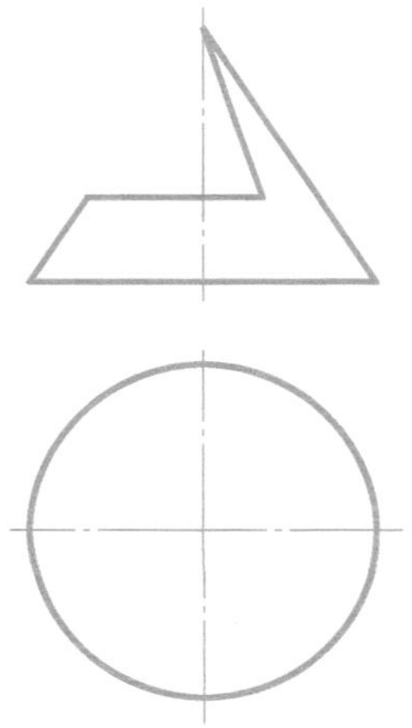

②

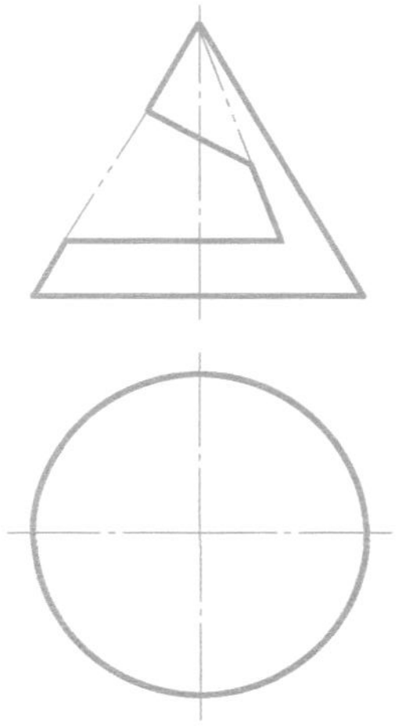

班级：　　　学号：　　　姓名：

5-20　完成圆锥穿孔后的 *H* 面和 *W* 面投影。

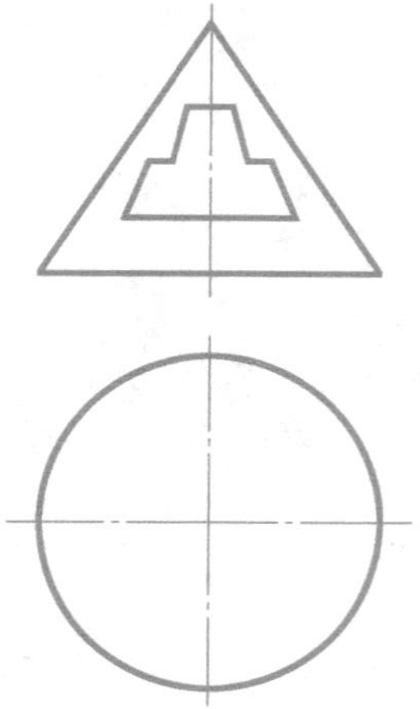

5-21　完成圆锥截切后的 *V* 面和 *W* 面投影。

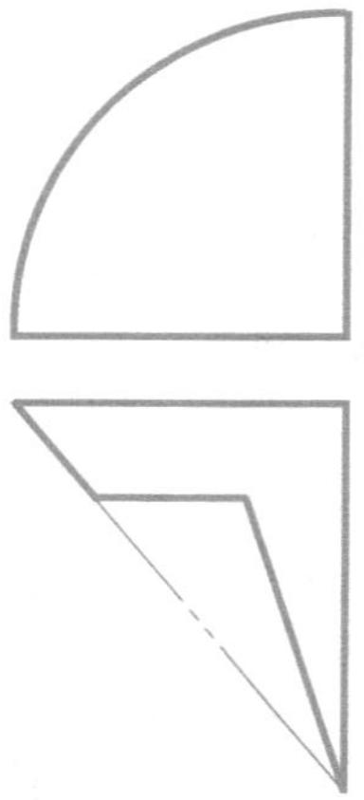

5-22　求圆球截切后的 *H* 面和 *W* 面投影。

①

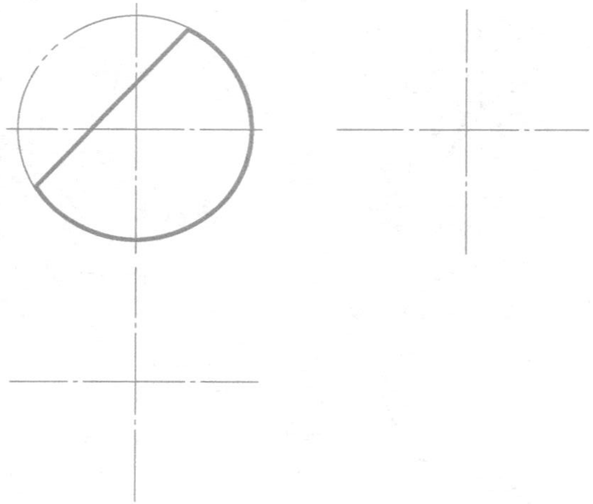

②

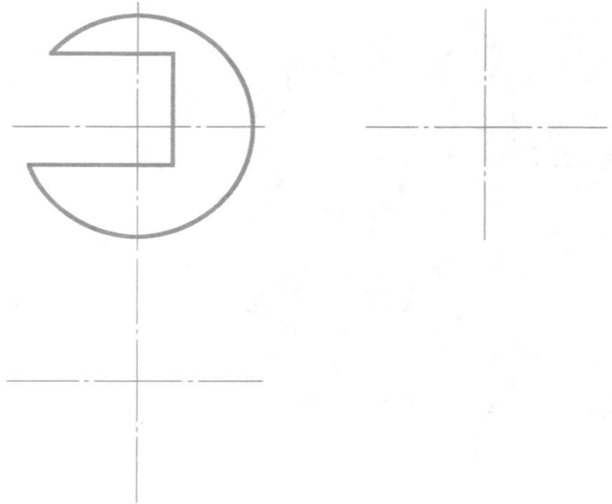

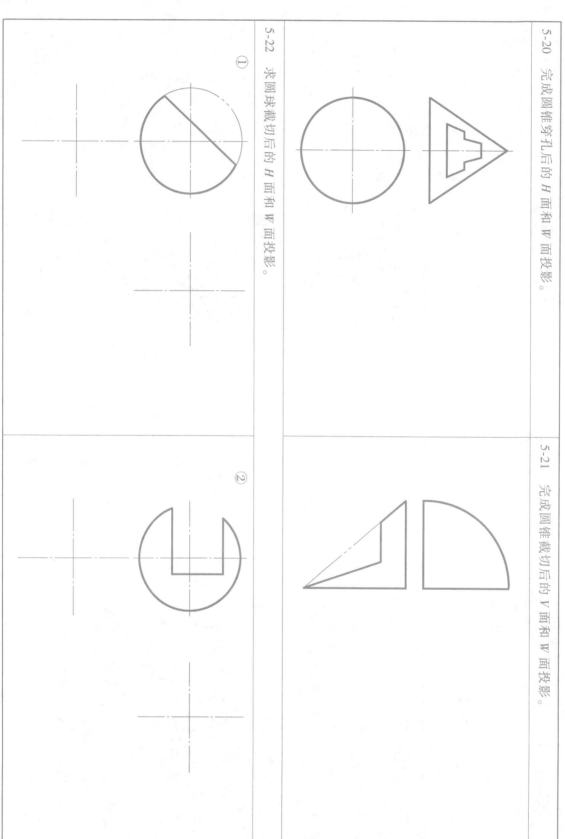

5-23　补全立体的 W 面投影。

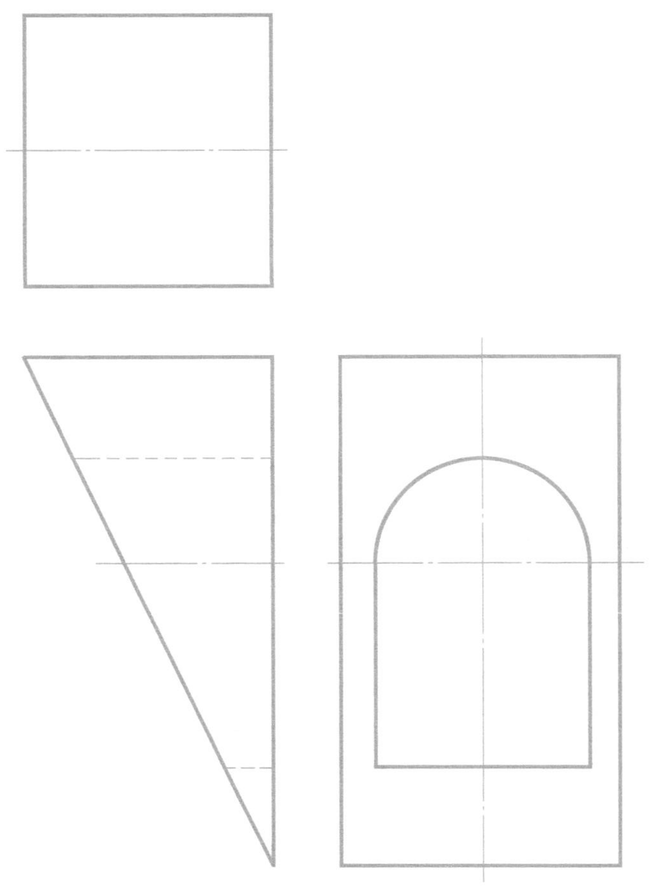

5-24　补全立体的 H 面投影。

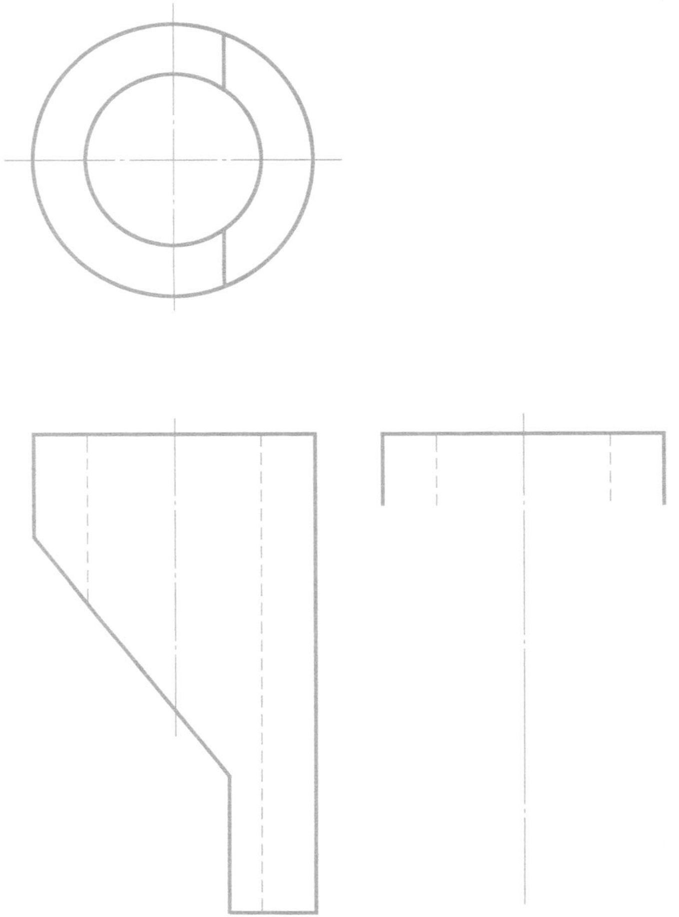

5-25 已知立体的两面投影，补画第三面投影。

①

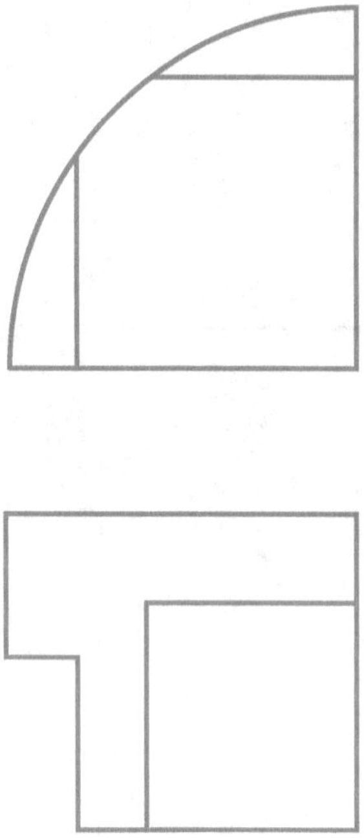

②

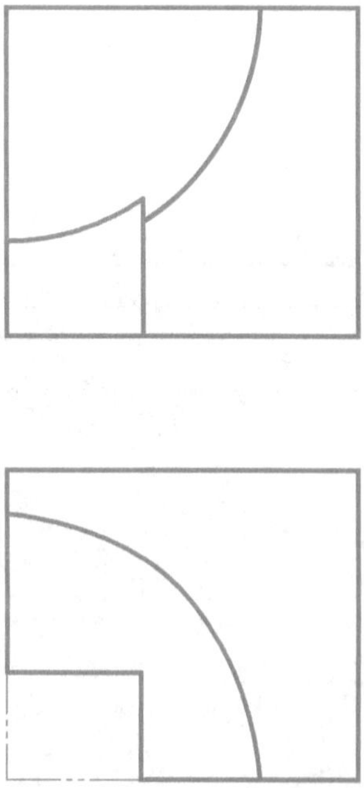

班级：　　　　学号：　　　　姓名：

班级：　　　　学号：　　　　姓名：

5-26　补全立体的 *V* 面投影，并画出 *W* 面投影。

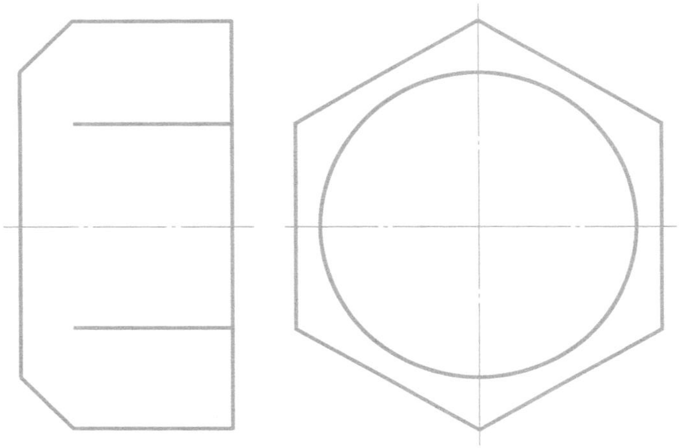

5-27　补全立体的 *H* 面投影，并画出 *W* 面投影。

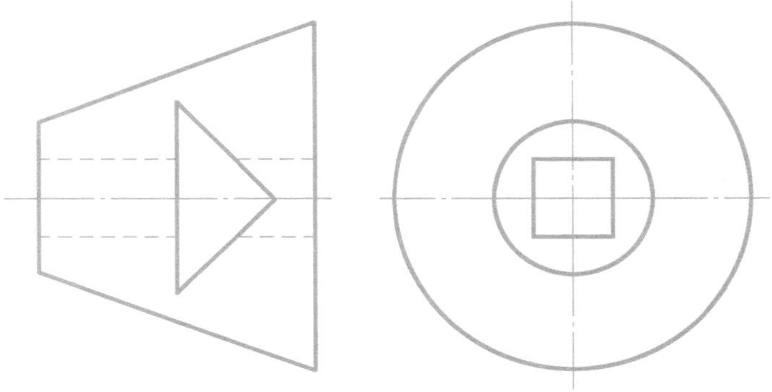

5-28　补全立体的 V 面投影。

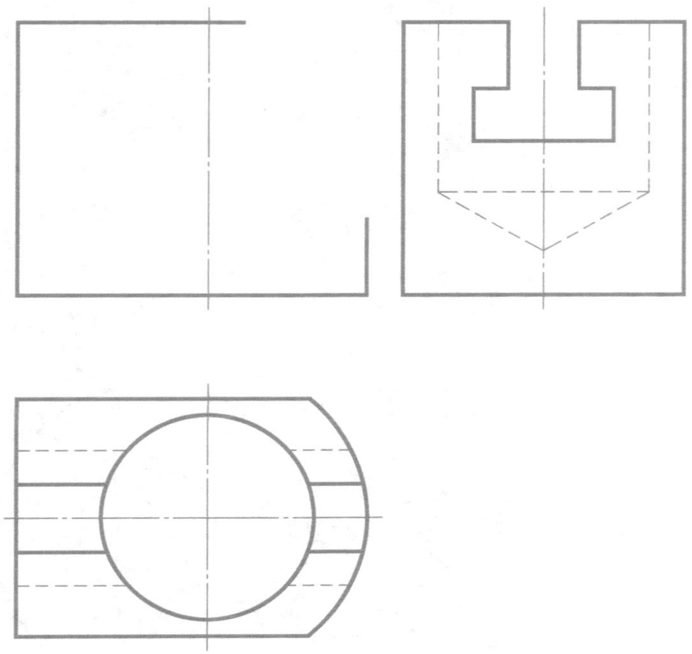

5-29　求作立体的 W 面投影。

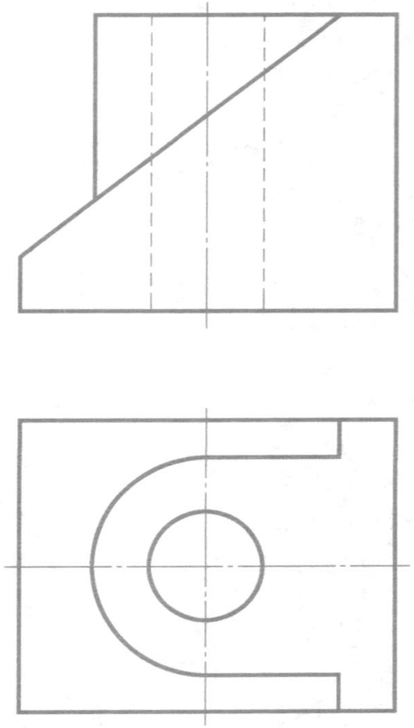

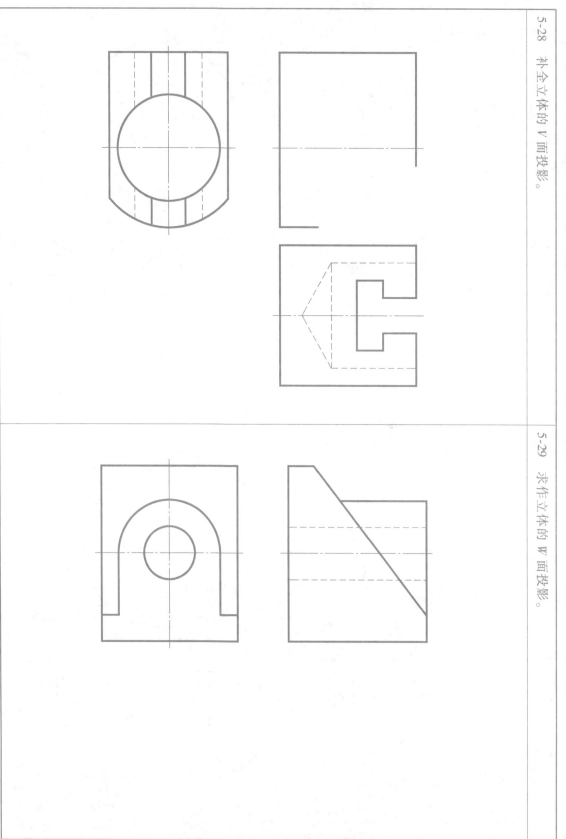

5-30　求作立体的 H 面投影。

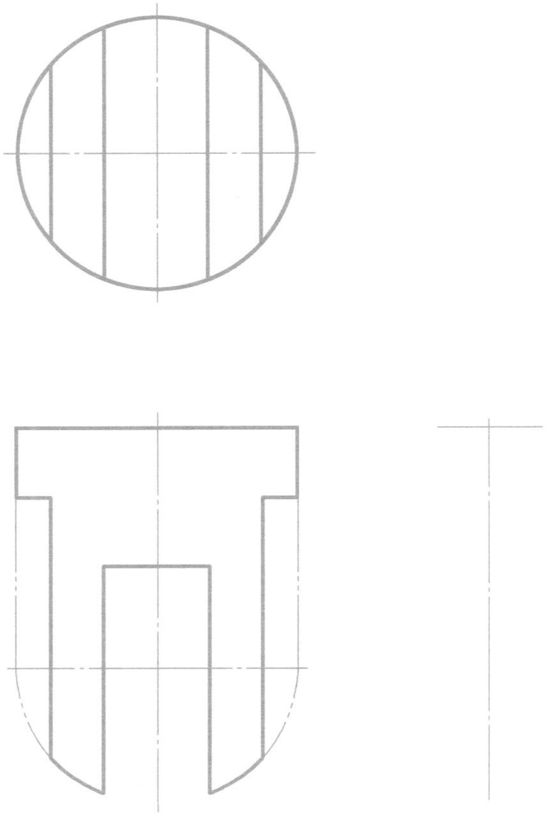

①

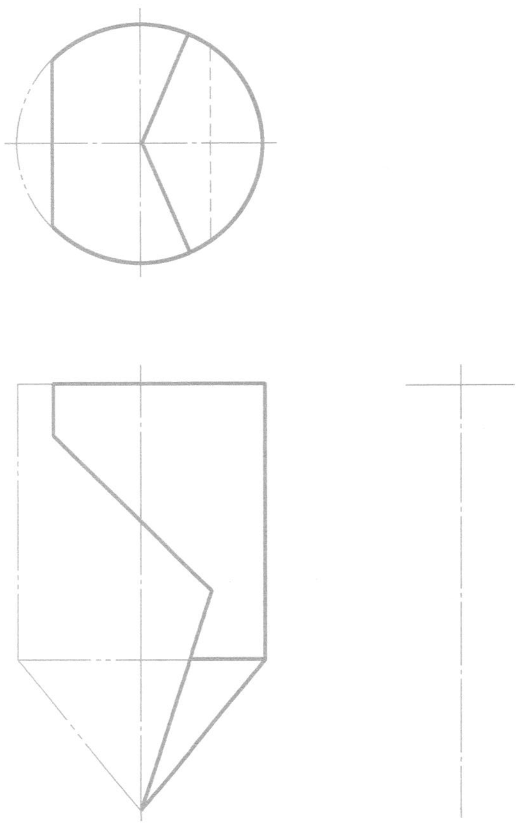

②

5-31 补全立体的 *V* 面投影（平面与圆锥、圆球相交）。

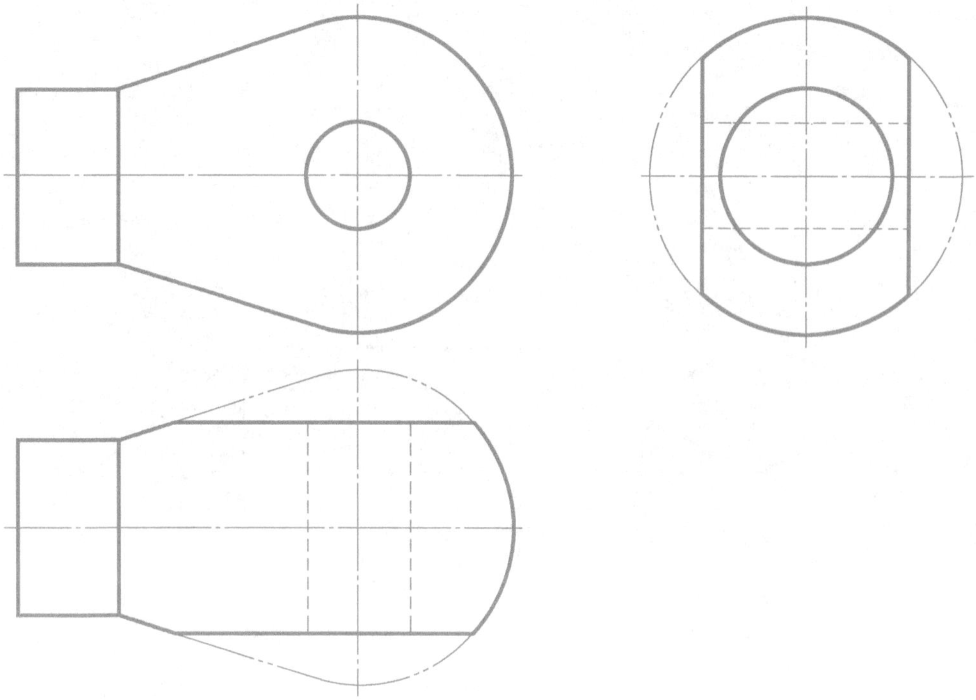

5-32 完成立体的 *V* 面投影（平面与圆环面相交）。

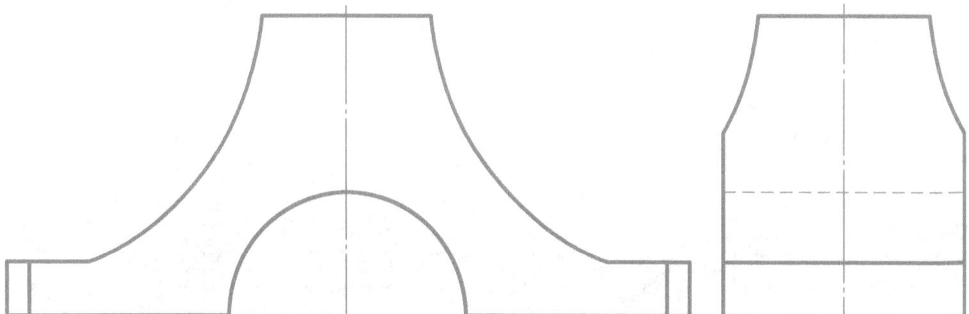

班级：

学号：

姓名：

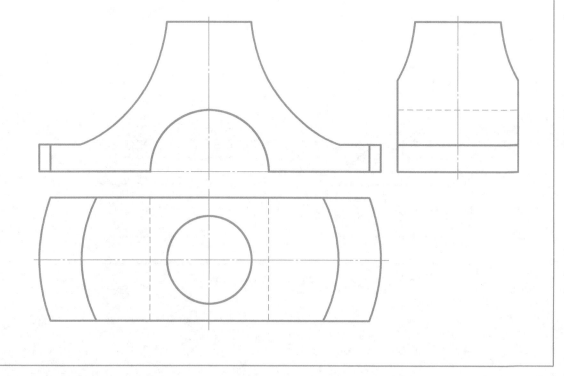

5-33　求作相贯线的投影。

①

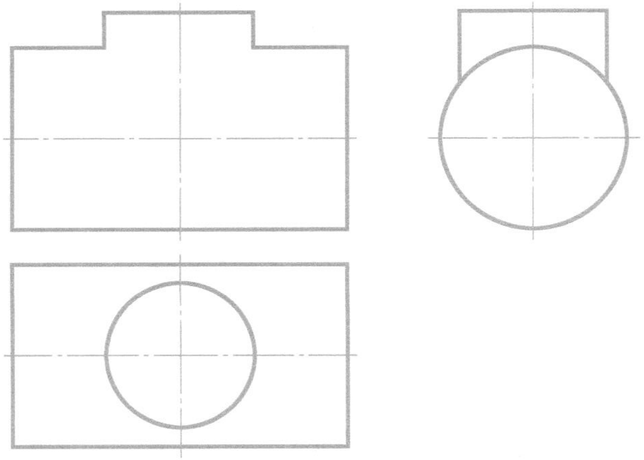

②

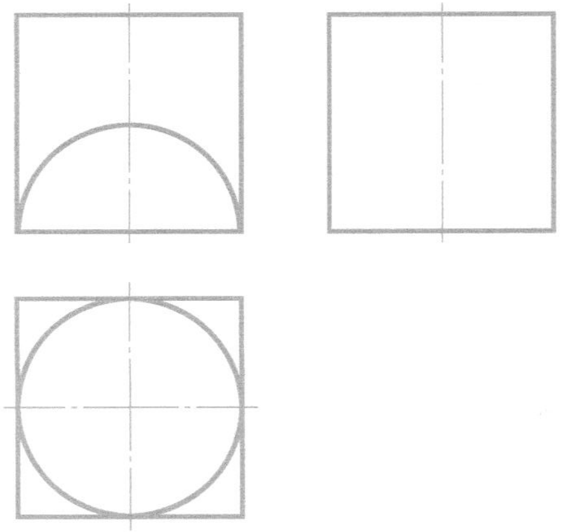

③

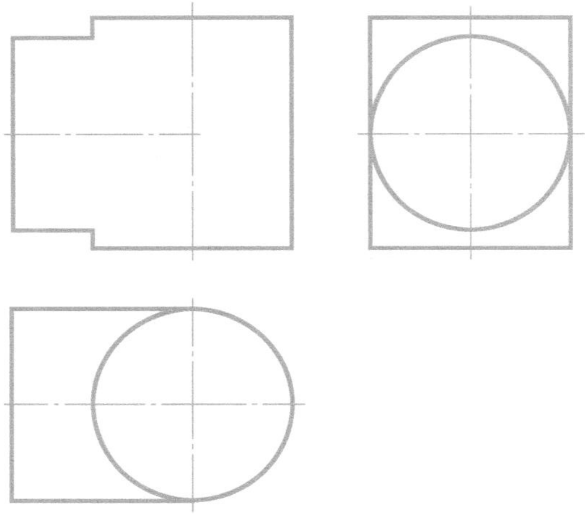

④

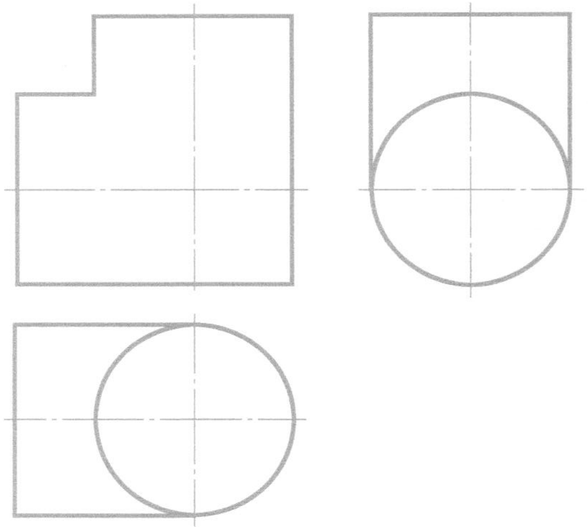

班级：　　　　学号：　　　　姓名：

5-34　求作相贯线的 V 面和 H 面投影。

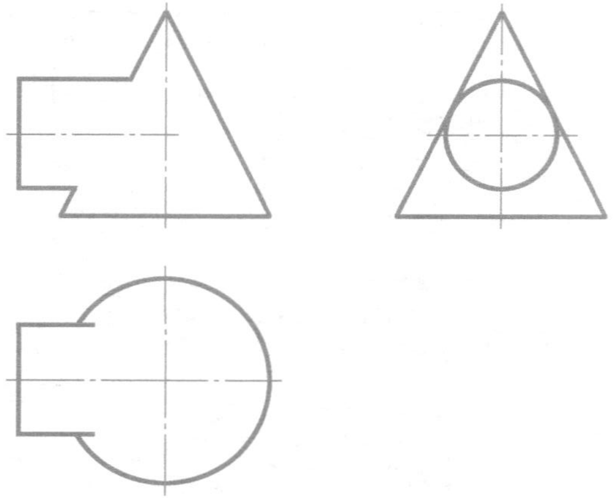

5-35　求作相贯线的 V 面和 W 面投影。

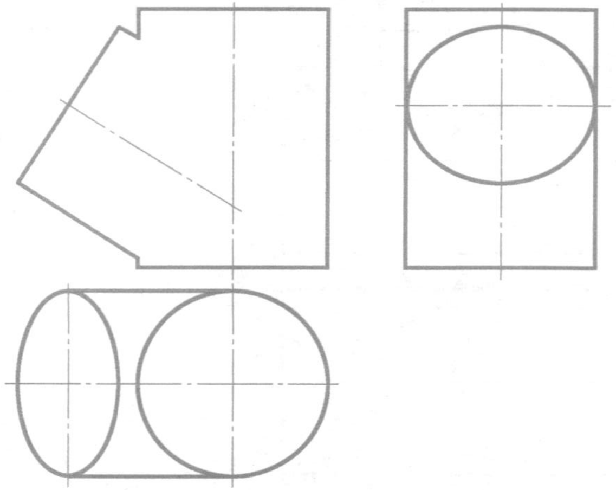

5-36　求立体相贯的 V 面投影。

①

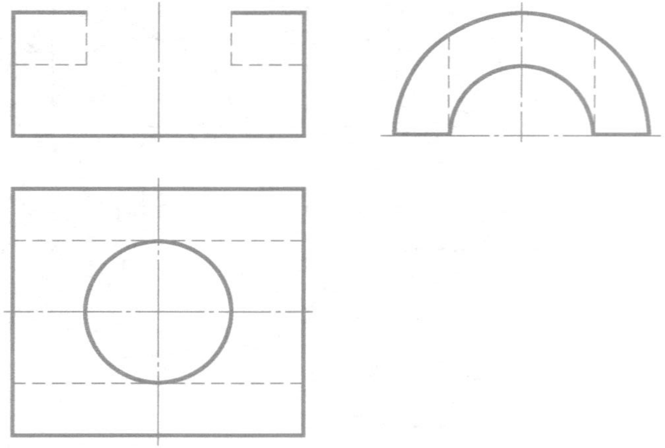

②

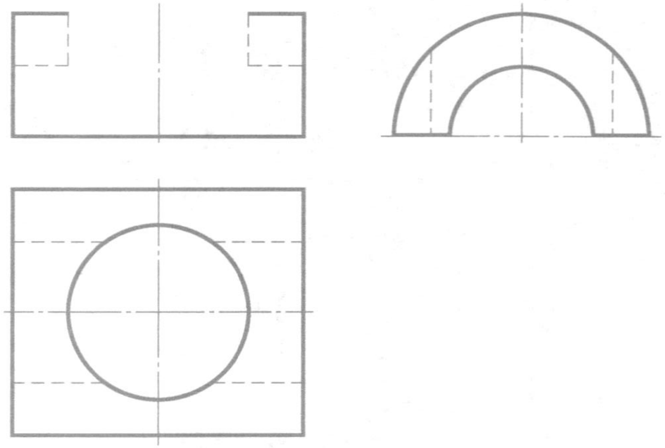

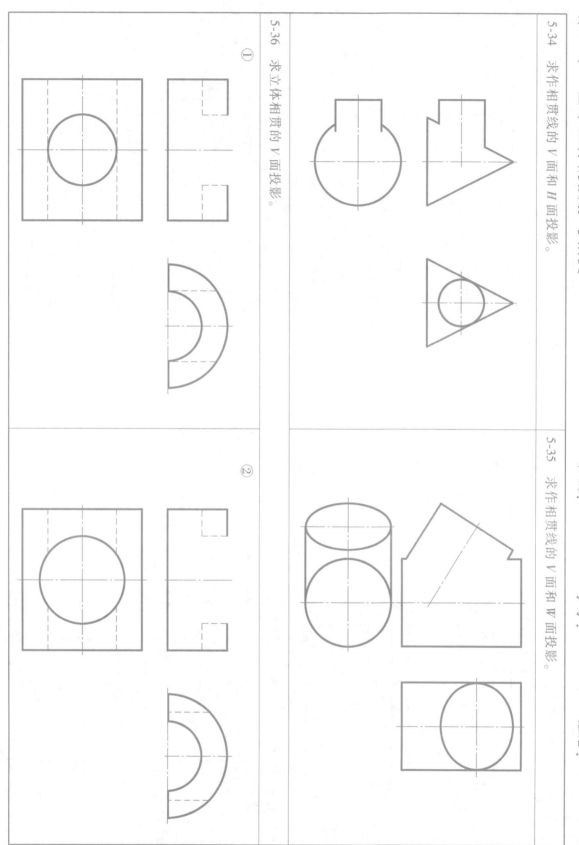

5-37　求作相贯线的 V 面投影。

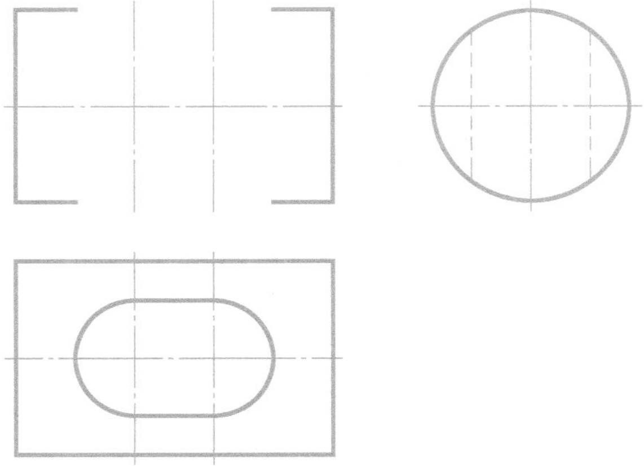

5-38　补全三个视图中的所缺图线。

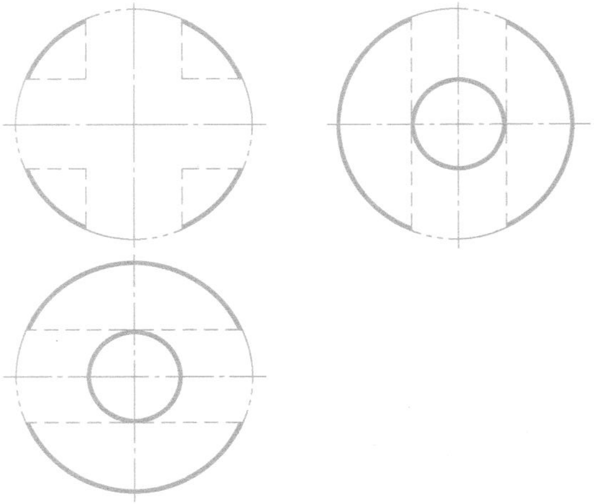

5-39　求作相贯线的 V 面投影。

①

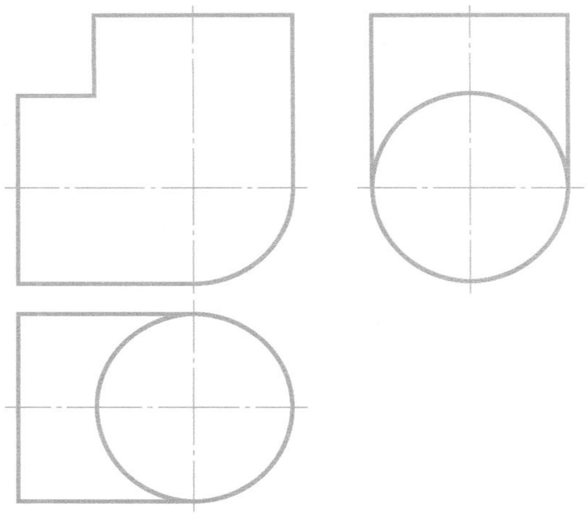

②

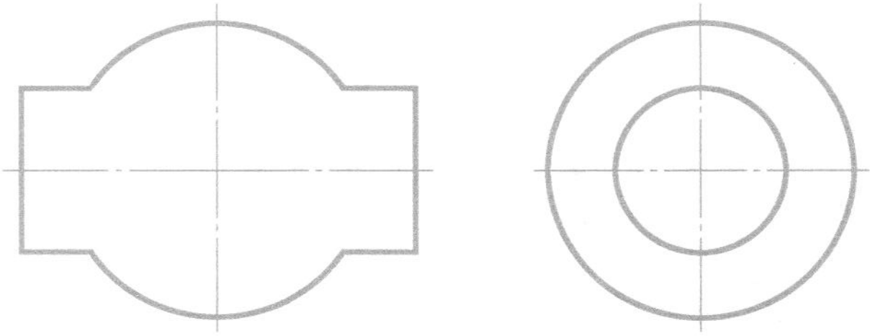

5-40　在指定位置作出各立体的 W 面投影。

①

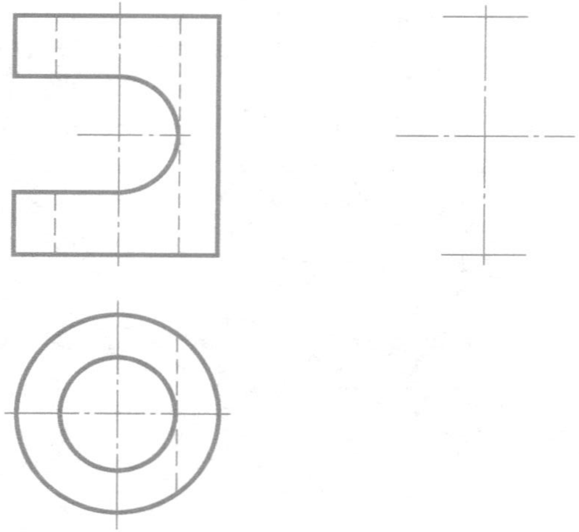

②

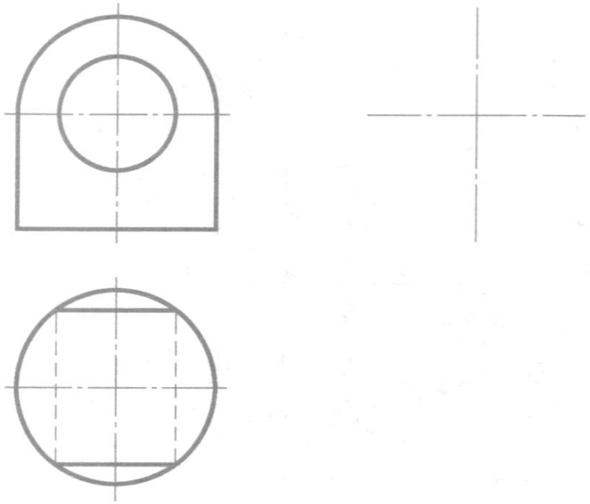

③

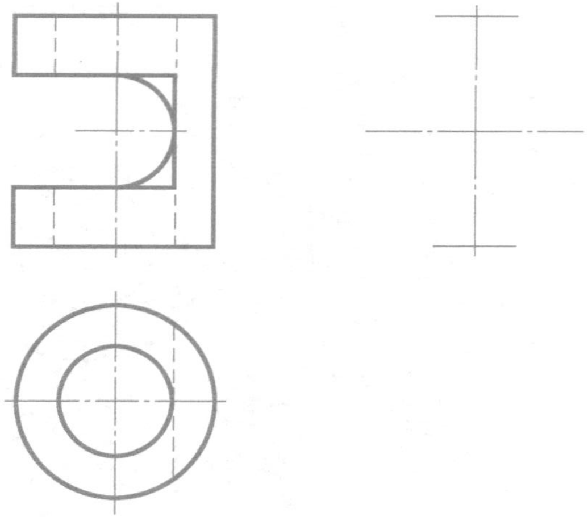

④

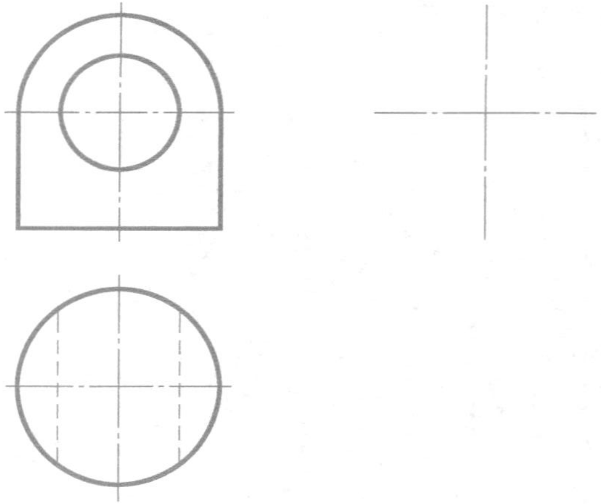

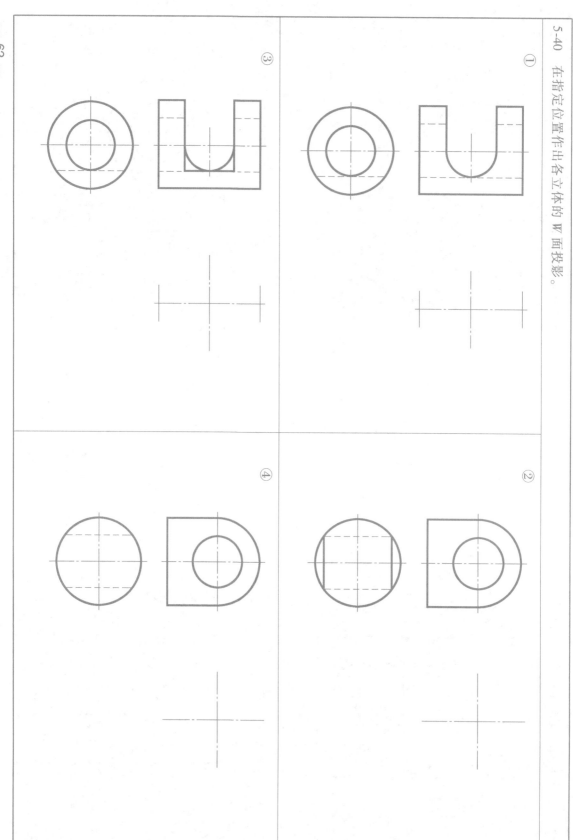

5-41　求作立体的 W 面投影。

①

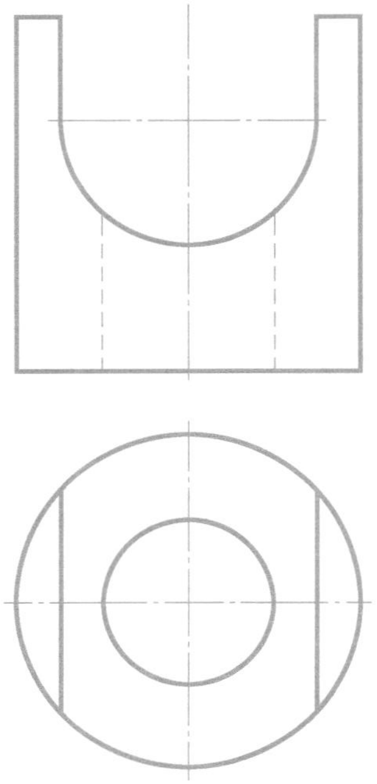

②

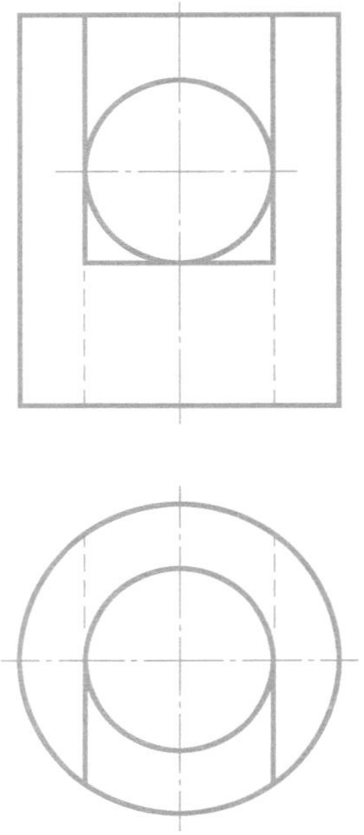

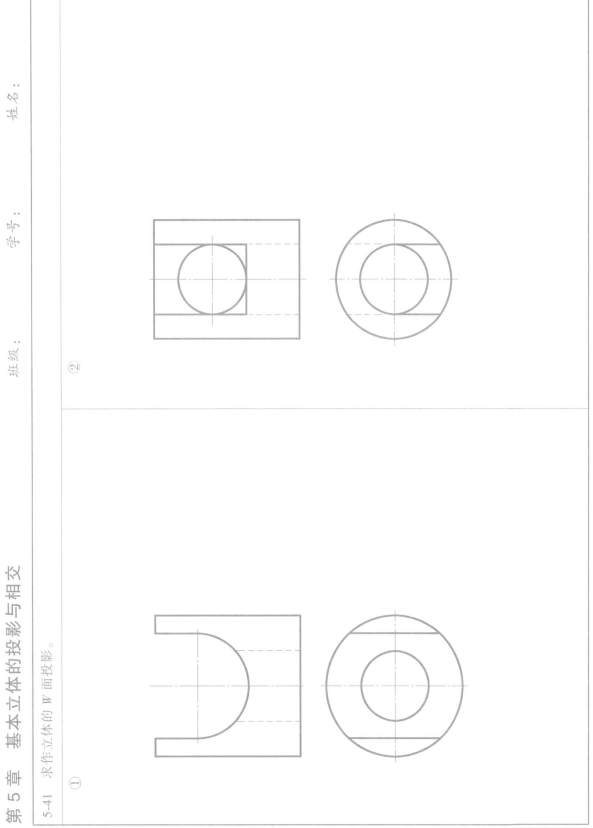

班级：　　　　学号：　　　　姓名：

5-42　求相贯线的 V 面和 W 面投影。

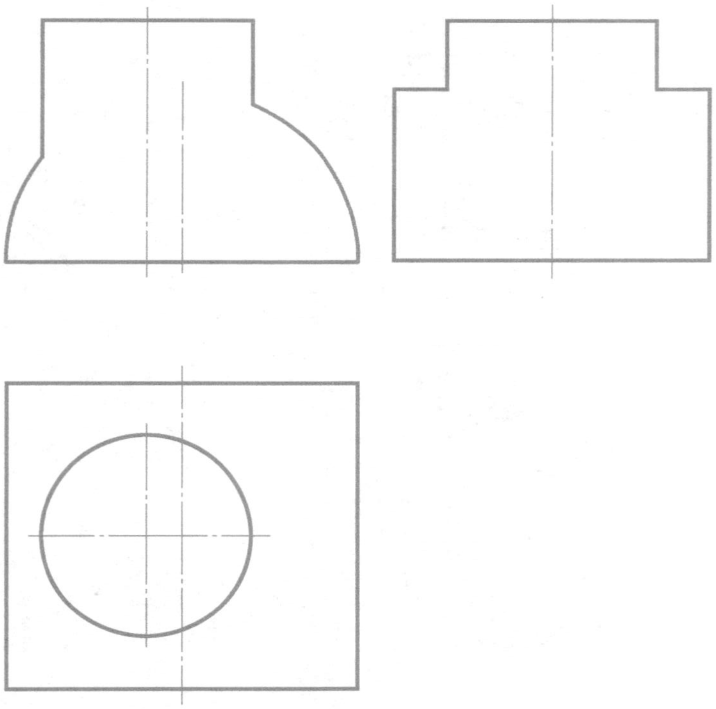

5-43　求相贯线的 V 面和 H 面投影。

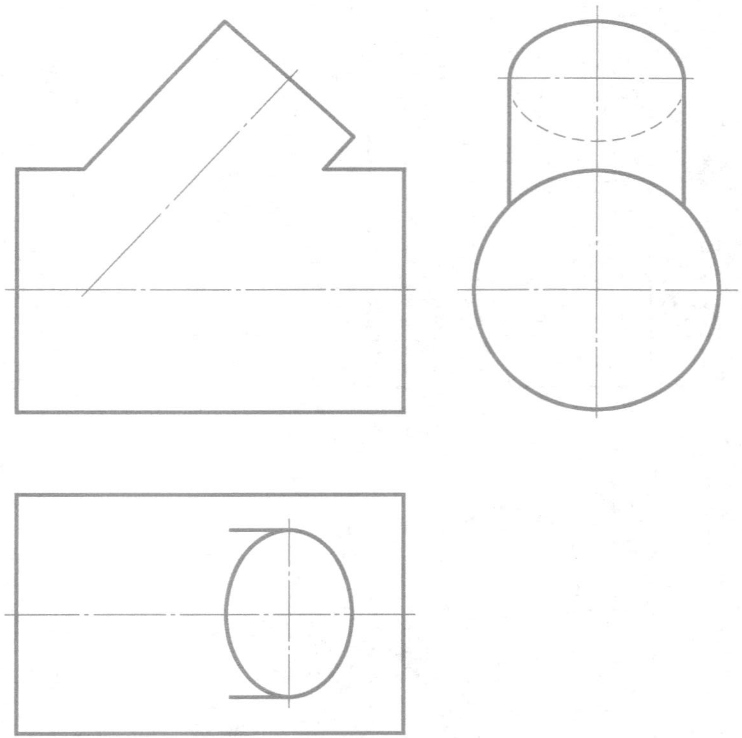

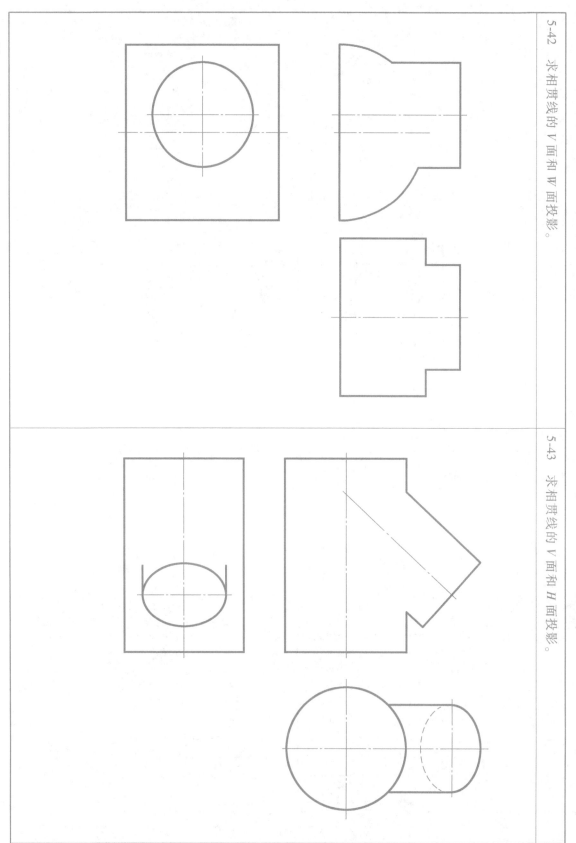

5-44　求圆柱与圆锥相贯线的 V 面投影。

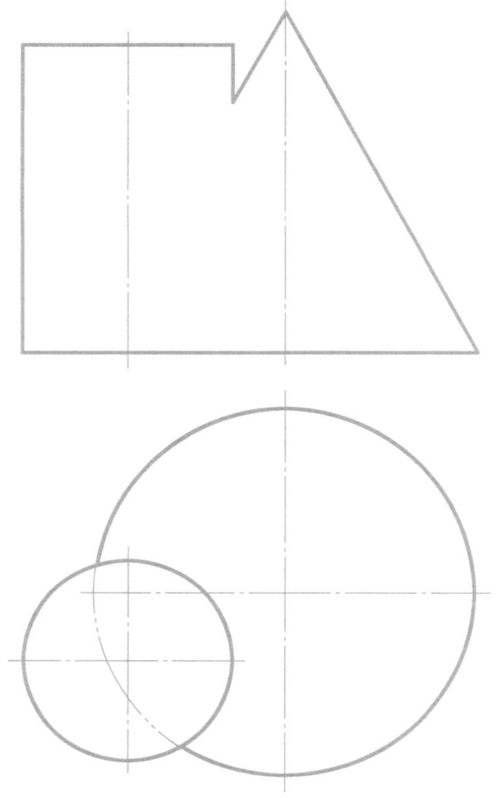

5-45　求圆柱与圆锥相贯线的 V 面和 W 面投影。

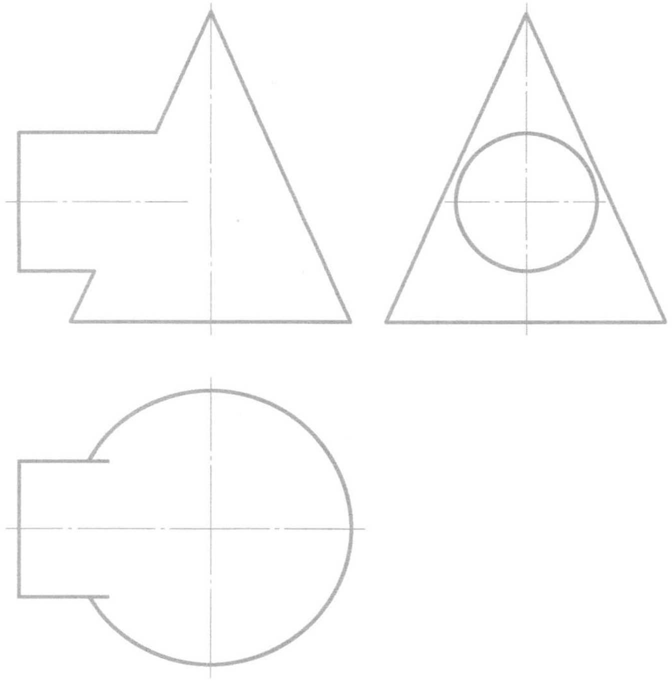

班级：　　　　学号：　　　　姓名：

5-46　求圆柱与圆锥相贯线的 H 面投影。

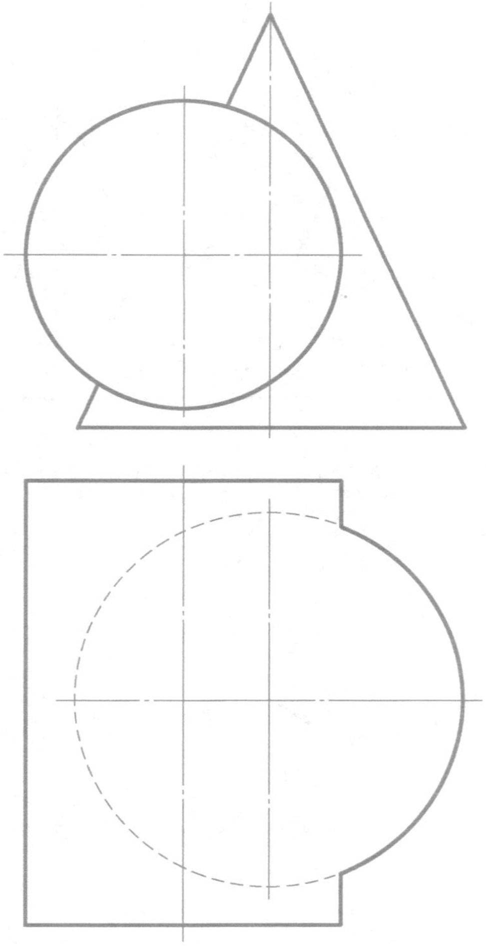

5-47　求两圆锥相贯线的 V 面和 H 面投影。

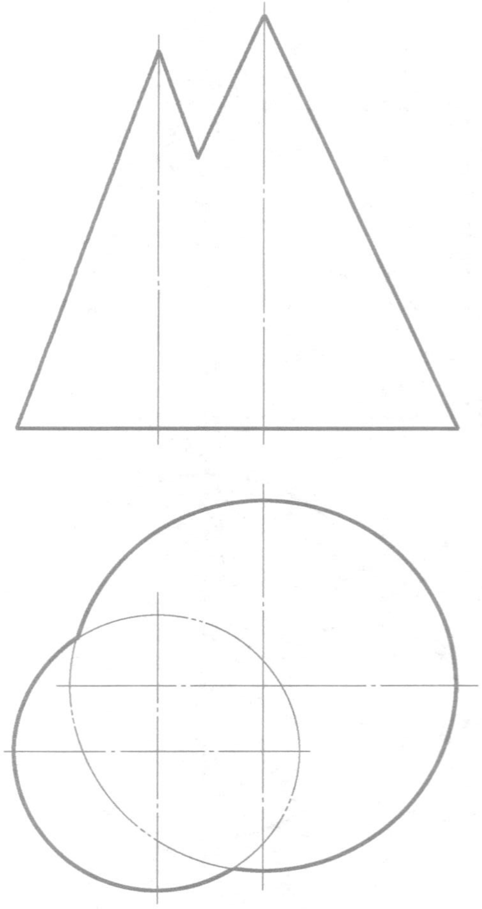

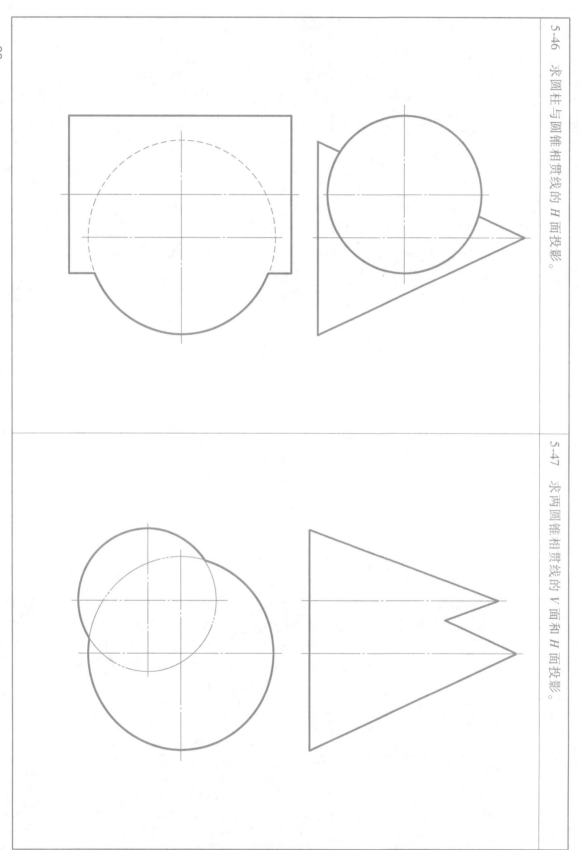

5-48　求作相贯线的 V 面和 H 面投影。

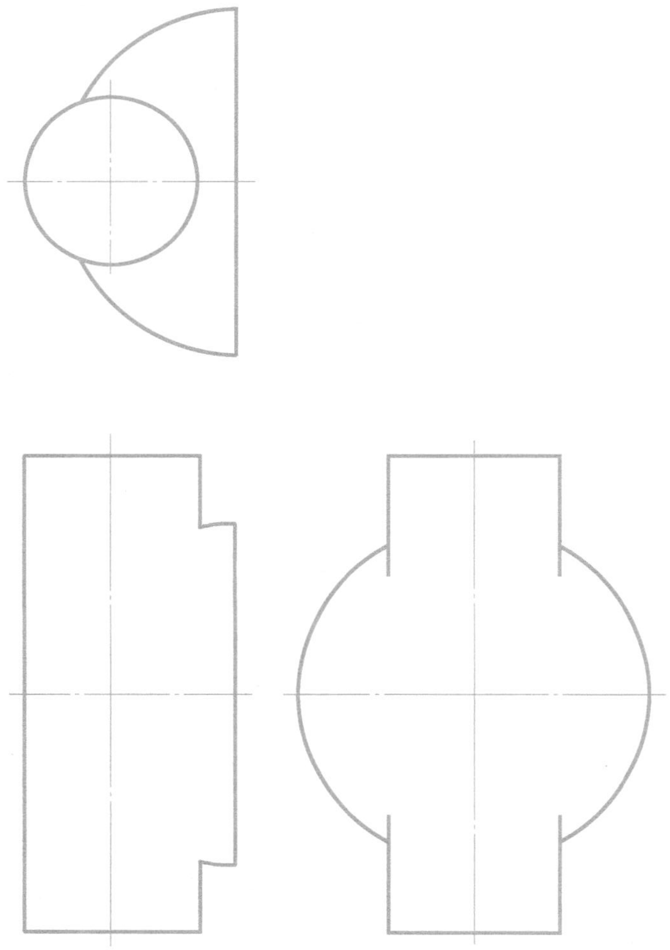

5-49　求三棱柱与圆球相贯线的 V 面投影。

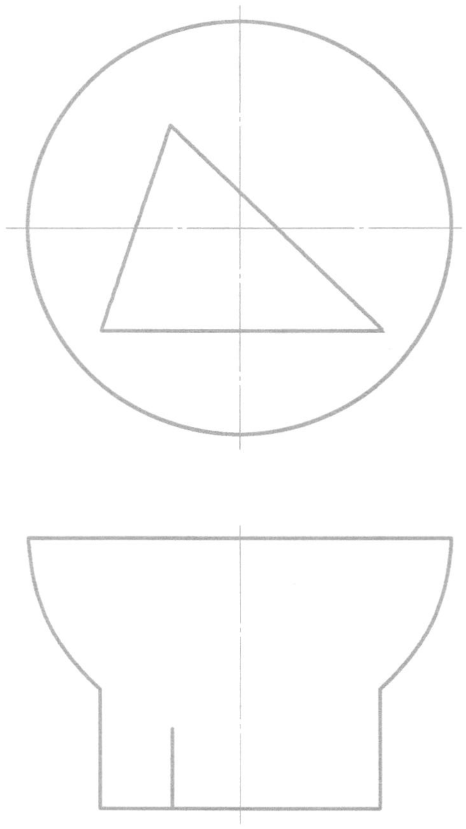

5-50 补全 V 面和 W 面投影。

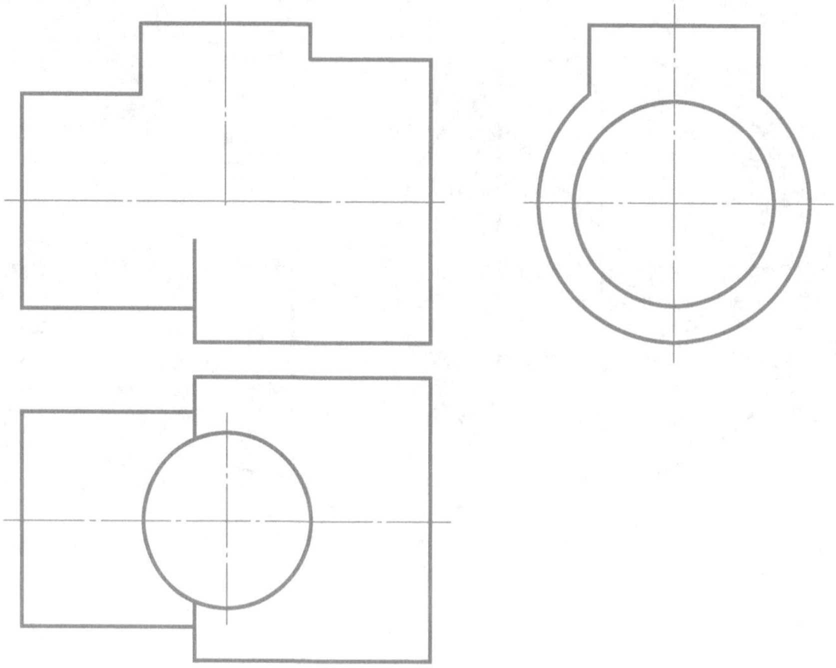

5-51 补全 V 面投影所缺相贯线投影。

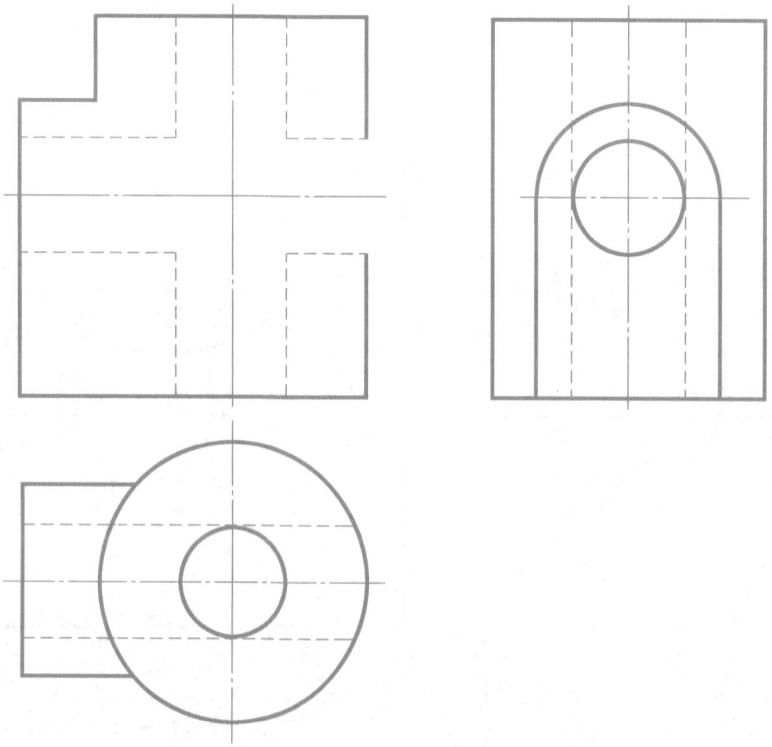

班级：

学号：

姓名：

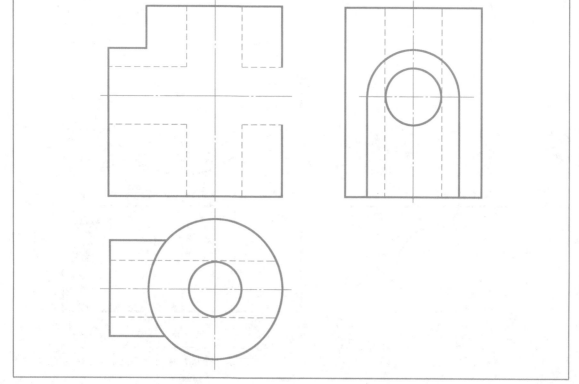

班级：　　　　学号：　　　　姓名：

6-1　根据轴测图补全三视图中所缺图线（所有槽均为通槽）。

①

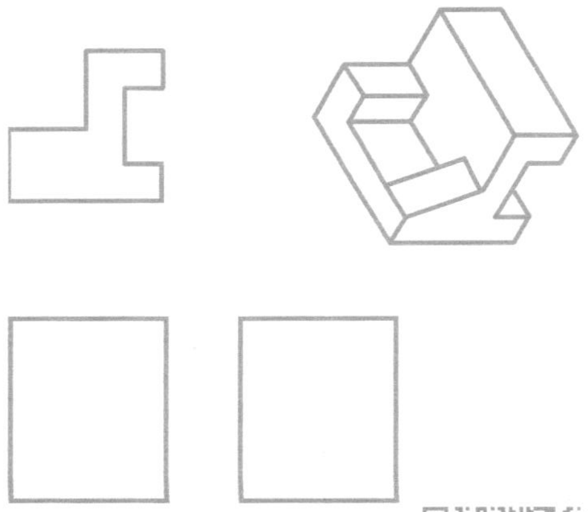

交互模型

②

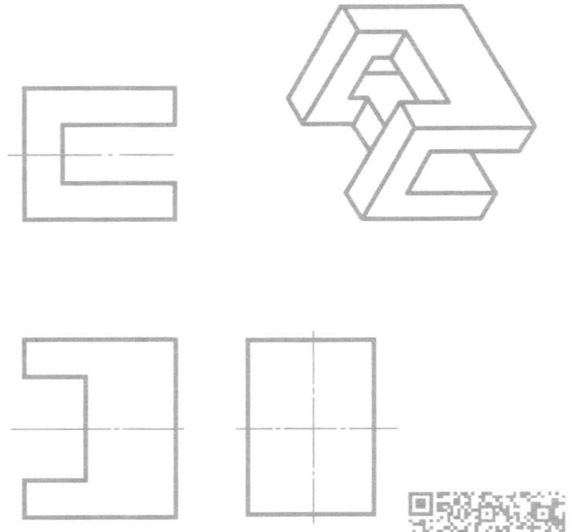

交互模型

③

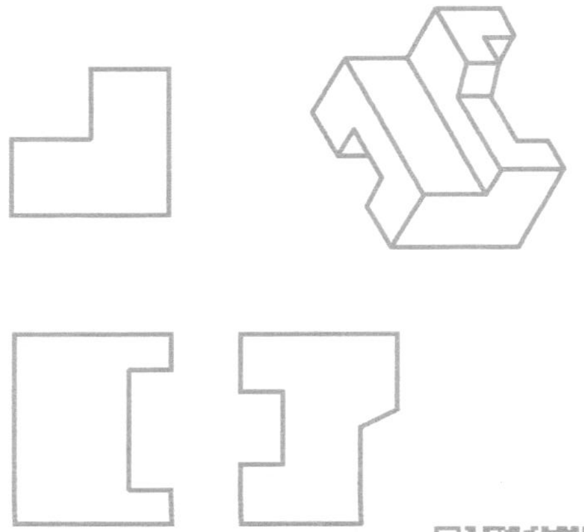

交互模型

④

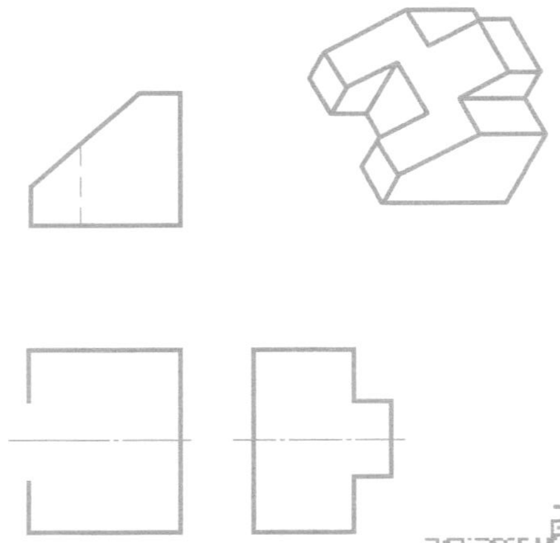

交互模型

⑤

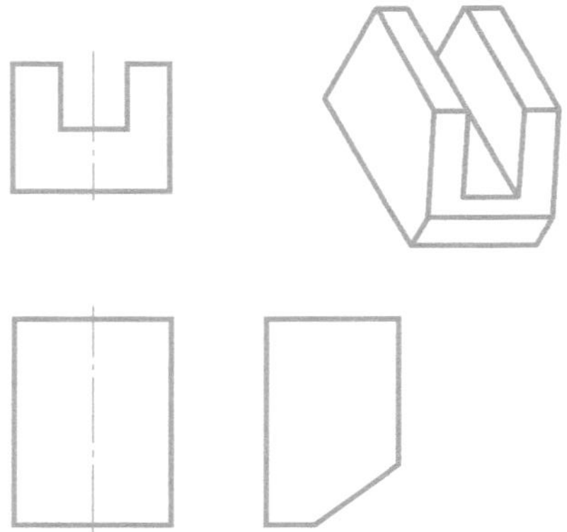

交互模型

⑥

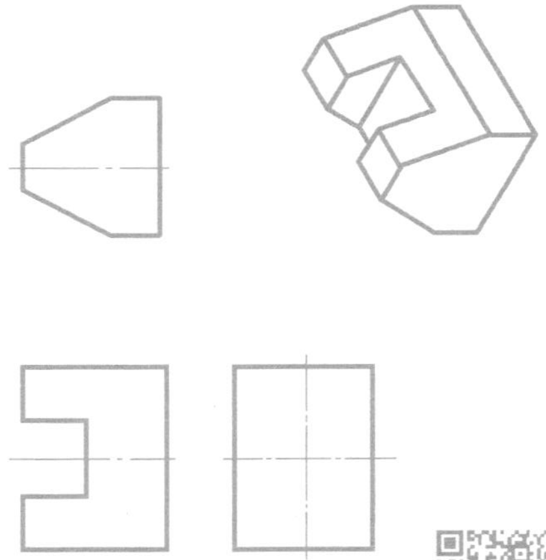

交互模型

班级：　　　　学号：　　　　姓名：

6-2　由轴测图补画组合体的视图。

①

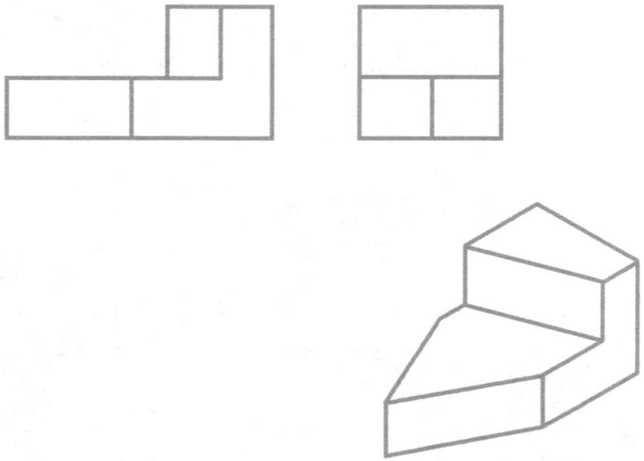

②

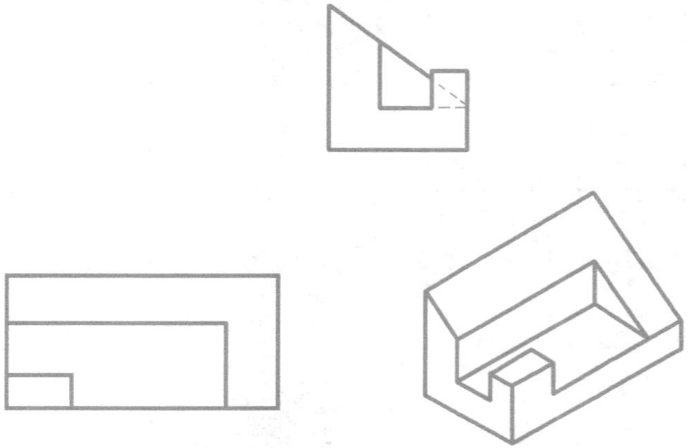

③

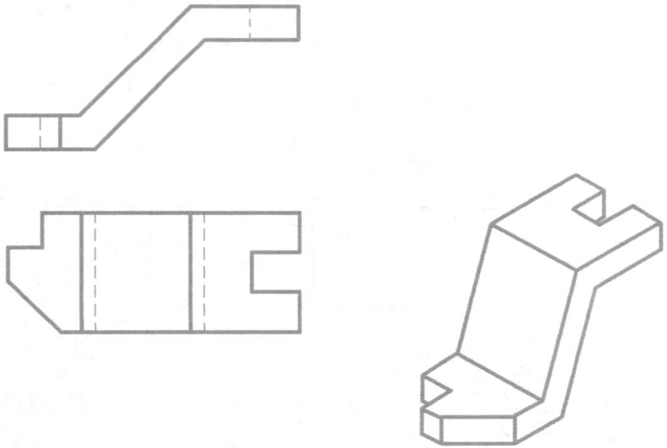

④

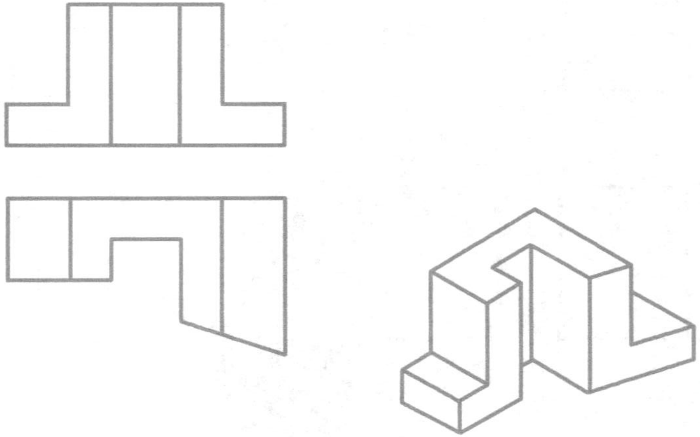

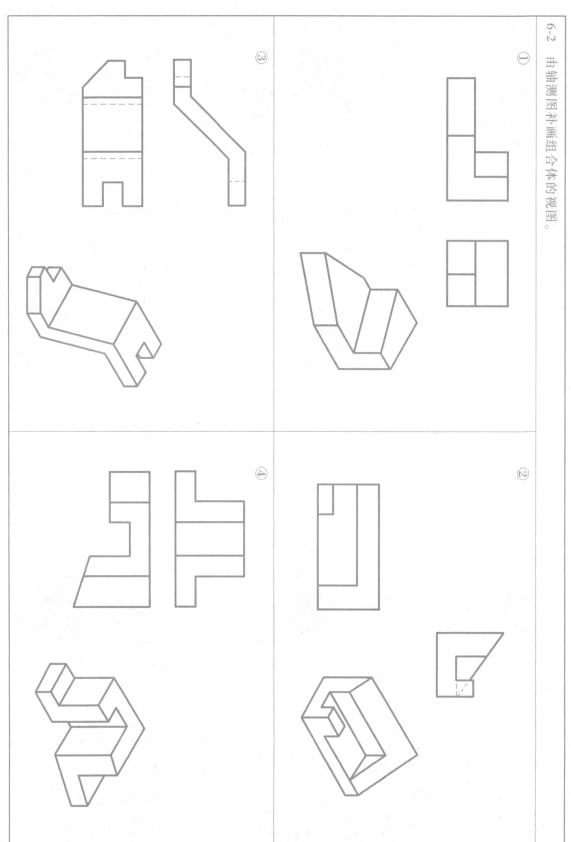

班级：　　　　学号：　　　　姓名：

6-3　由轴测图作出组合体的三视图。

①

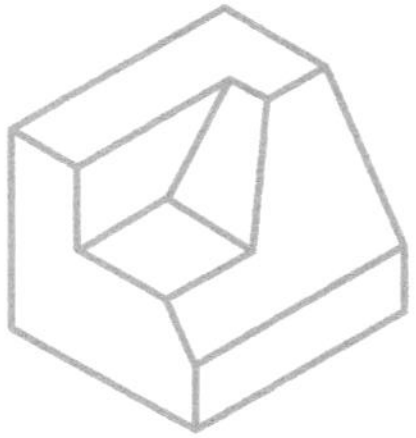

交互模型

②

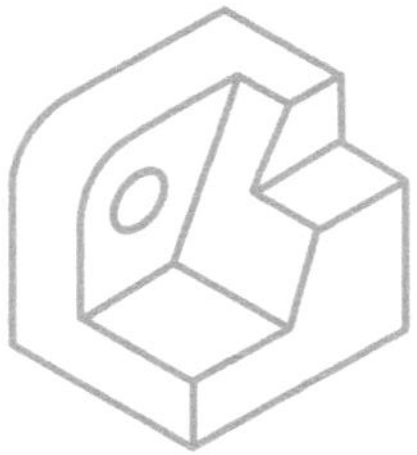

交互模型

③

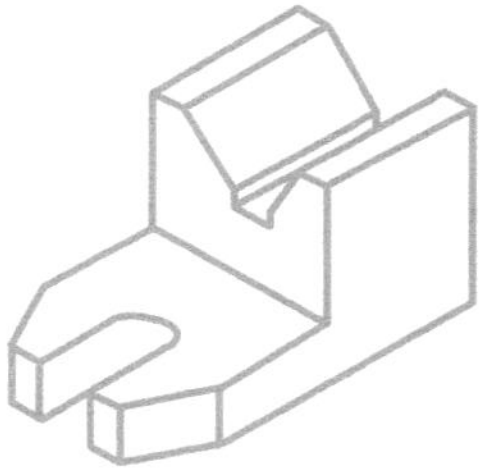

交互模型

④

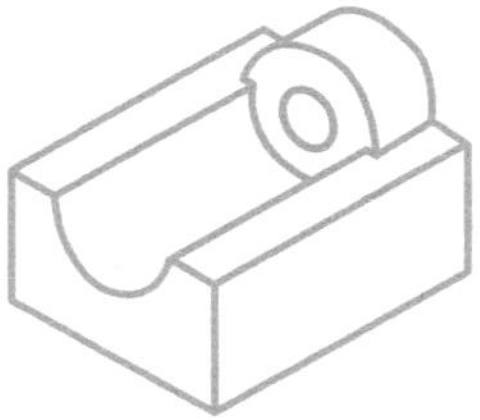

交互模型

6-4 根据轴测图作出立体的三视图（尺寸数值在图中按 1：1 的比例量取并取整，所有孔均为通孔）。

①

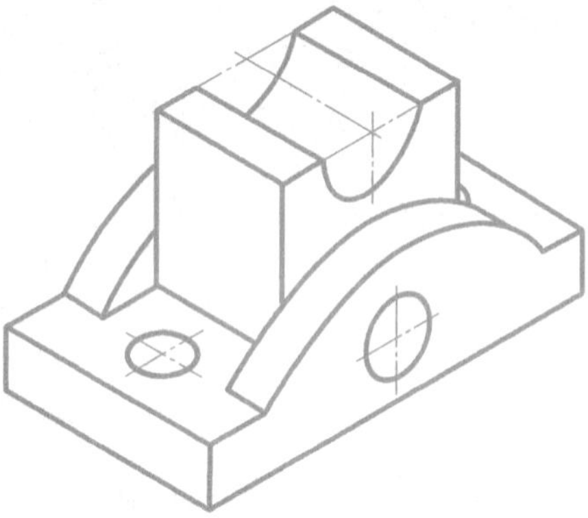

交互模型

②

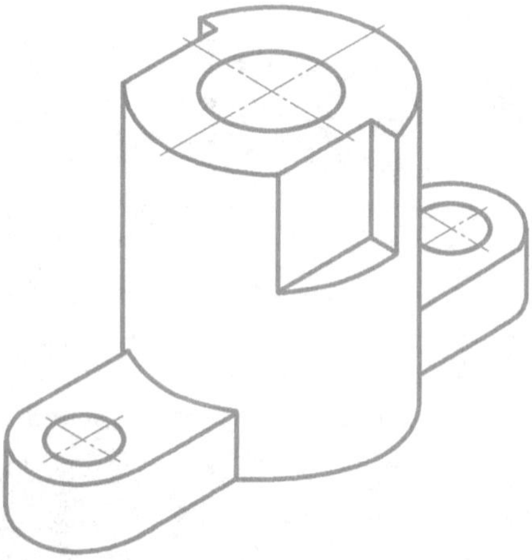

交互模型

班级：

学号：

姓名：

班级：　　　　学号：　　　　姓名：

6-5　补画左视图，体会题①与题②、题③与题④所示两立体的异同。

①

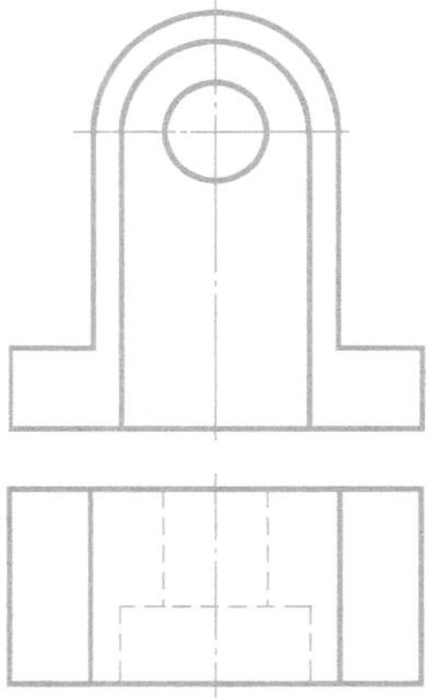

②

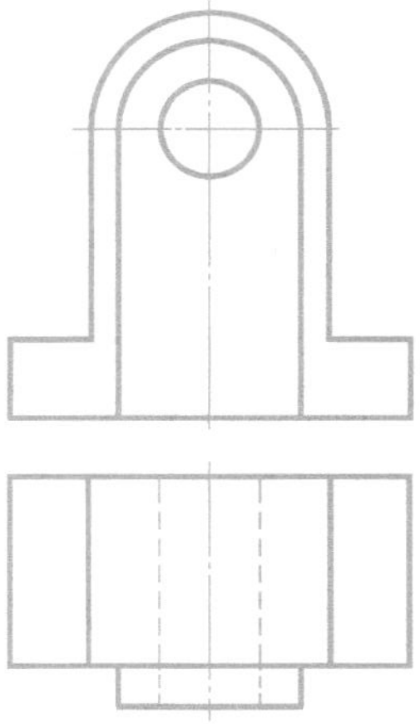

③

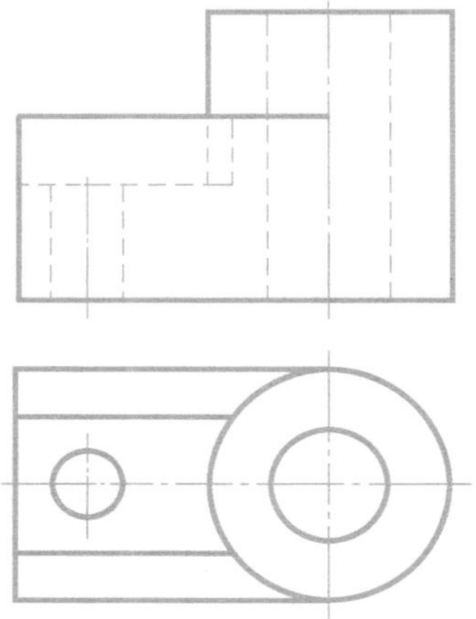

④

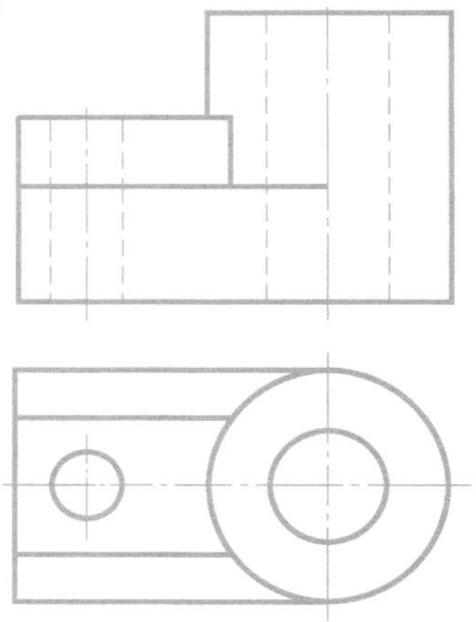

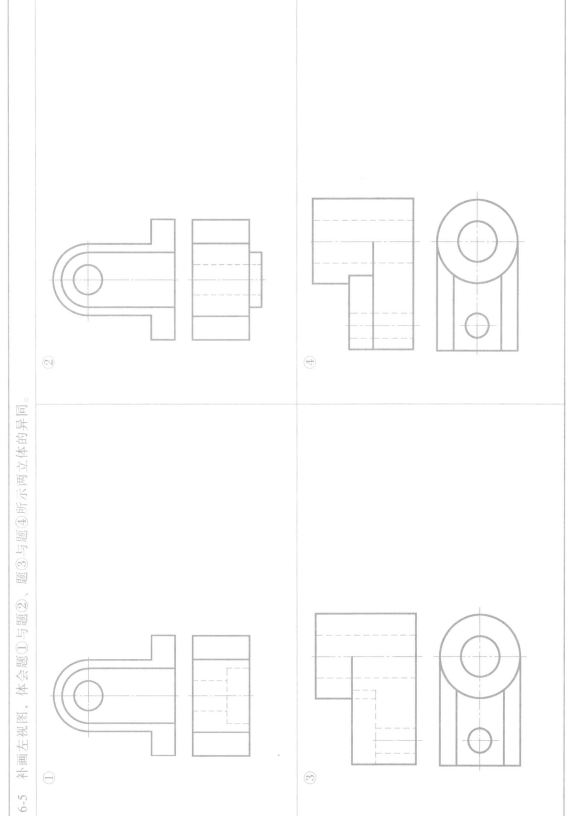

6-6　由已知的两视图，作出立体的俯视图和轴测图（两种答案）。

①

②

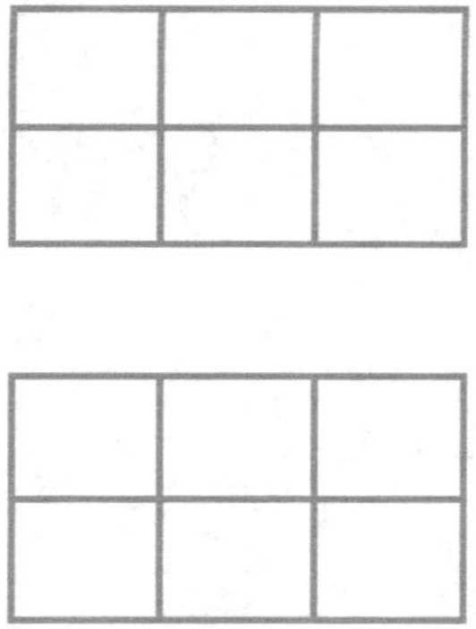

6-7　已知立体的主、俯视图均为由 3×3 个单位正方形组成的图形，设计立体并作出左视图和轴测图。

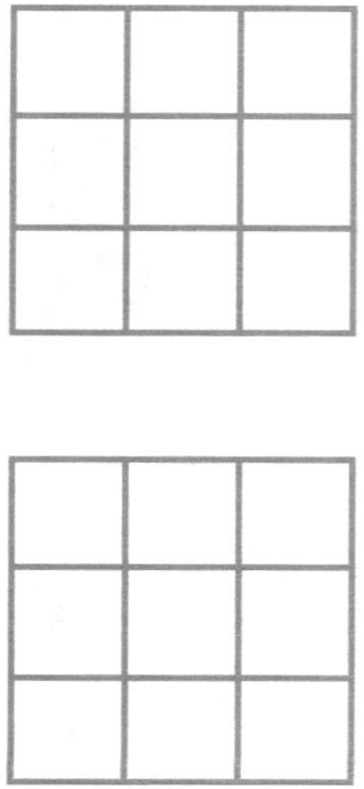

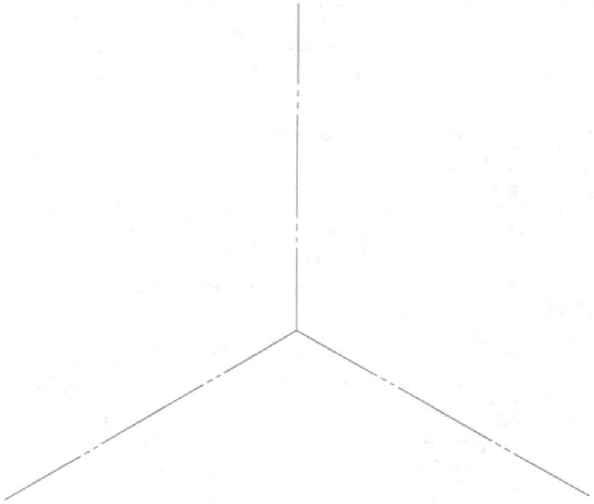

班级：　　　　学号：　　　　姓名：

6-8　根据俯视图设计立体，作出主、左视图。

①

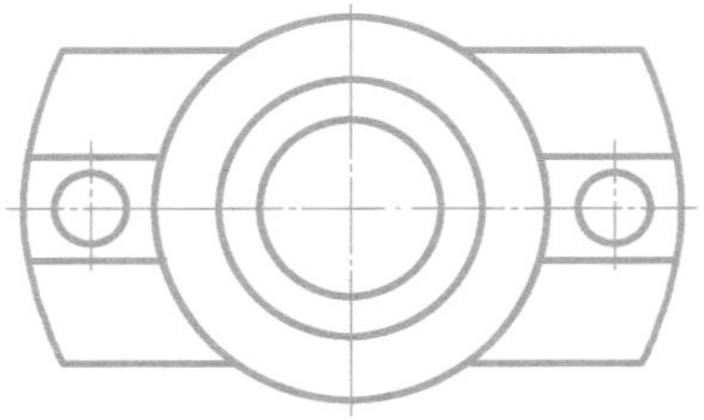

②

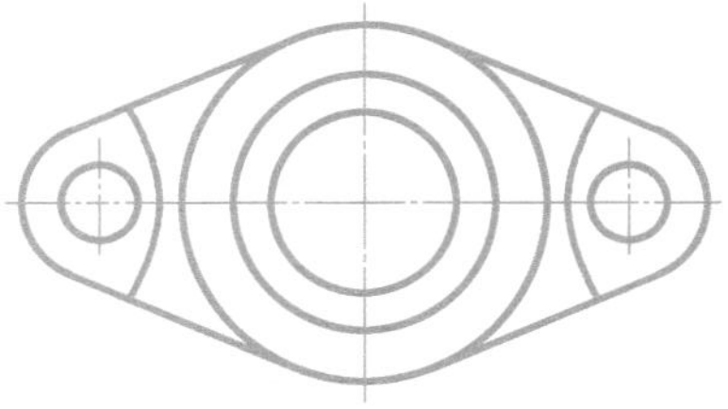

③

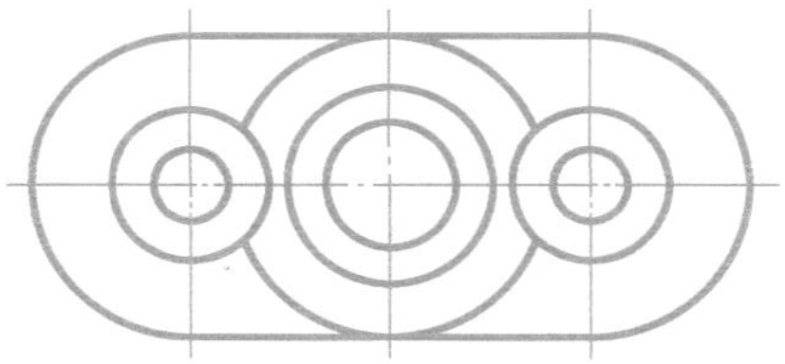

④

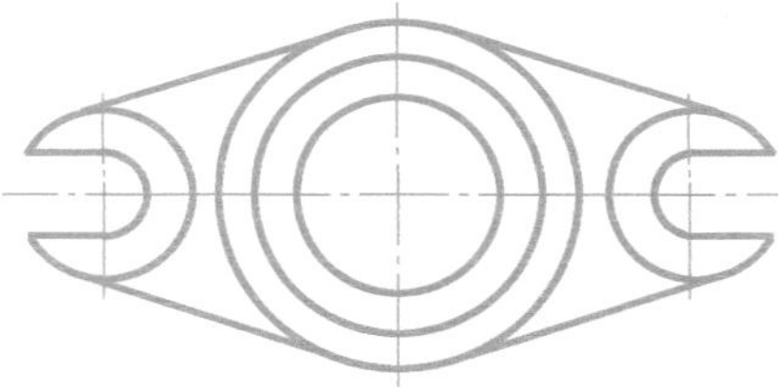

班级：　　　　学号：　　　　姓名：

6-9　由俯视图设计组合体，并作出主、左视图及轴测图。

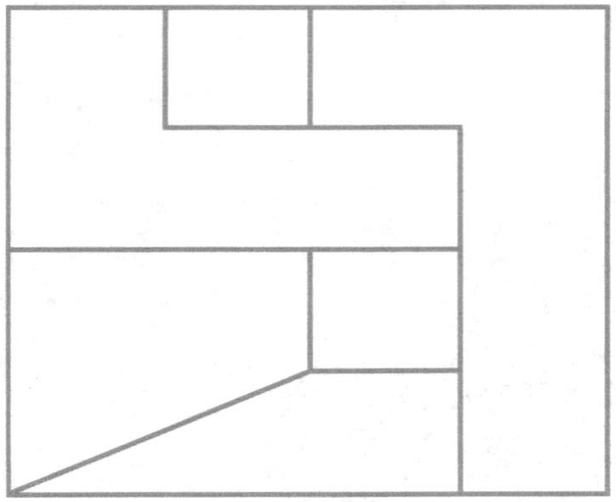

6-10　已知非球立体的主、俯视图均为直径相等的圆，设计立体并作出左视图和轴测图。

①

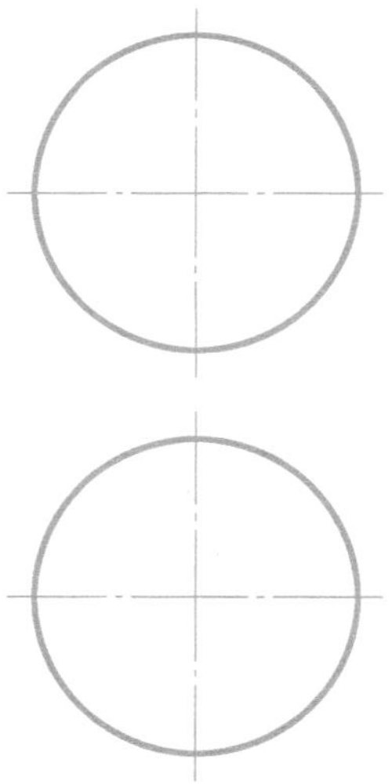

②

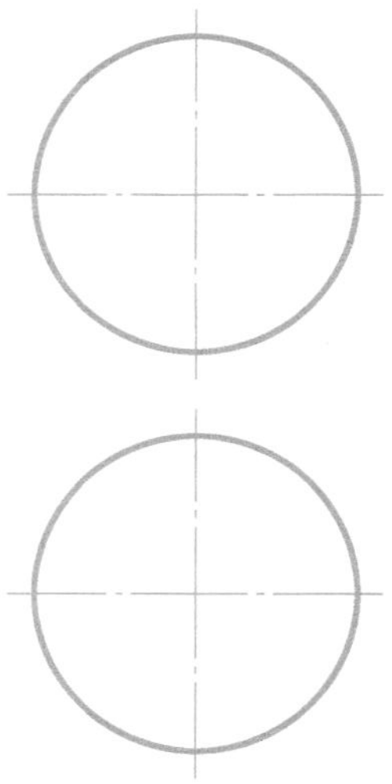

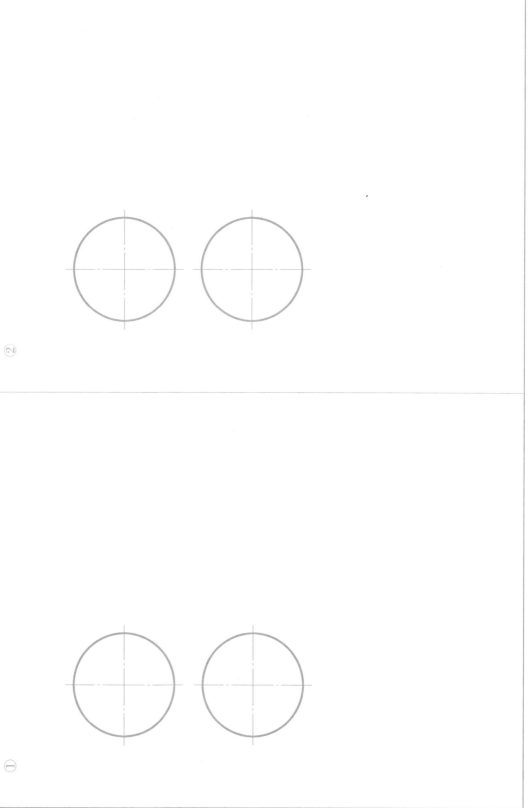

6-11　根据已知的主、俯视图，选择正确的左视图。

①

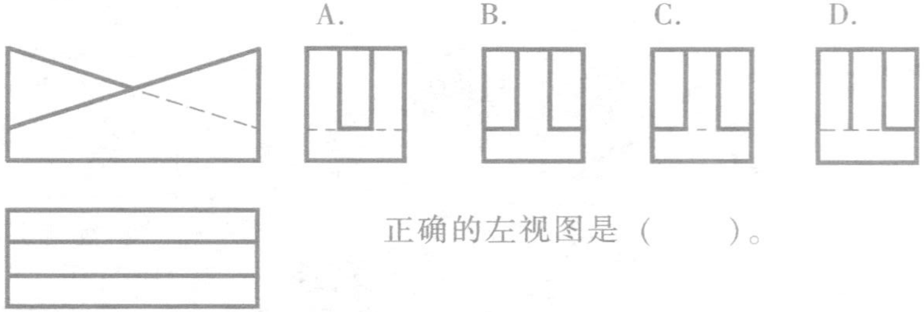

正确的左视图是（　　）。

②

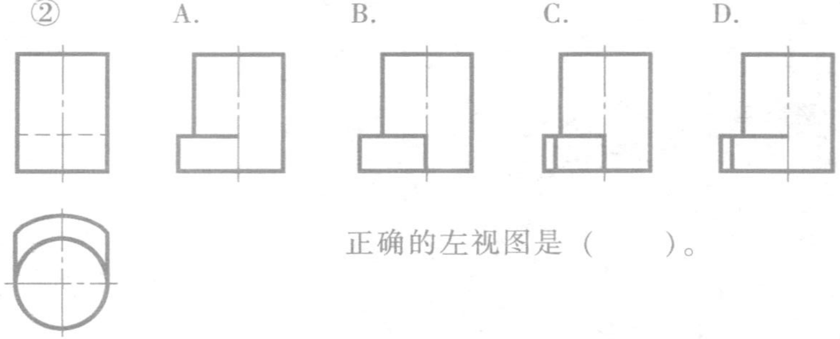

正确的左视图是（　　）。

③

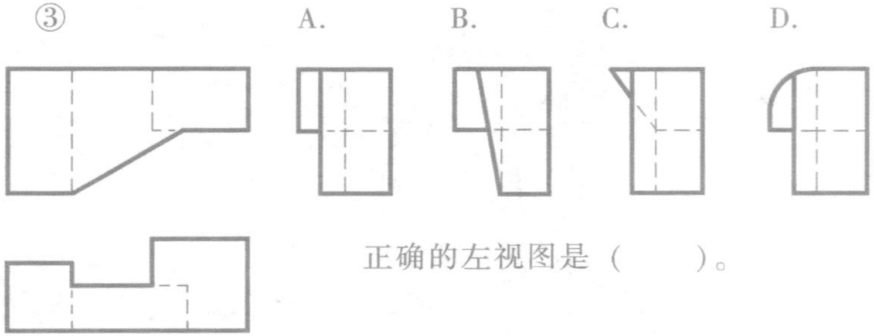

正确的左视图是（　　）。

④

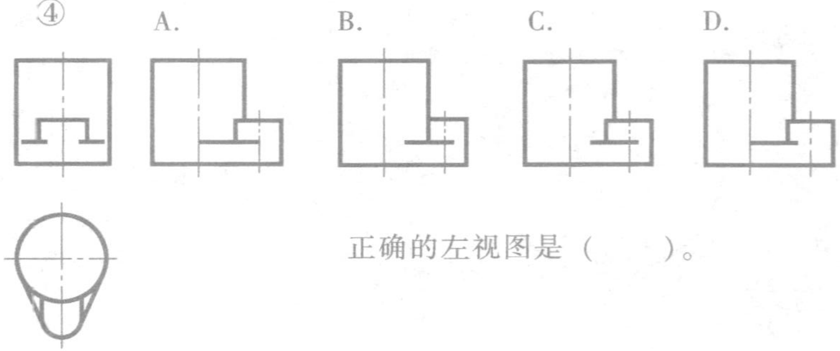

正确的左视图是（　　）。

⑤

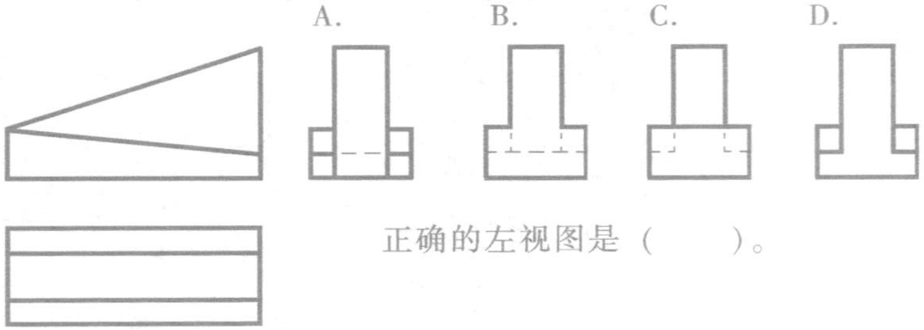

正确的左视图是（　　）。

⑥

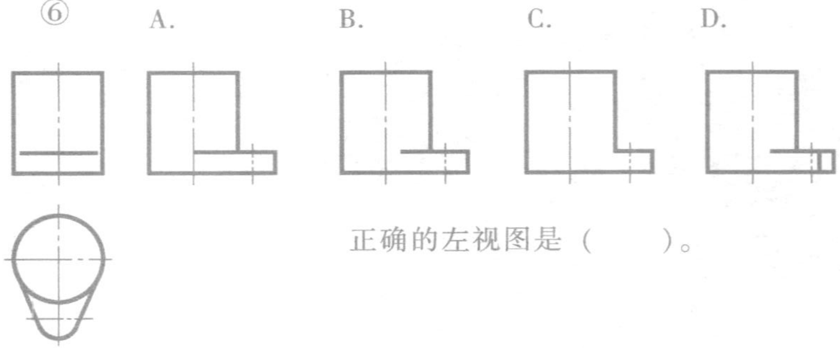

正确的左视图是（　　）。

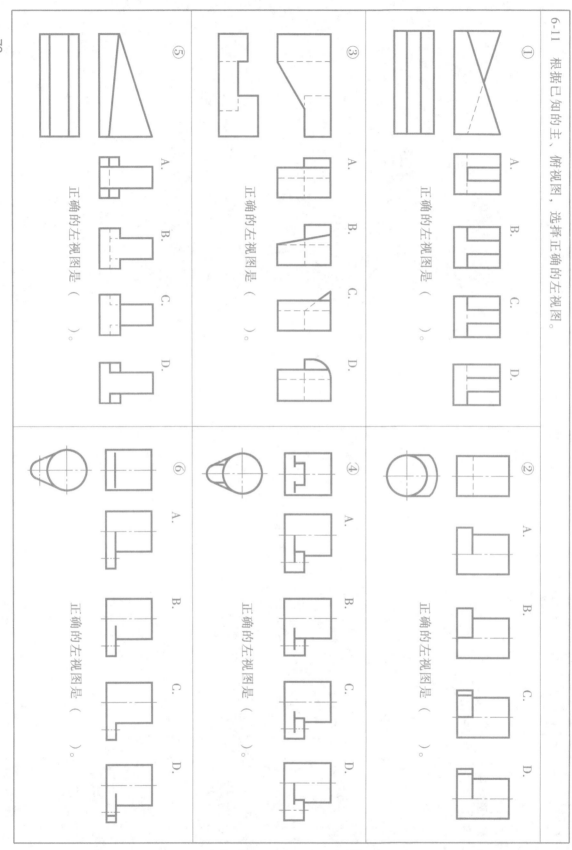

6-11　根据已知的主、俯视图，选择正确的左视图。（续）

⑦

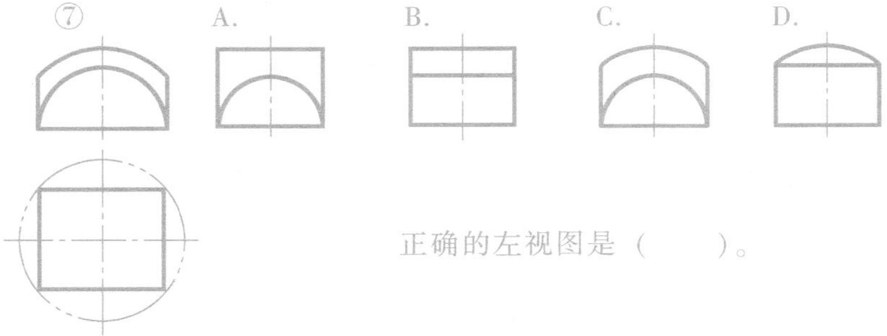

正确的左视图是（　　）。

⑧

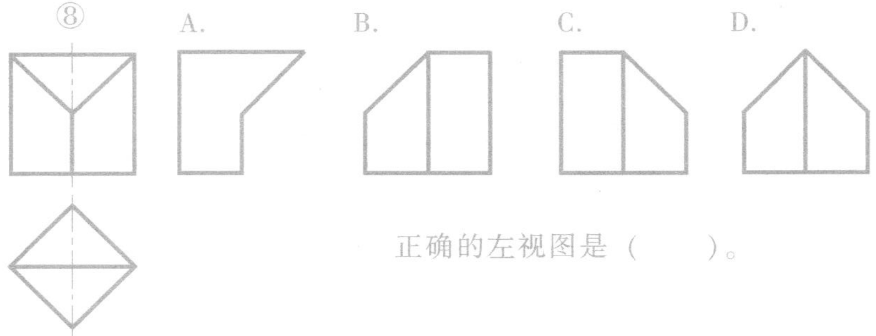

正确的左视图是（　　）。

⑨

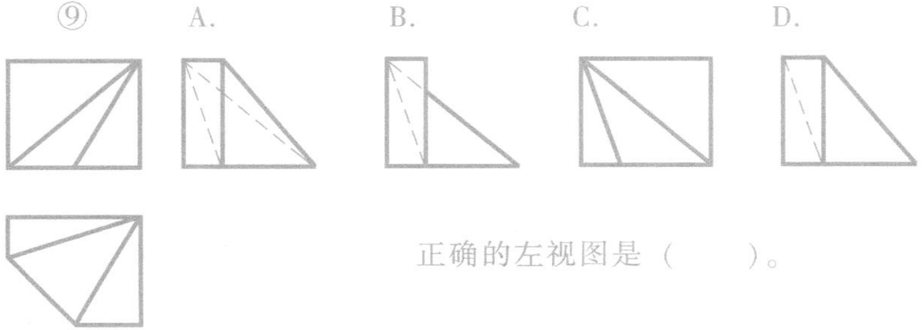

正确的左视图是（　　）。

⑩

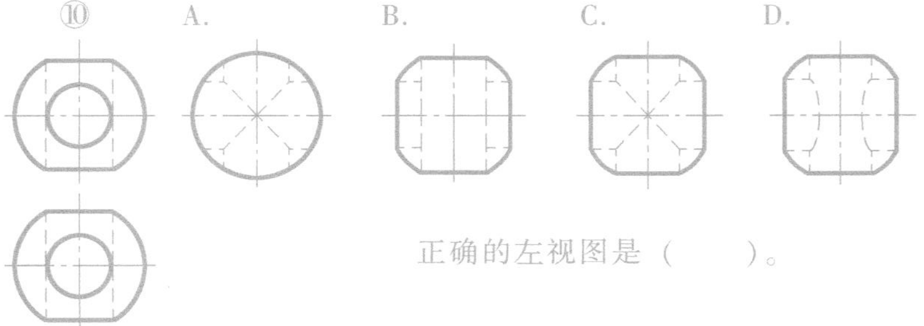

正确的左视图是（　　）。

⑪

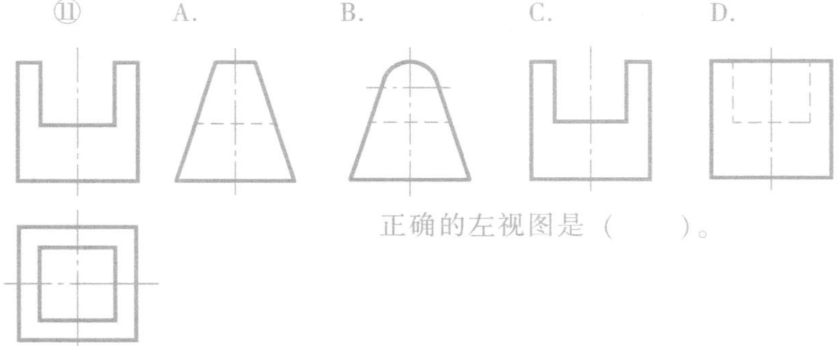

正确的左视图是（　　）。

⑫

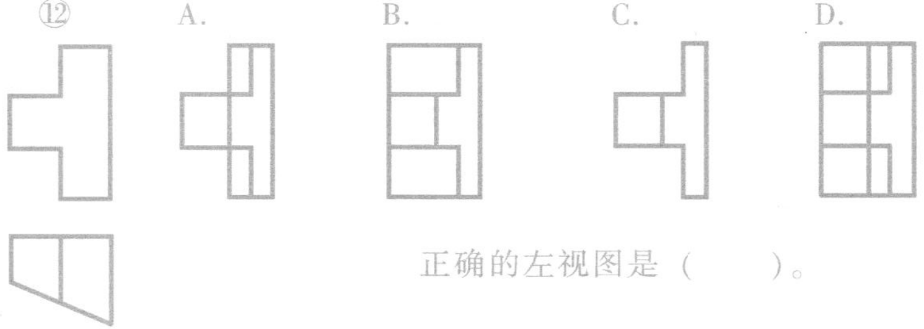

正确的左视图是（　　）。

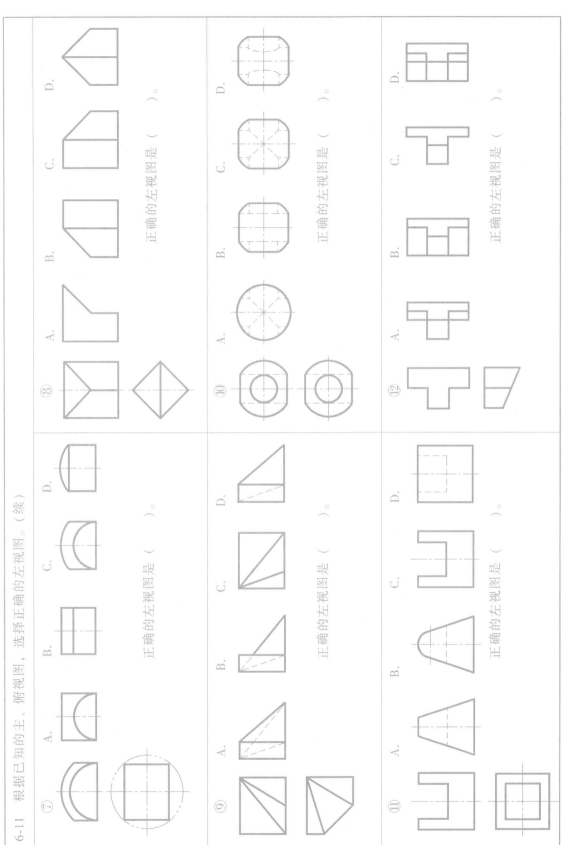

6-12　补画各截切立体的第三视图。

①

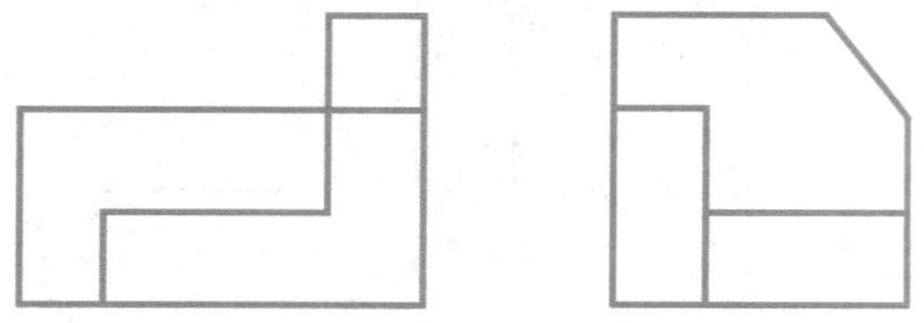

②

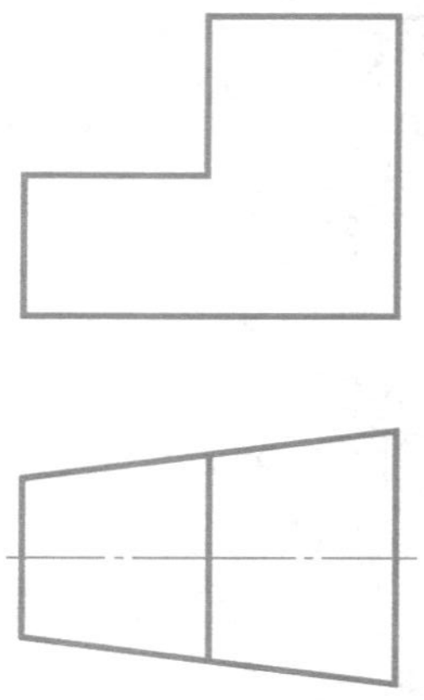

③

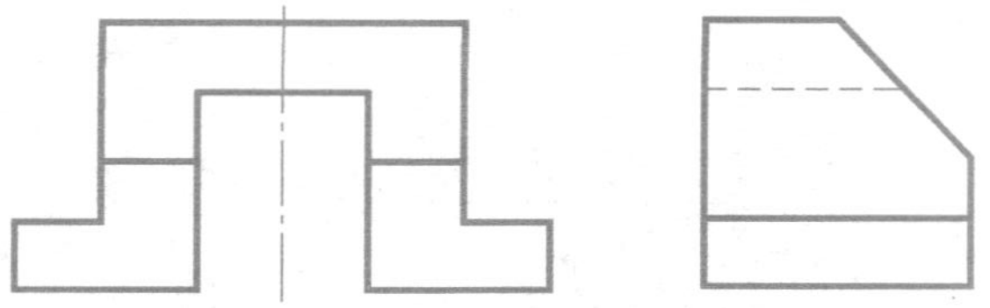

④

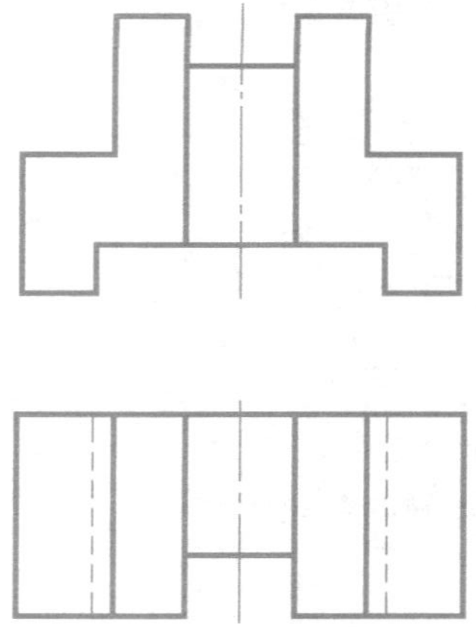

6-12 补画各截切立体的第三视图。(续)

⑤

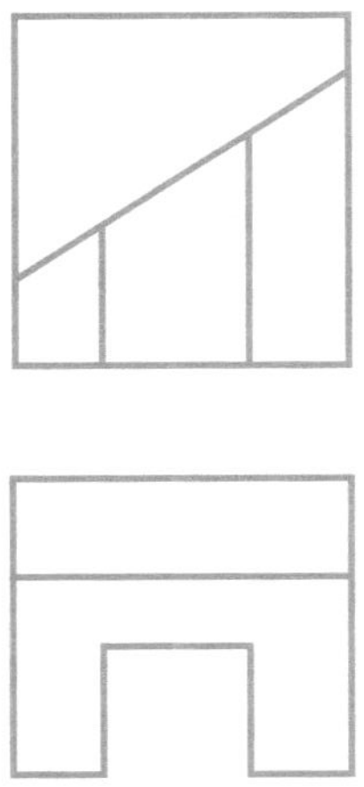

⑥

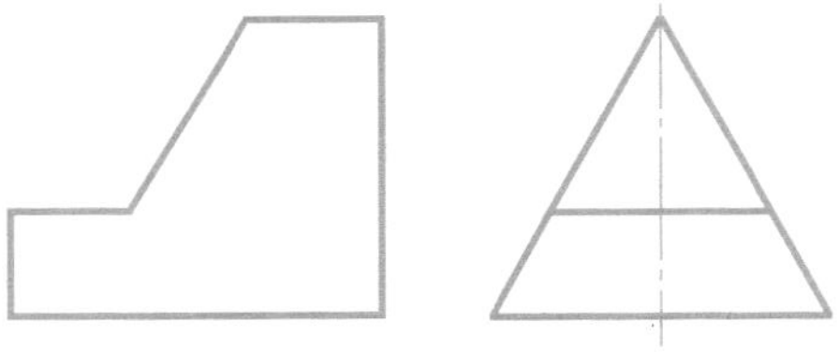

⑦

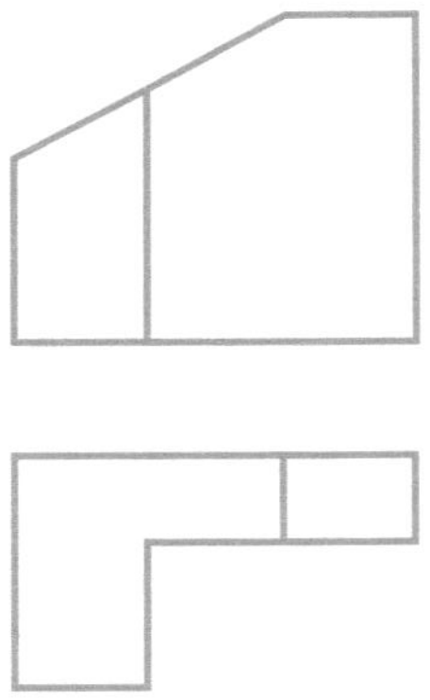

⑧

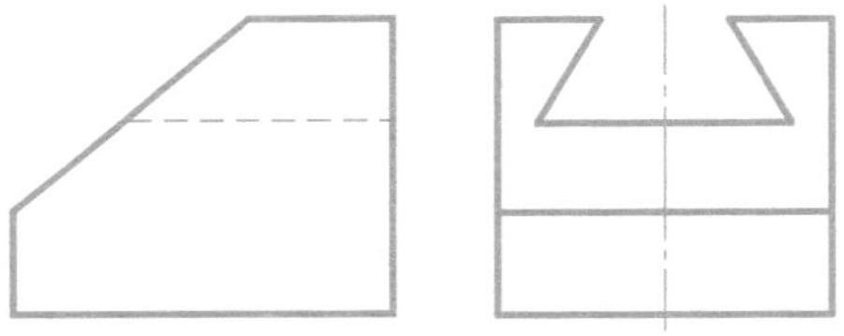

⑨

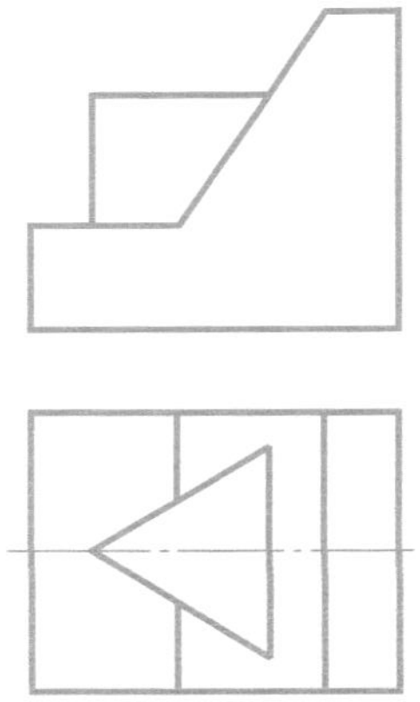

⑩

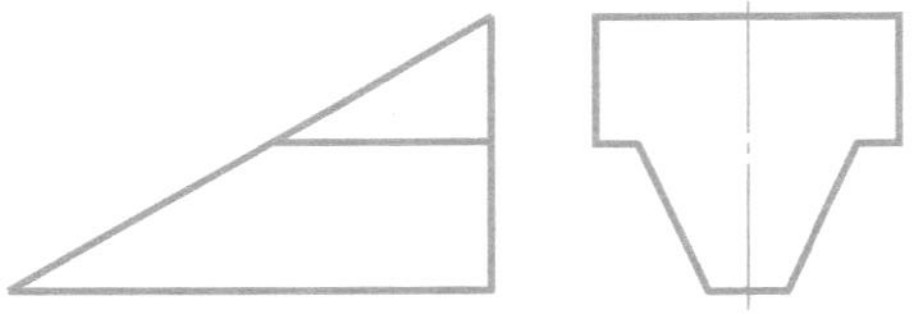

班级：　　　　学号：　　　　姓名：

6-13　已知立体的两视图，补画第三视图。

①

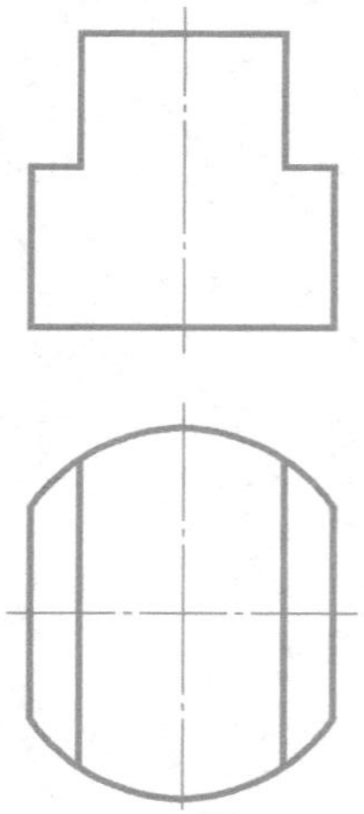

②

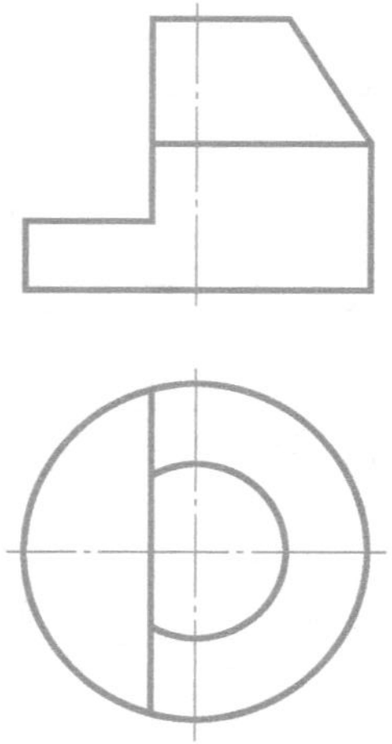

③

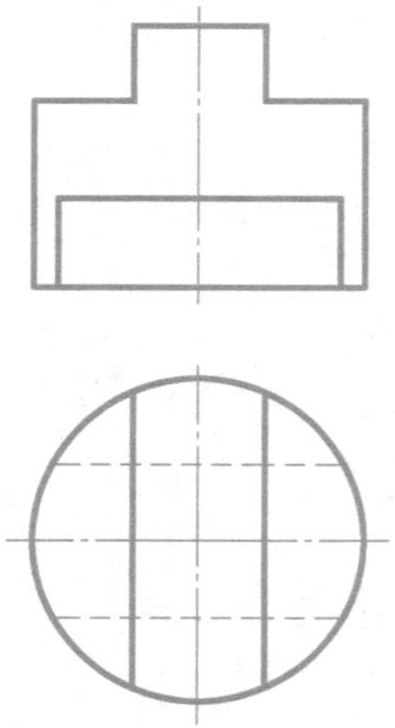

④

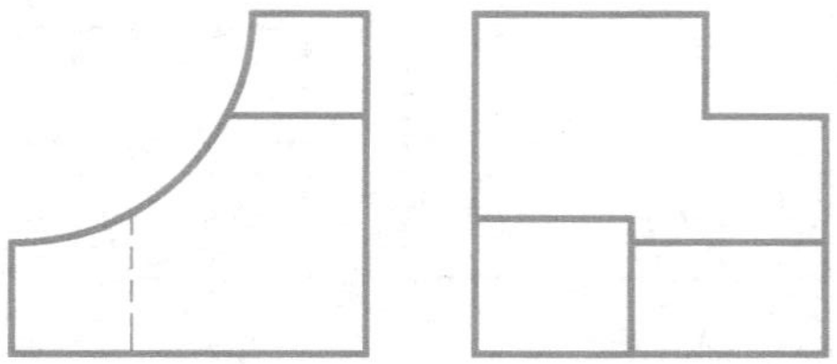

⑤

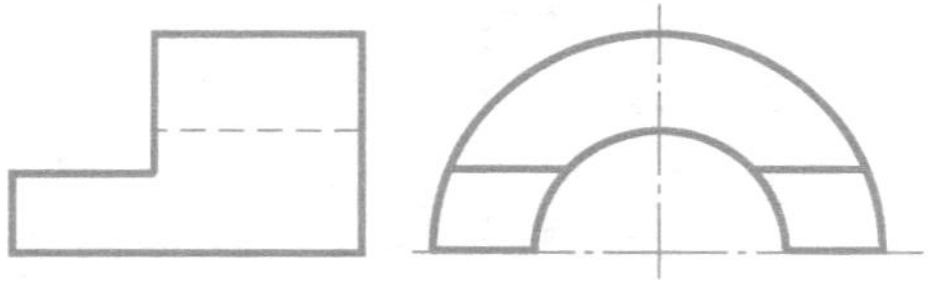

⑥

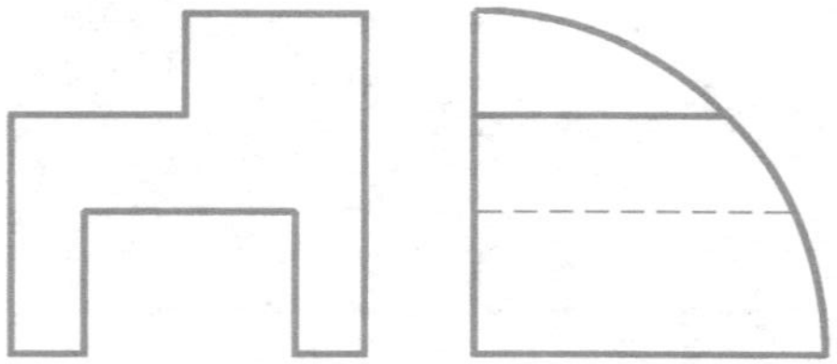

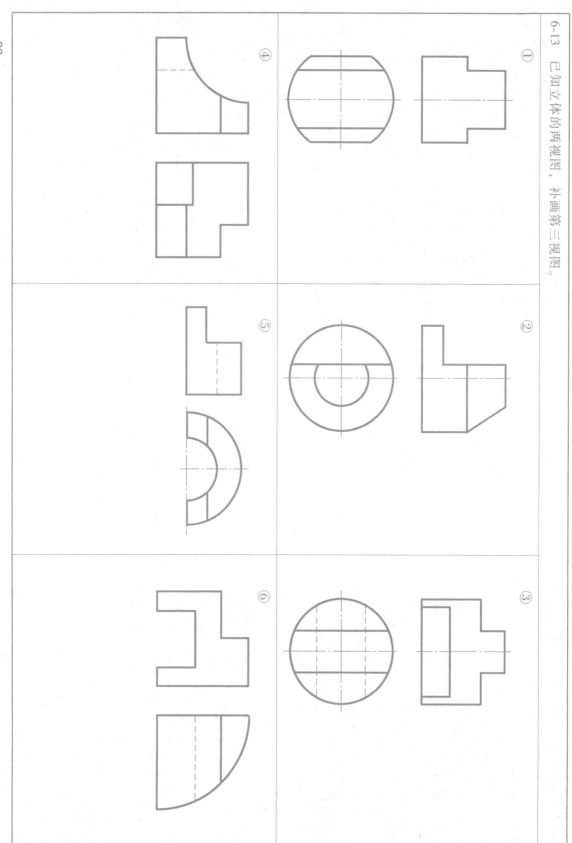

6-14　补画组合体的第三视图。

①

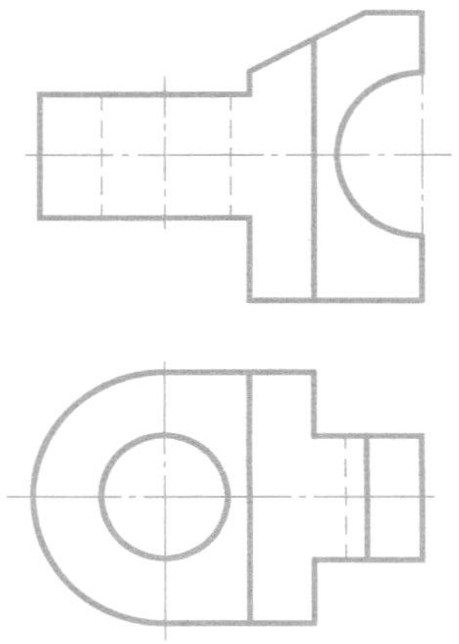

交互模型

②

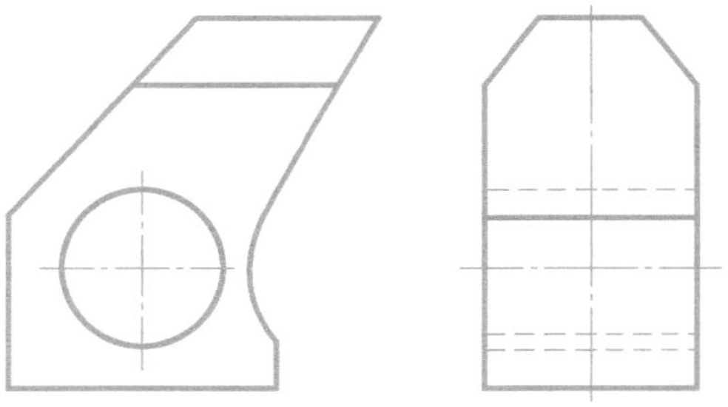

交互模型

③

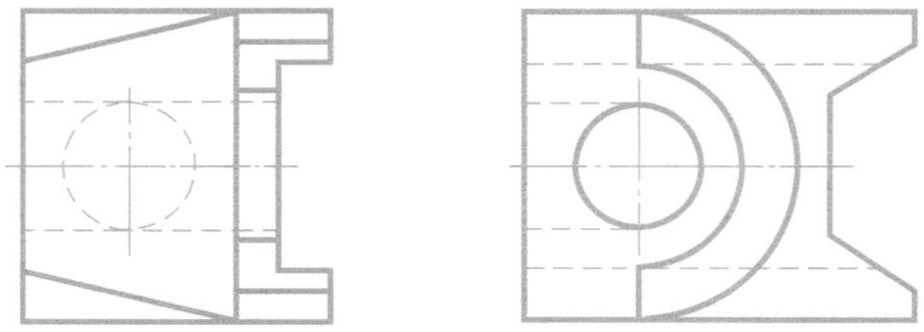

交互模型

④

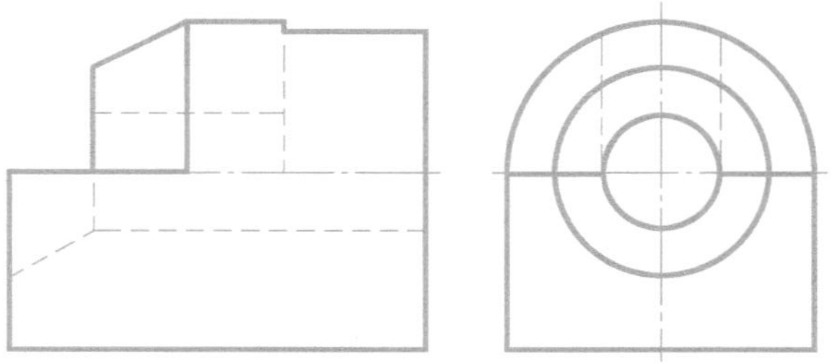

交互模型

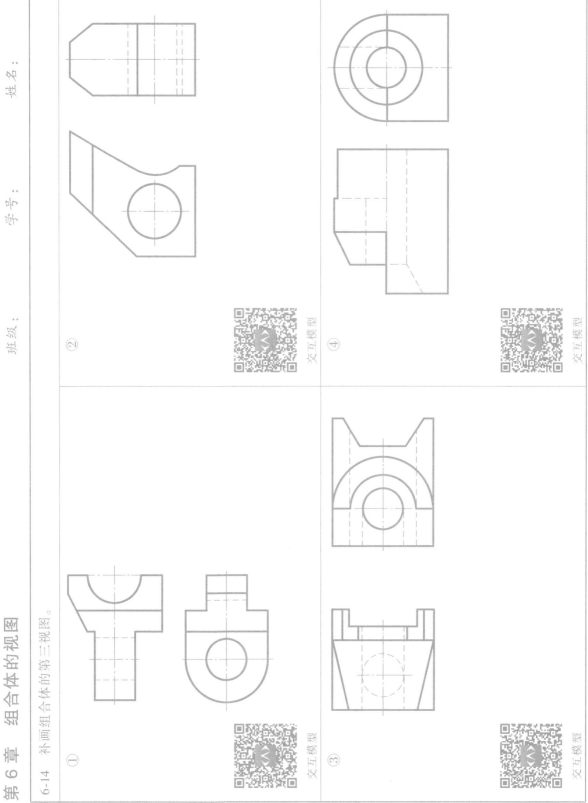

班级：　　　学号：　　　姓名：

6-14　补画组合体的第三视图。(续)

⑤

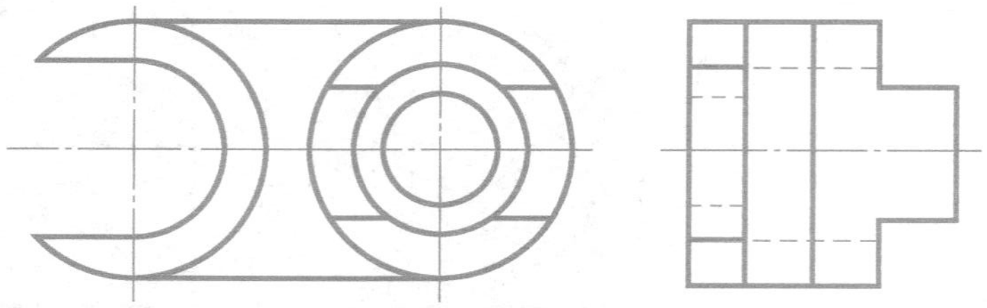

交互模型

⑥

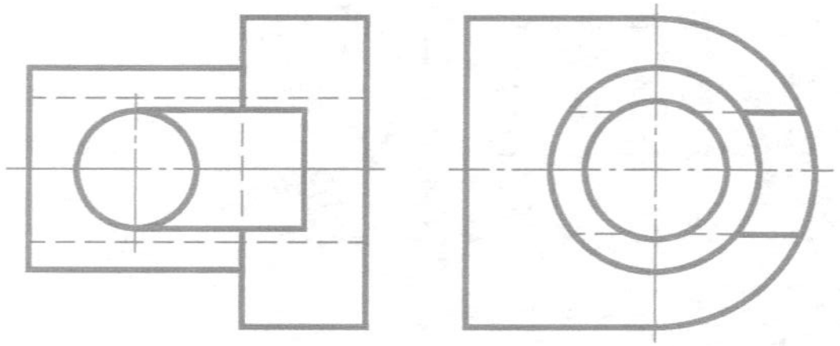

交互模型

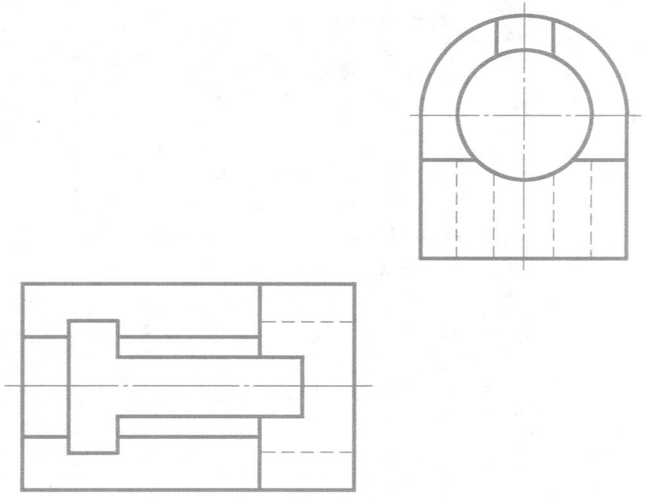

交互模型

⑧

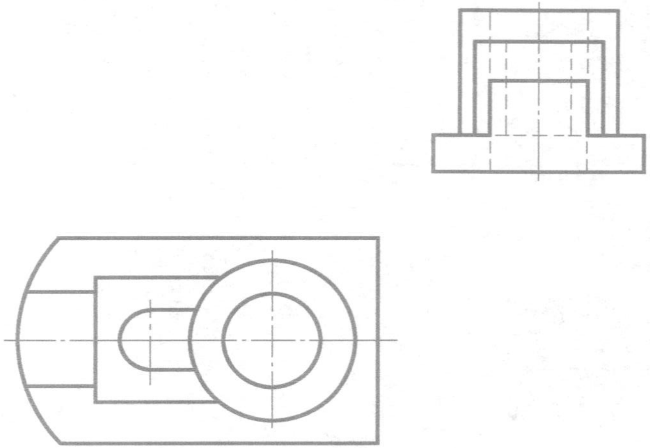

交互模型

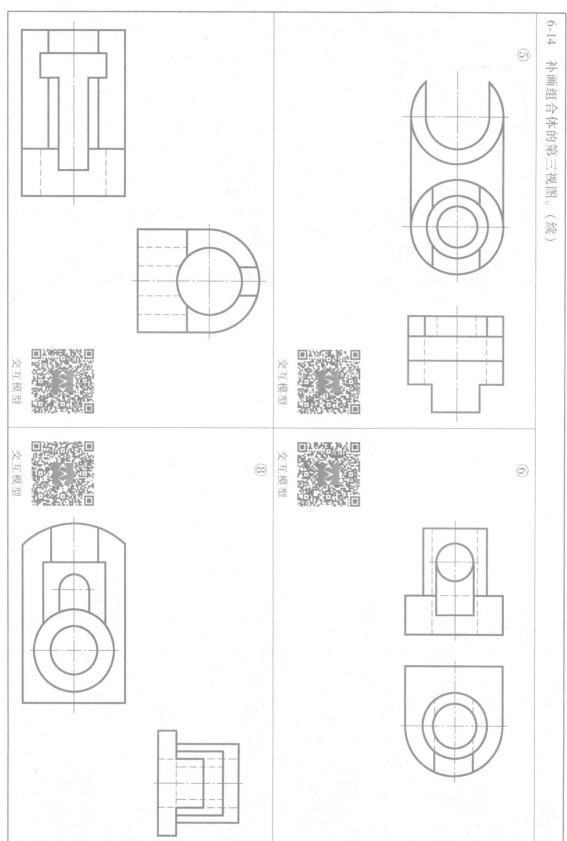

6-14　补画组合体的第三视图。（续）

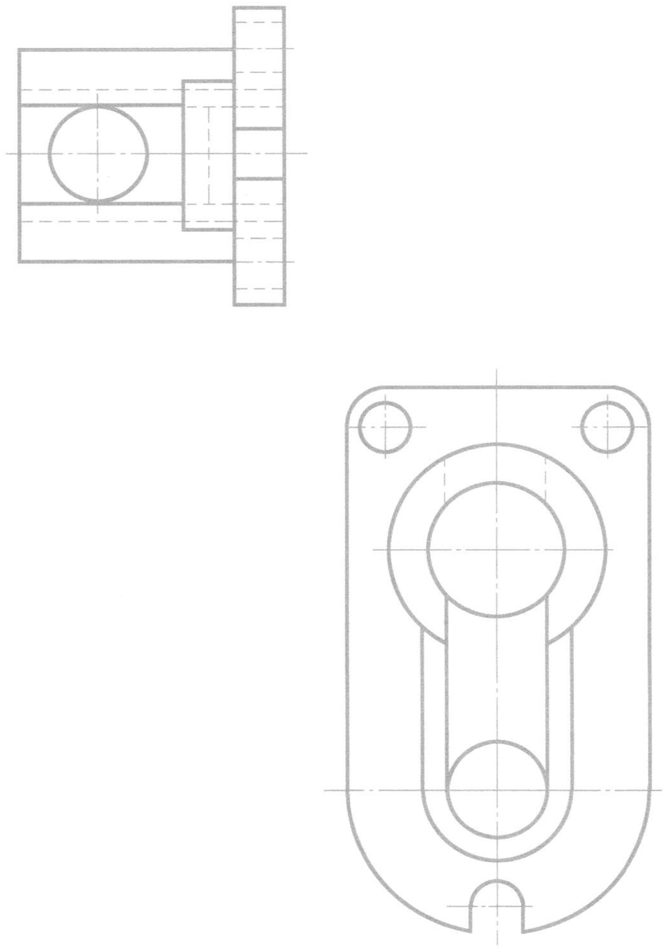

⑨

交互模型

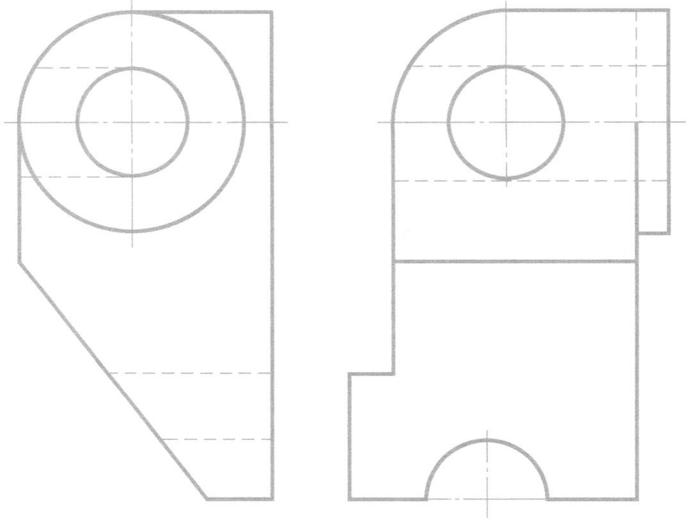

⑩

6-14 补画组合体的第三视图。（续）

⑪

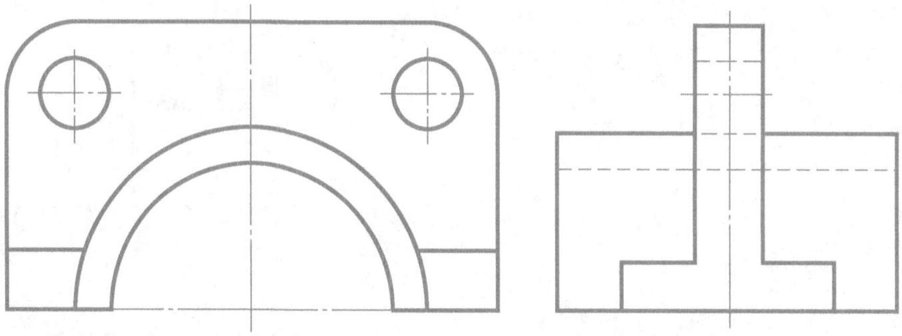

交互模型

⑫

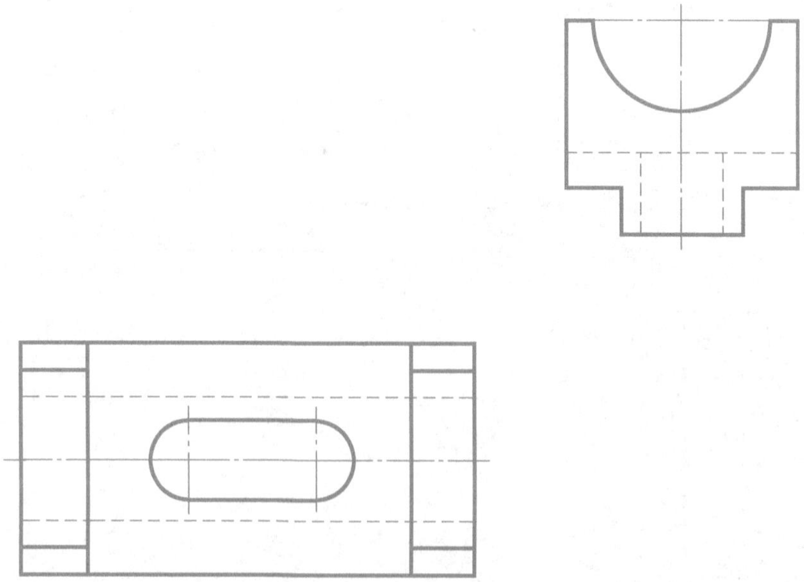

6-15　注全三视图上遗漏的尺寸。

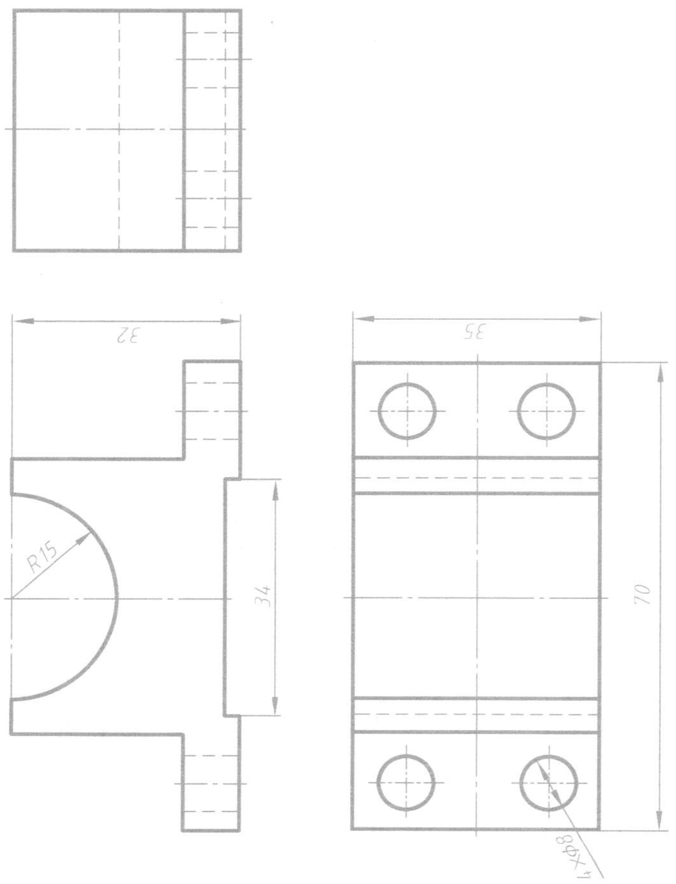

①

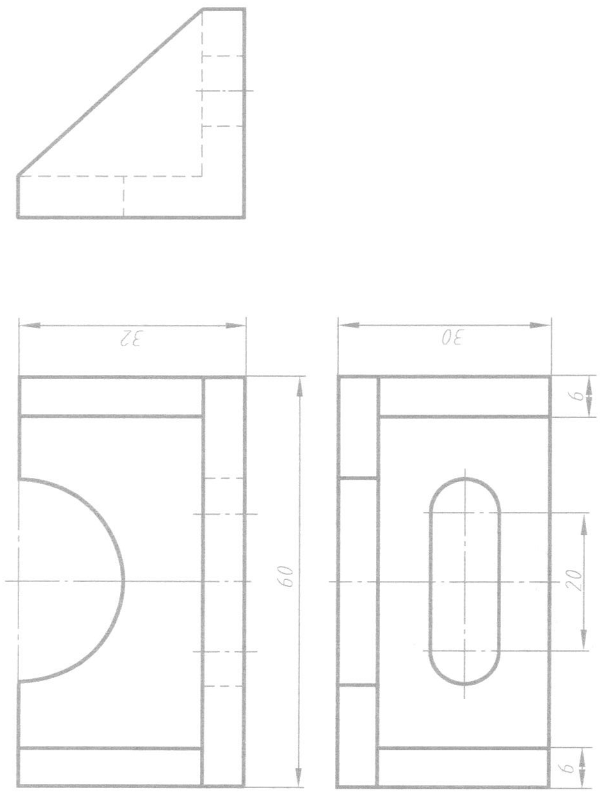

②

6-16 标注组合体尺寸（尺寸数值在图中按 1：1 比例量取，并取整）。

①

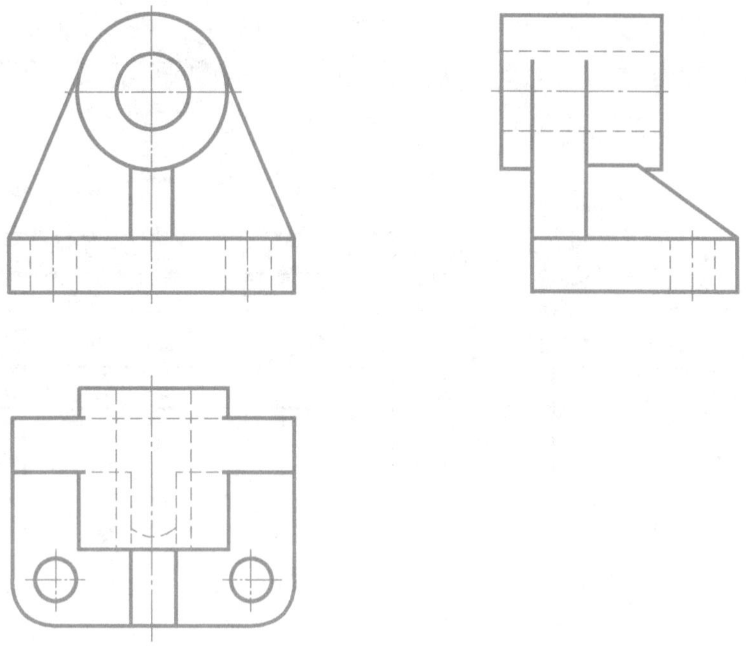

②

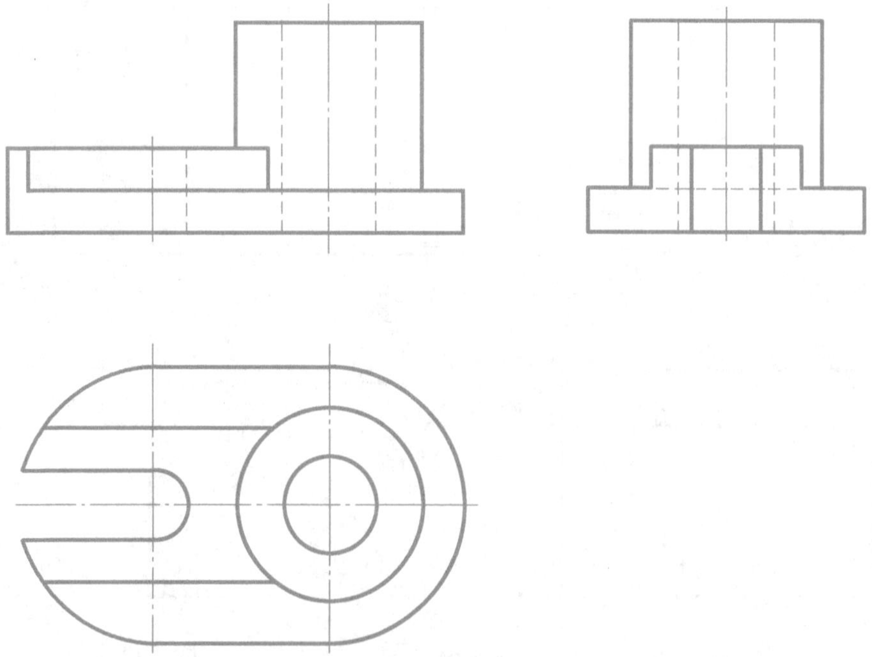

班级：

学号：

姓名：

班级：　　　　学号：　　　　姓名：

6-16　标注组合体尺寸（尺寸数值在图中按 1：1 比例量取，并取整）。（续）

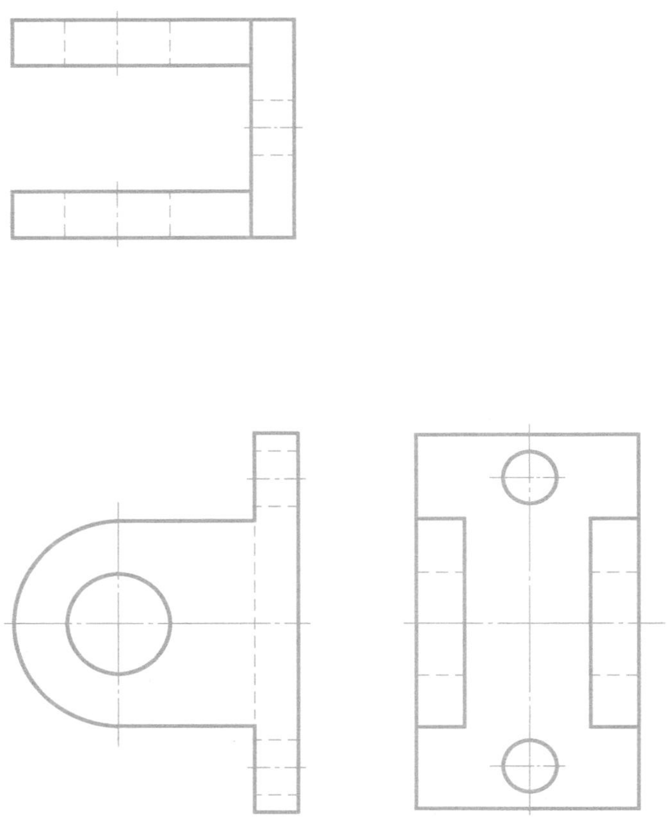

③

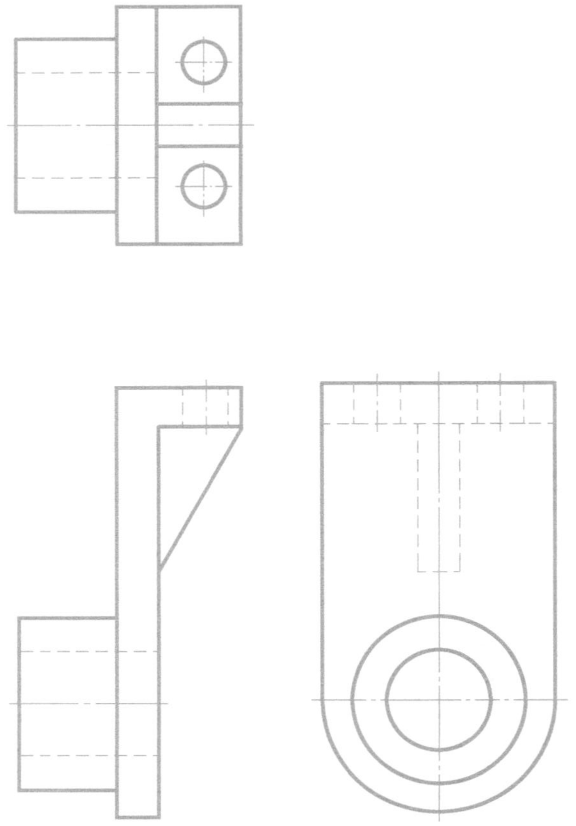

④

6-17 指出上图中尺寸注法的错误（5处），并在下图中标注全部尺寸，尺寸数值在图中按1∶1比例量取，并取整。

①

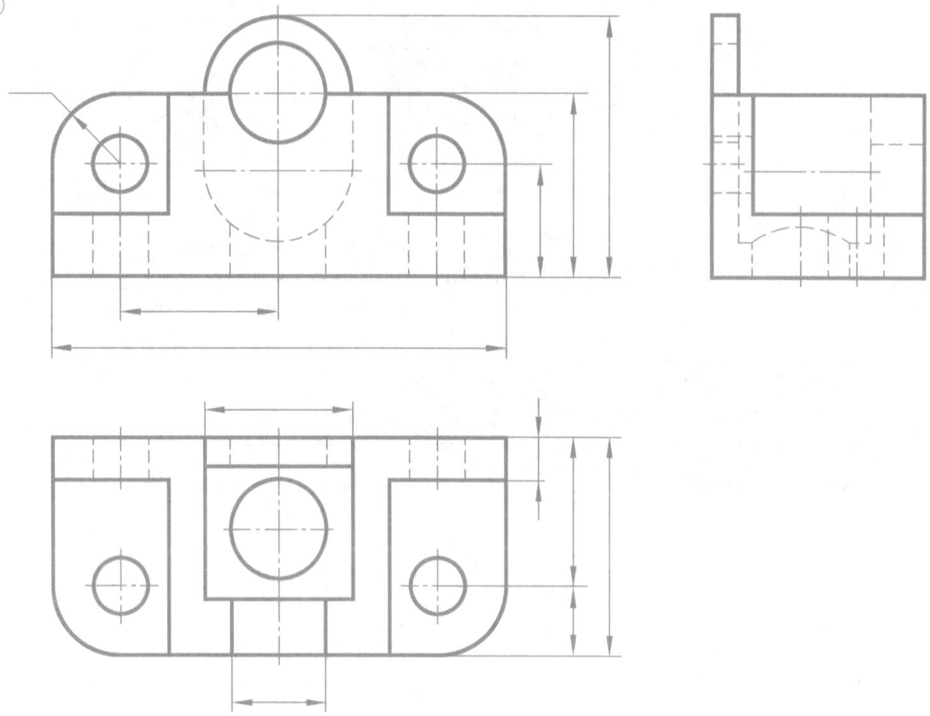

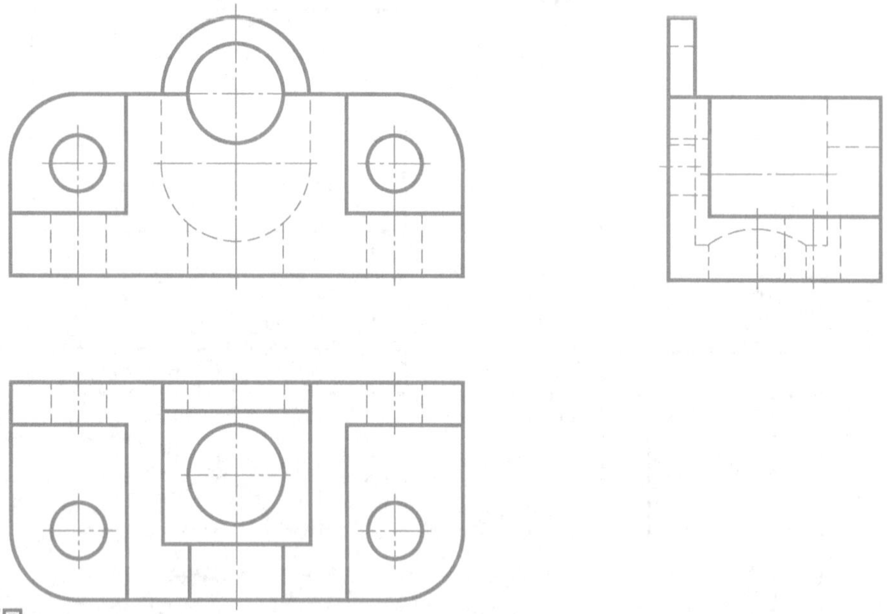

交互模型

班级：

学号：

姓名：

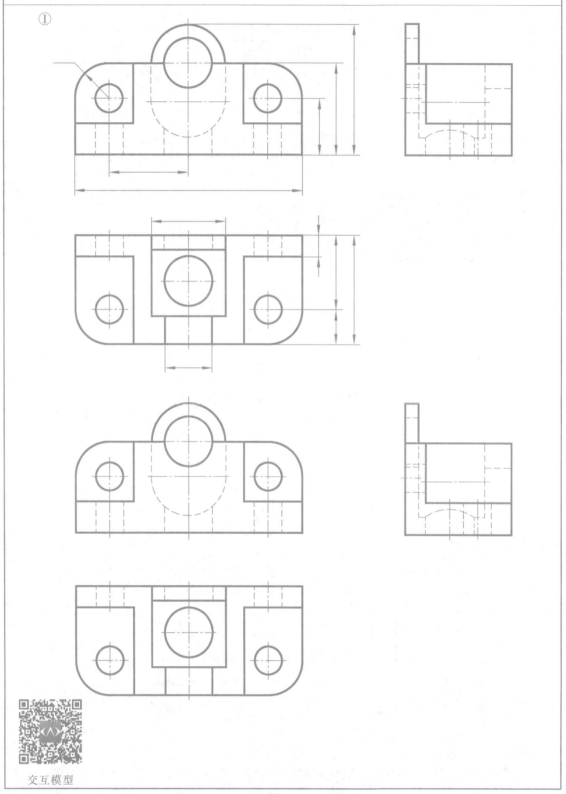

6-17　指出上图中尺寸注法的错误（5 处），并在下图中标注全部尺寸，尺寸数值在图中按 1 : 1 比例量取，并取整。（续）

②

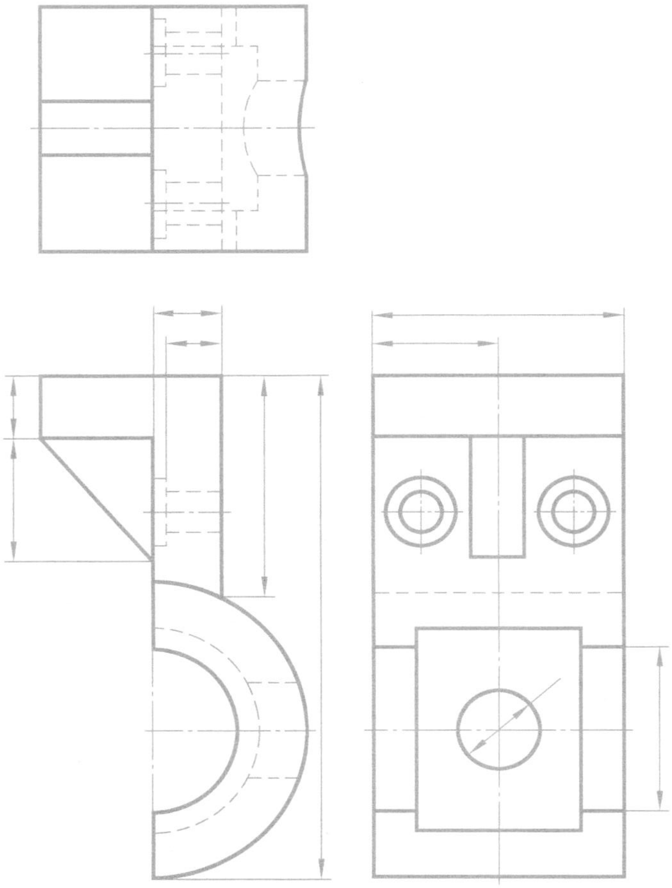

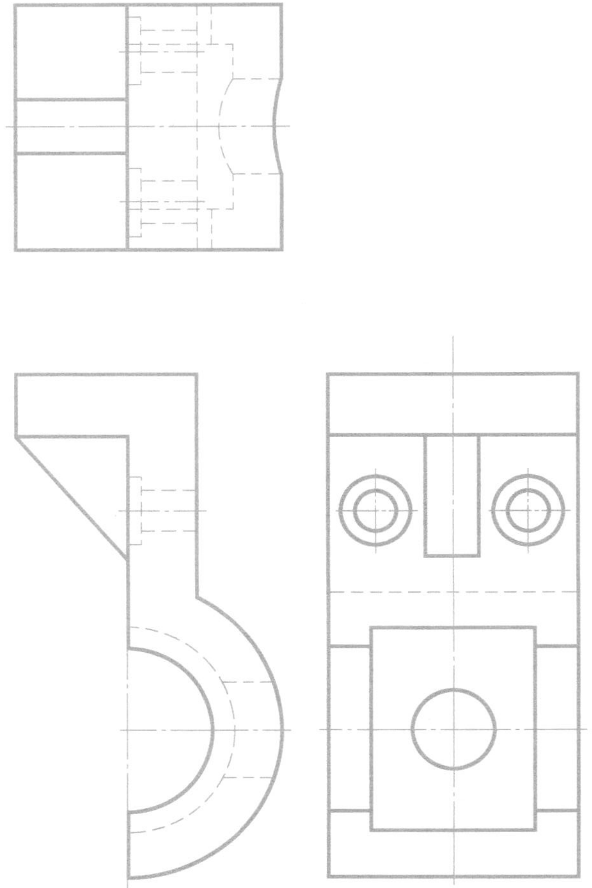

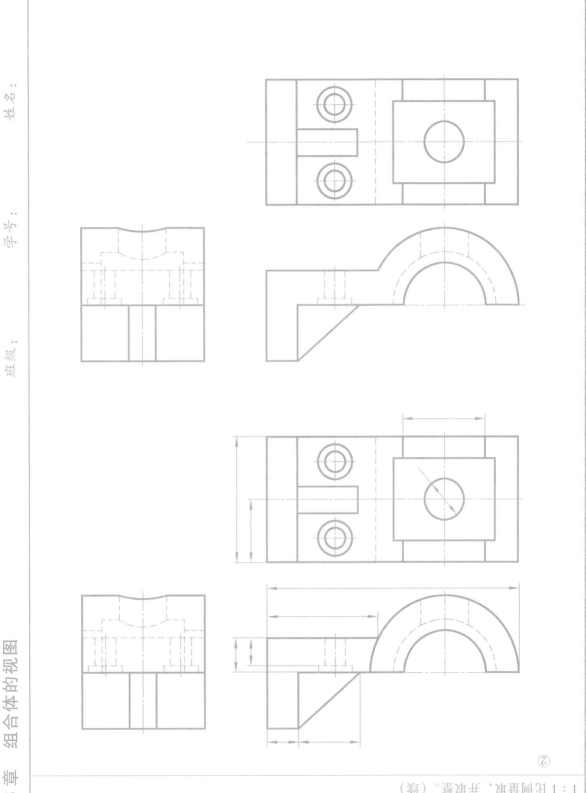

6-18 根据立体的主、俯视图画出左视图。

①

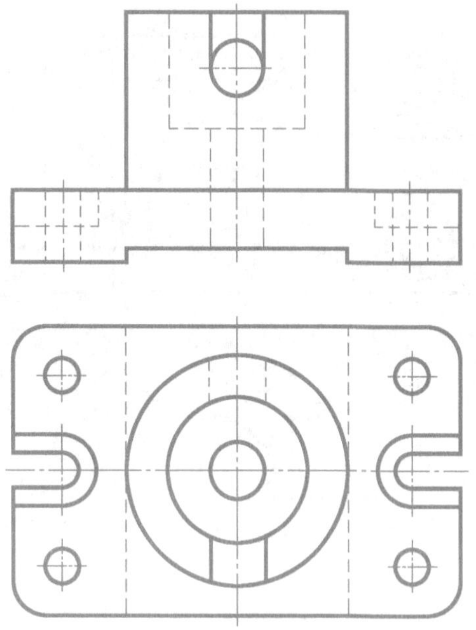

②

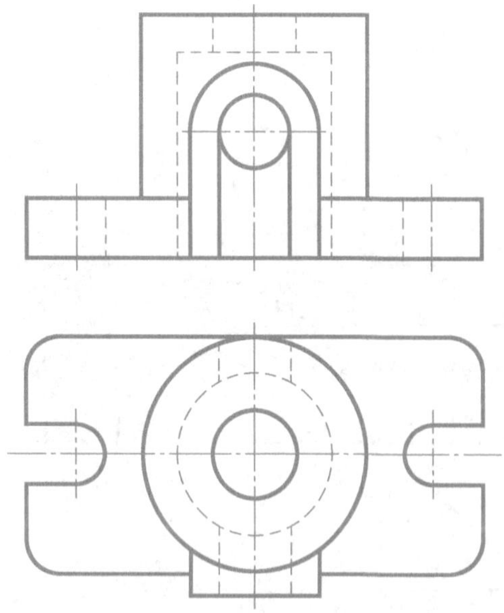

班级：

学号：

姓名：

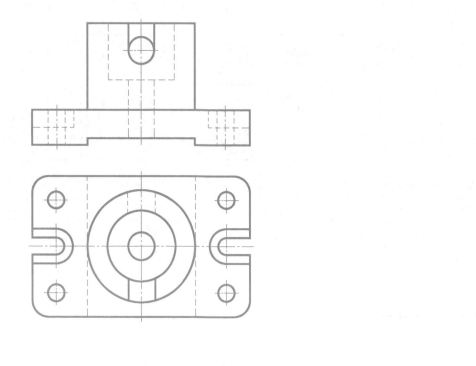

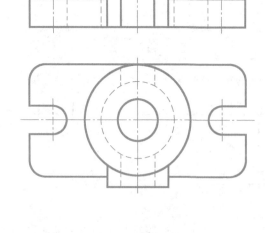

6-19　补画组合体的主视图并标注尺寸，尺寸数值在图中按 1∶1 比例量取，并取整。

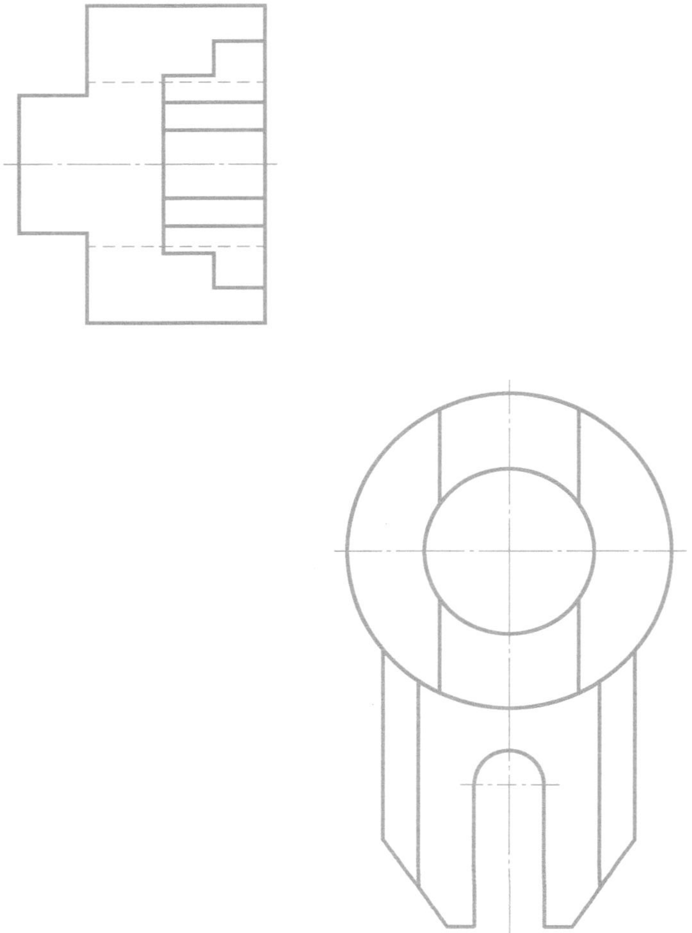

①

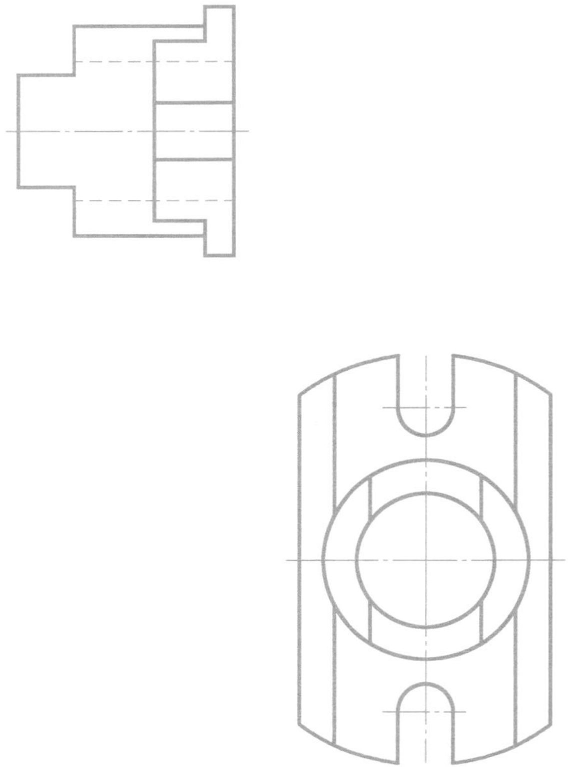

②

6-20 补画组合体的左视图并标注尺寸，尺寸数值在图中按 1∶1 比例量取，并取整。

①

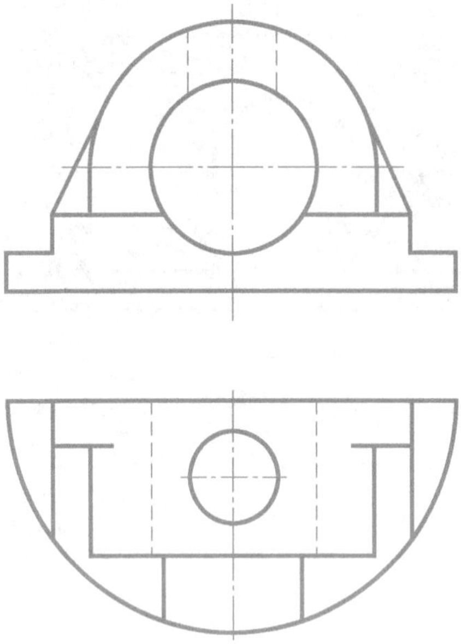

②

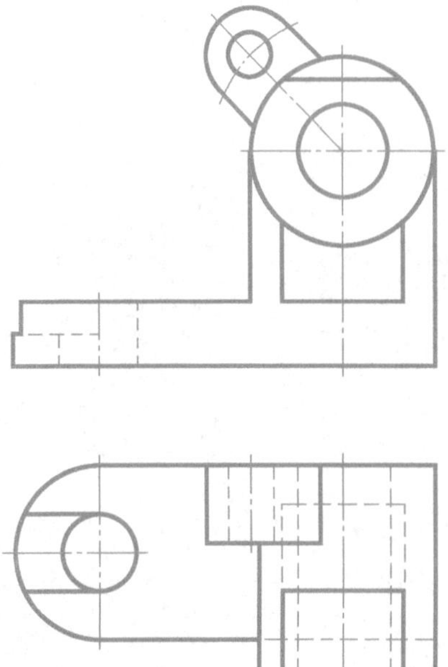

班级：

学号：

姓名：

6-21　补画第三视图，并标注遗漏的尺寸，尺寸数值在图中按 1∶1 比例量取，并取整。

①

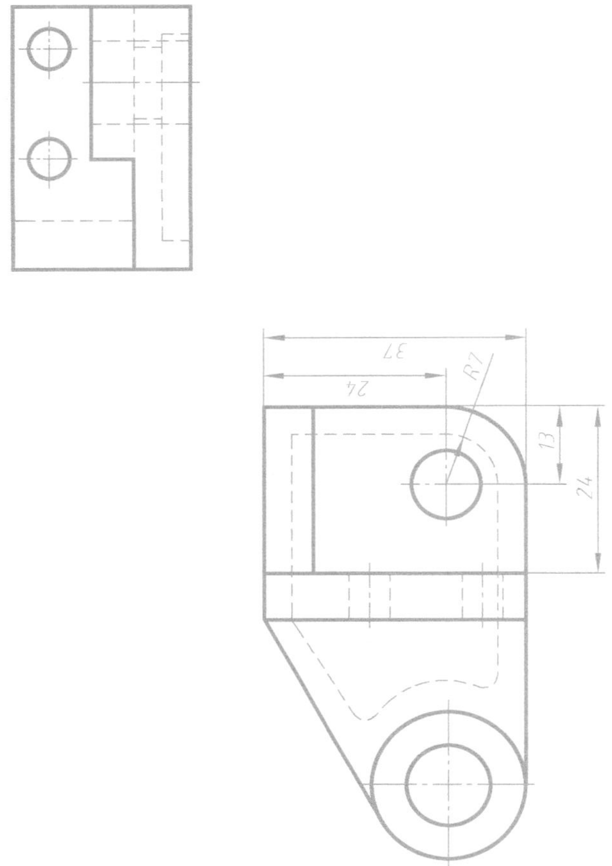

②

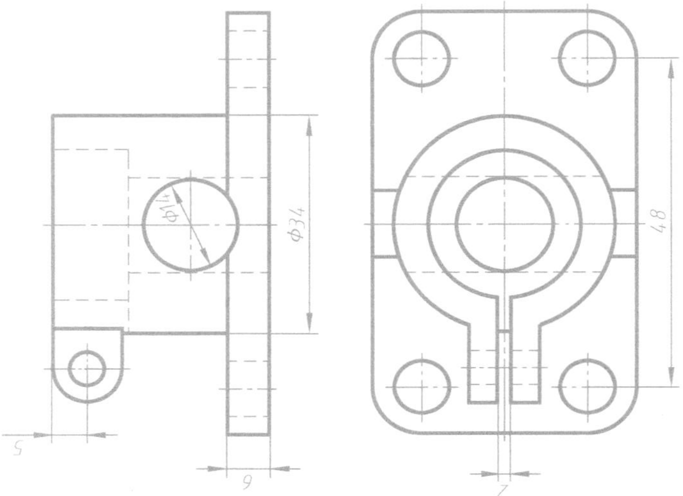

6-22　大作业：画组合体的三视图。图名为“组合体三视图 1”，图幅为 A3，比例为 1：1。

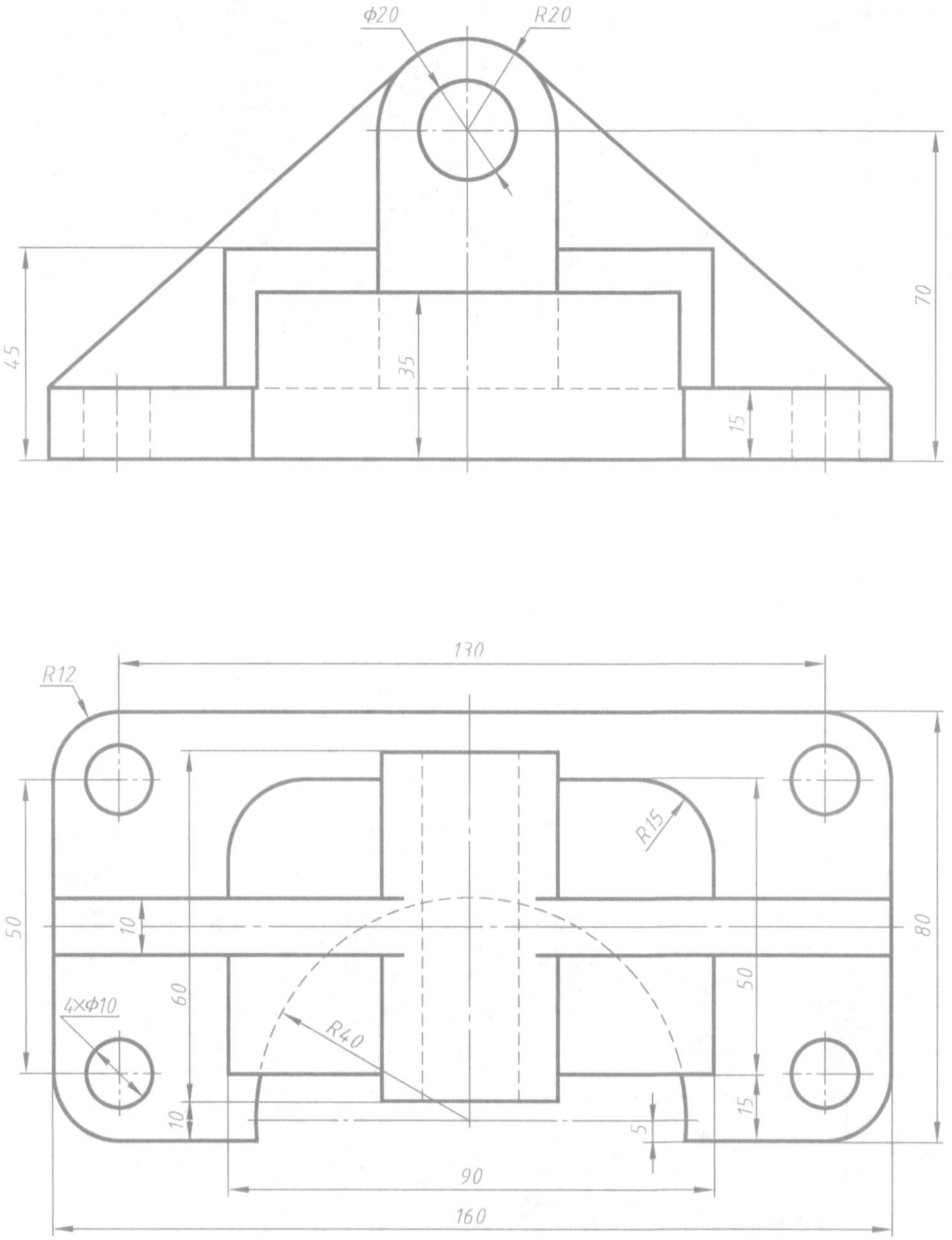

班级：

学号：

姓名：

班级：　　　　学号：　　　　姓名：

6-23　大作业：画组合体的三视图。图名为“组合体三视图 2”，图幅为 A3，比例为 1：1。

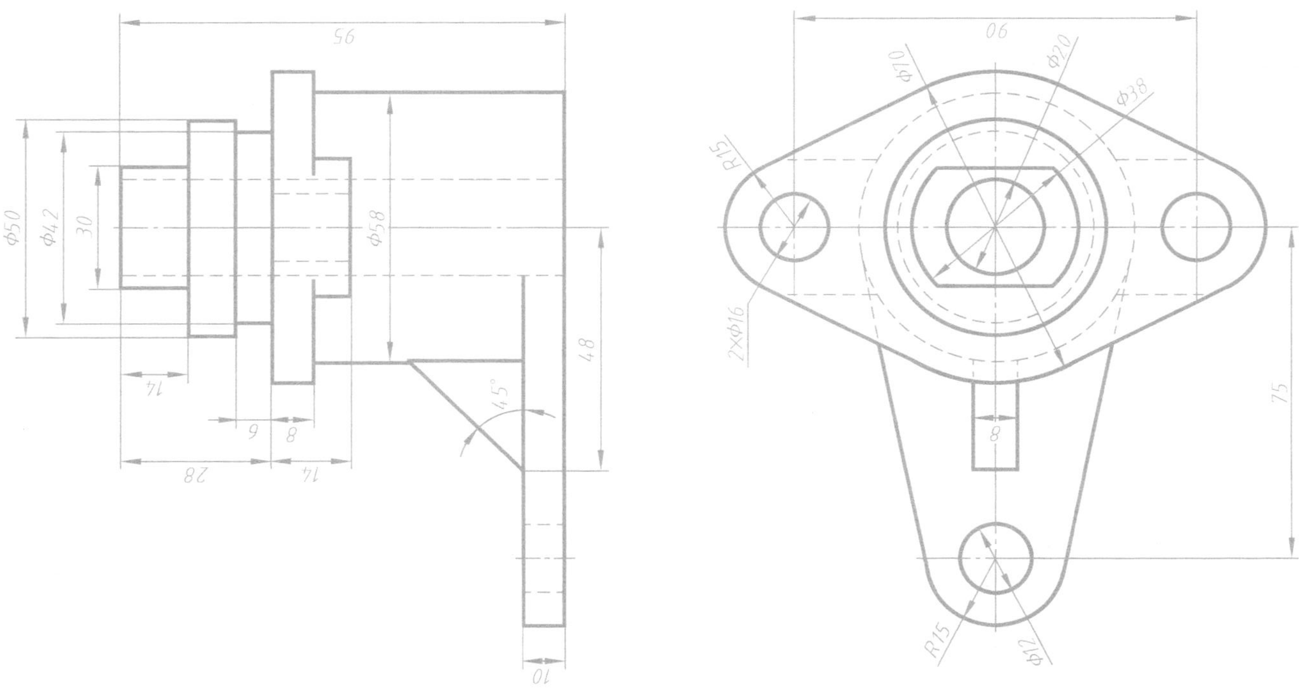

班级：　　　　学号：　　　　姓名：

7-1　作出立体的正等轴测图（尺寸数值在图中按 1∶1 比例量取，并取整）。

①

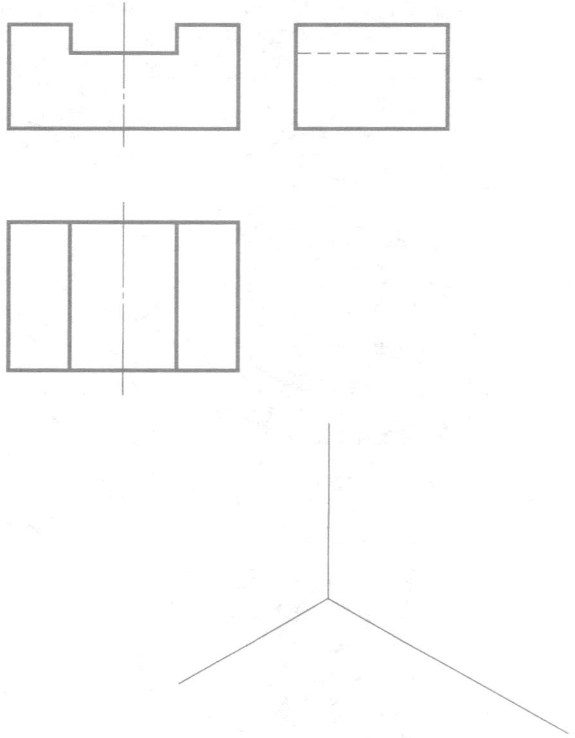

②

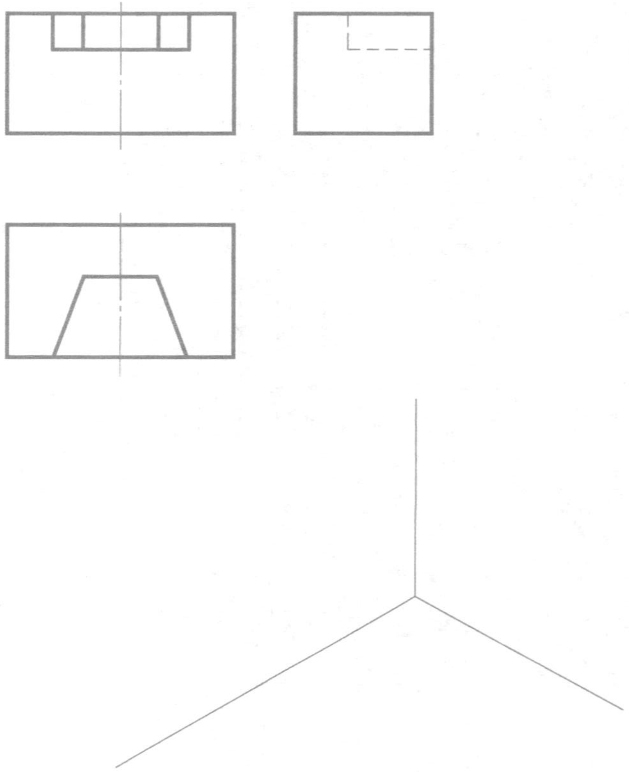

解题演示

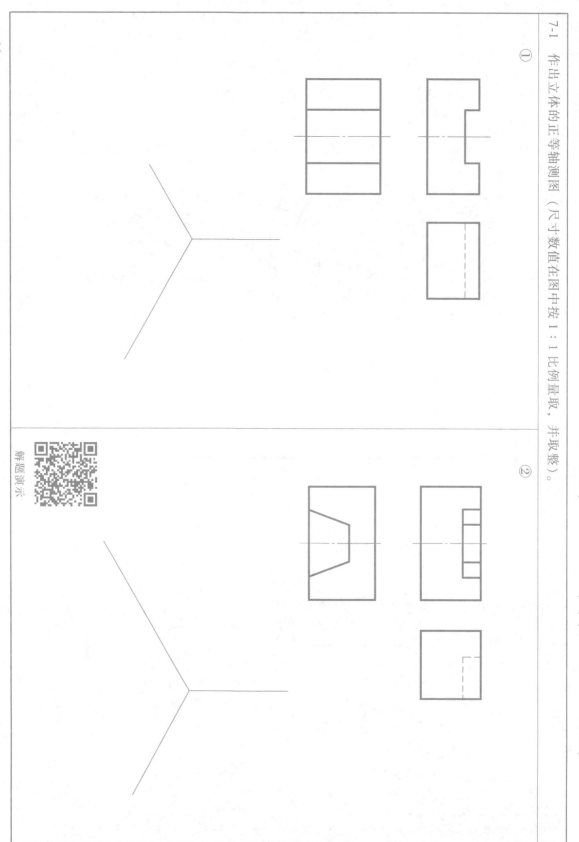

班级：　　　　学号：　　　　姓名：

7-1　作出立体的正等轴测图（尺寸数值在图中按 1∶1 比例量取，并取整）。（续）

③

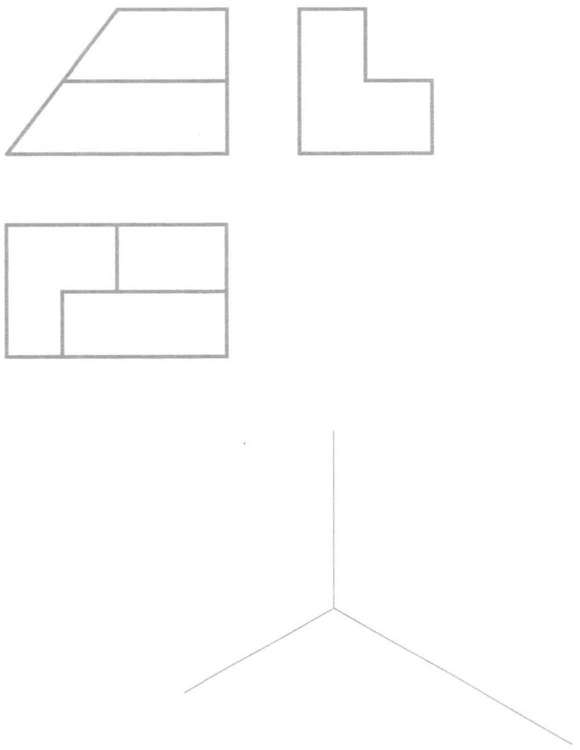

④

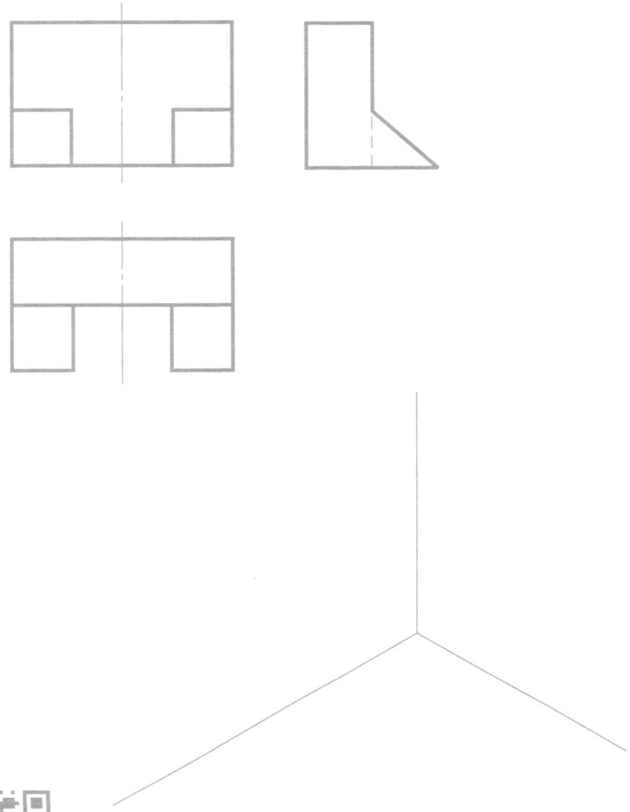

解题演示

7-2　补画立体的第三视图，并作出其正等轴测图（尺寸数值在图中按 1：1 比例量取，并取整）。

①

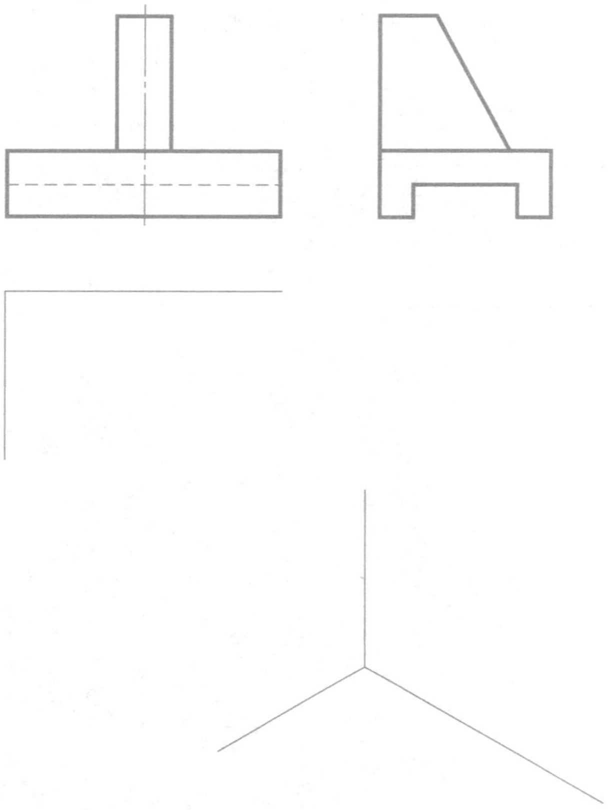

②

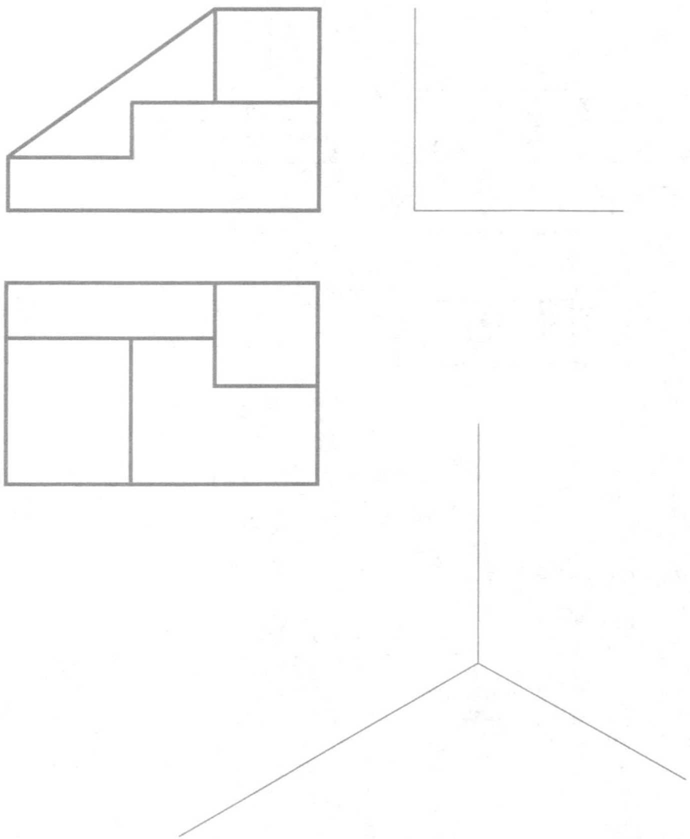

7-2　补画立体的第三视图，并作出其正等轴测图（尺寸数值在图中按 1：1 比例量取，并取整）。（续）

③

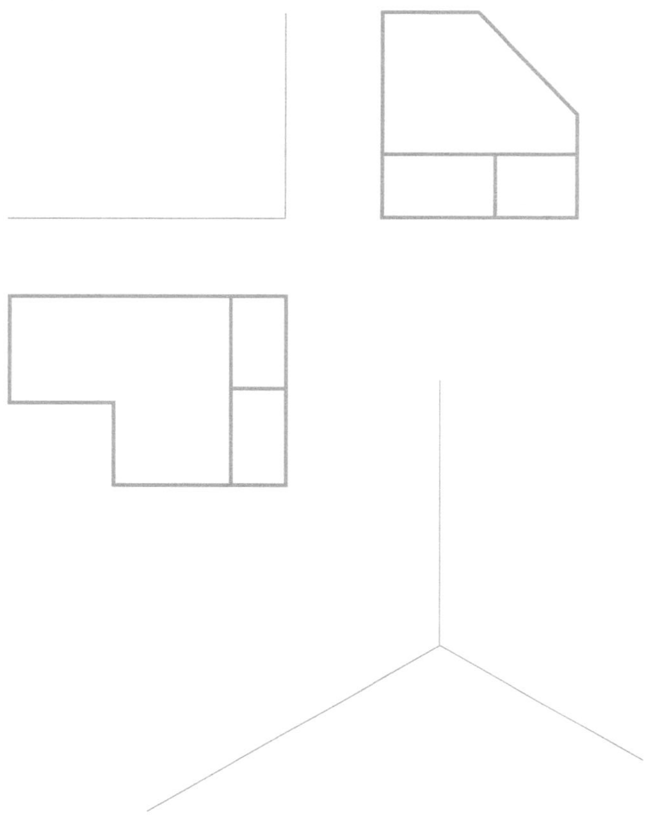

④

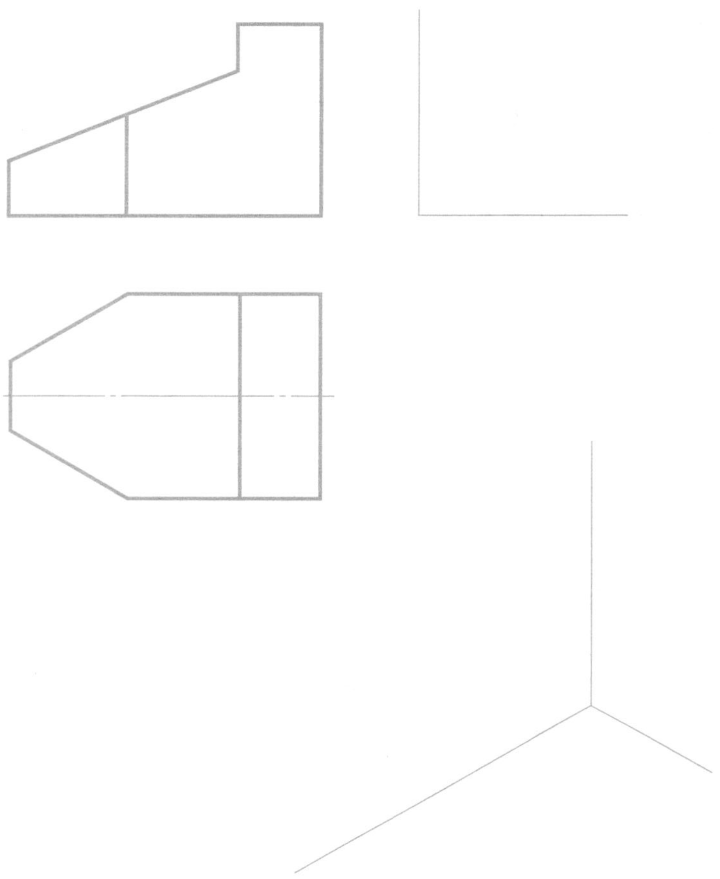

7-3　画出如下截切立体的正等轴测图（尺寸数值在图中按 1∶1 比例量取，并取整）。

①

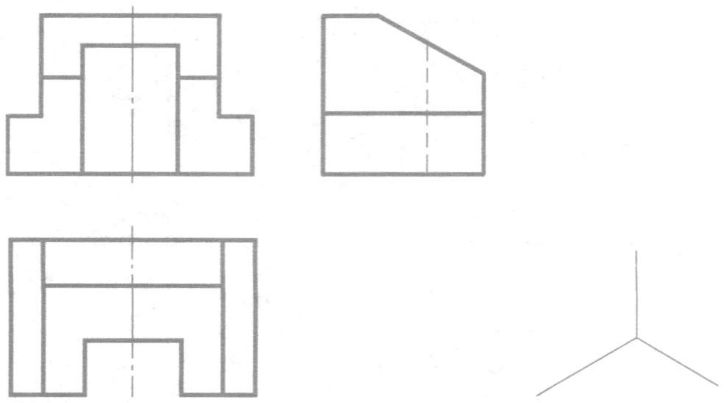

②

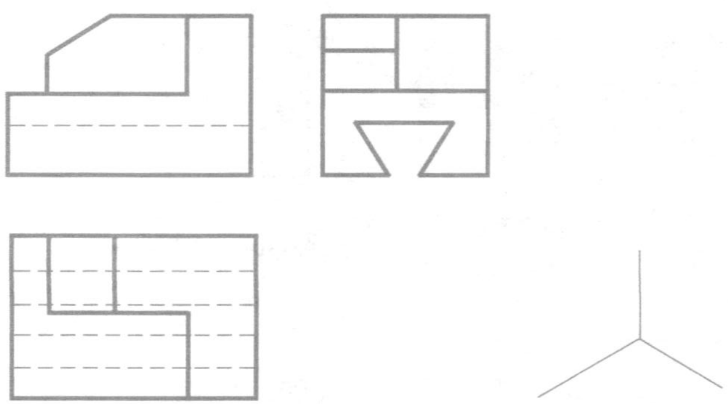

③

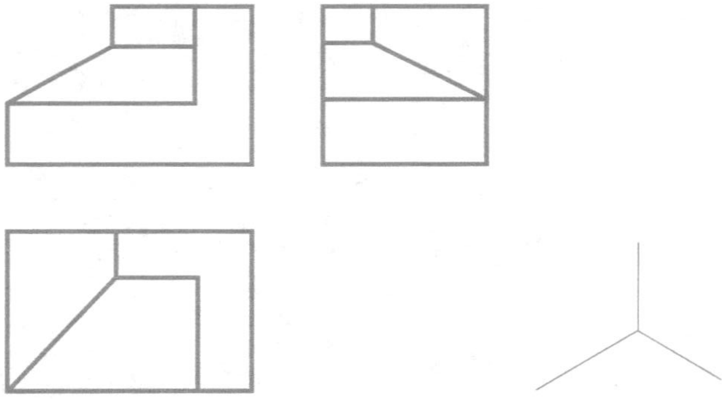

④

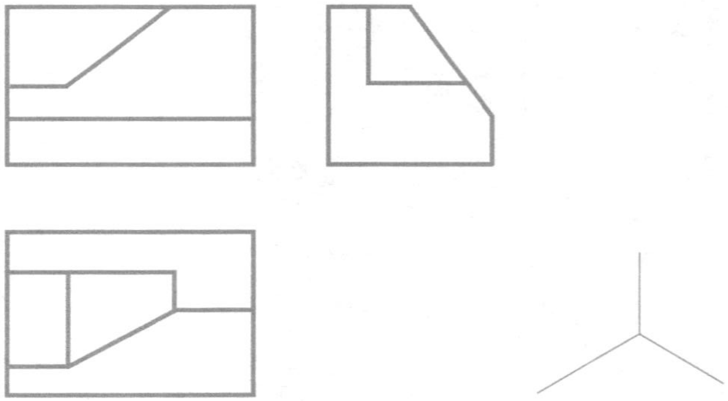

7-4　由三视图在右侧格子中徒手绘制正等轴测图。

①

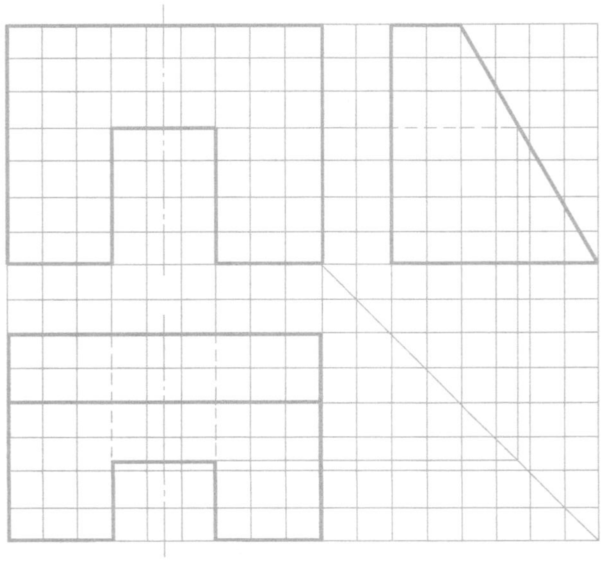

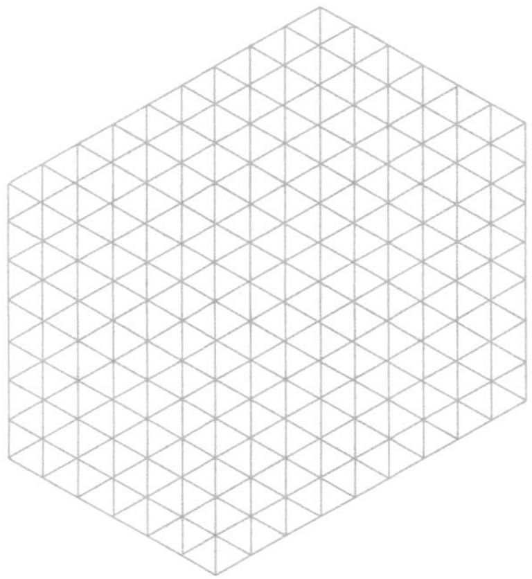

班级：　　　　学号：　　　　姓名：

7-4　由三视图在右侧格子中徒手绘制正等轴测图。（续）

②

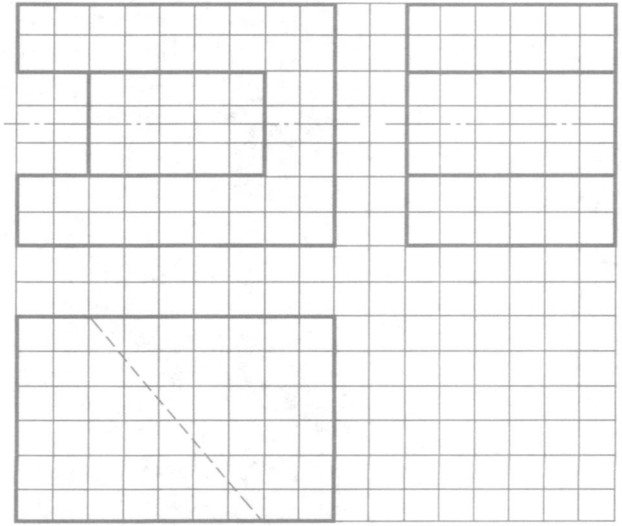

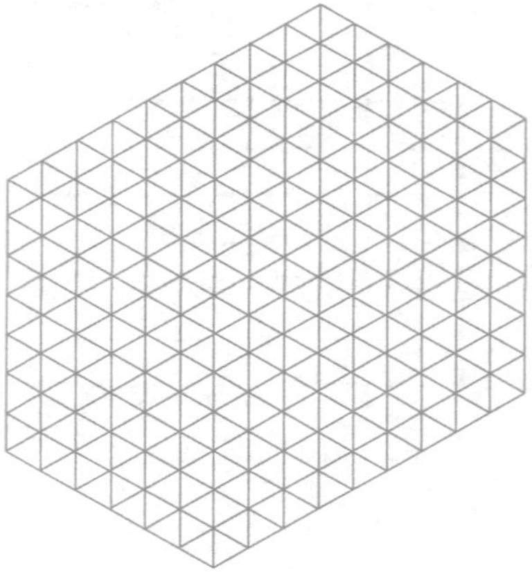

班级：　　　　学号：　　　　姓名：

7-4　由三视图在右侧格子中徒手绘制正等轴测图。（续）

③

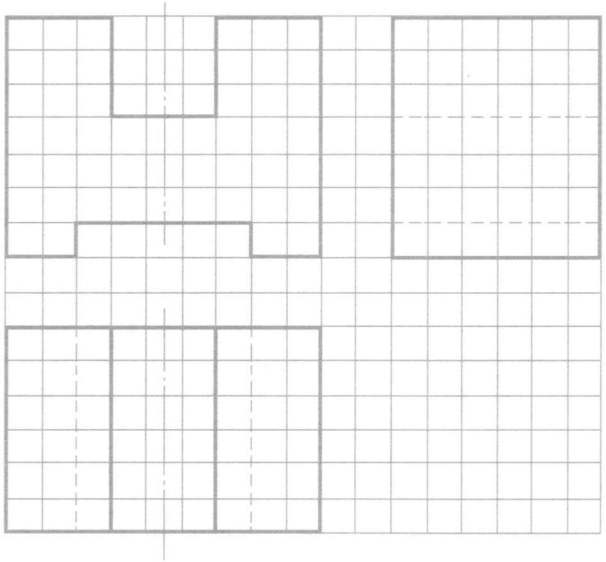

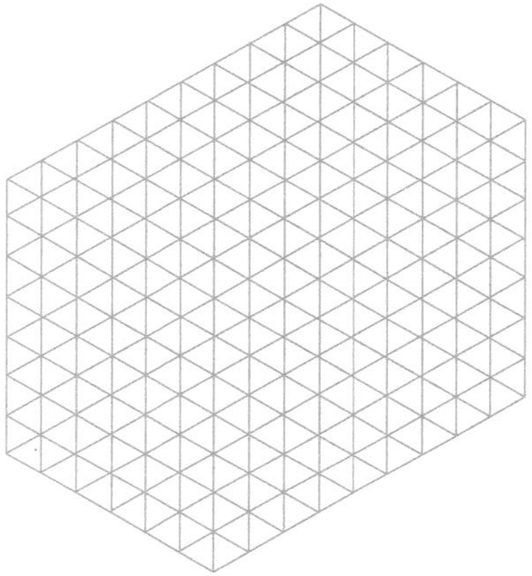

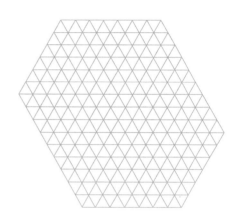

班级：　　　　学号：　　　　姓名：

7-4　由三视图在右侧格子中徒手绘制正等轴测图。（续）

④

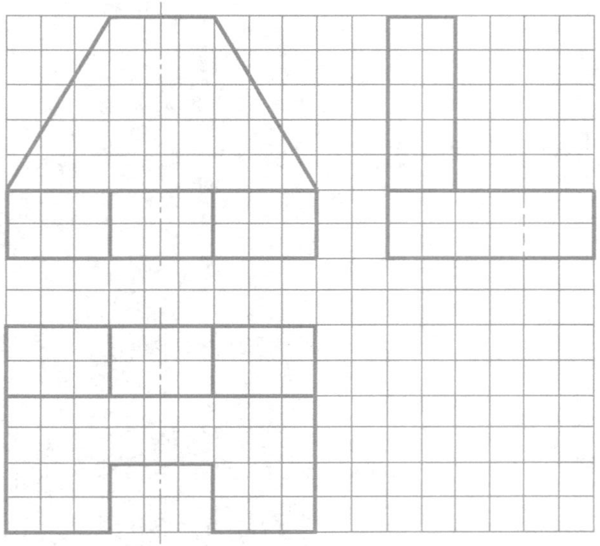

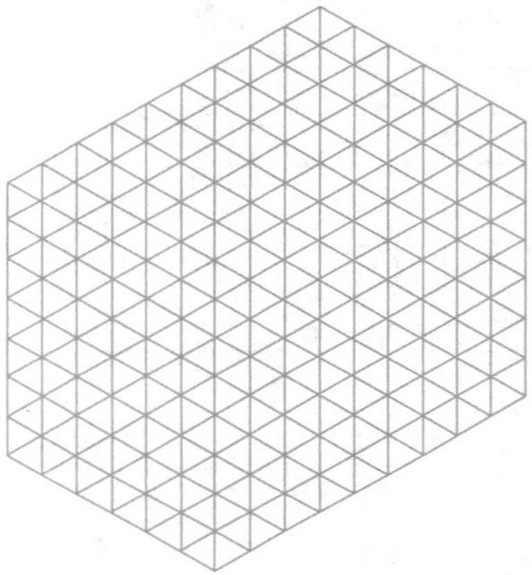

班级：　　　　学号：　　　　姓名：

7-5　根据立体的两视图画正等轴测图（尺寸数值在图中按 1 : 1 比例量取，并取整）。

①

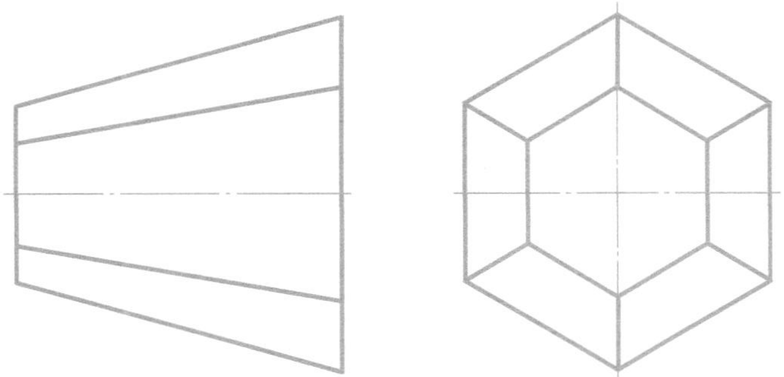

②

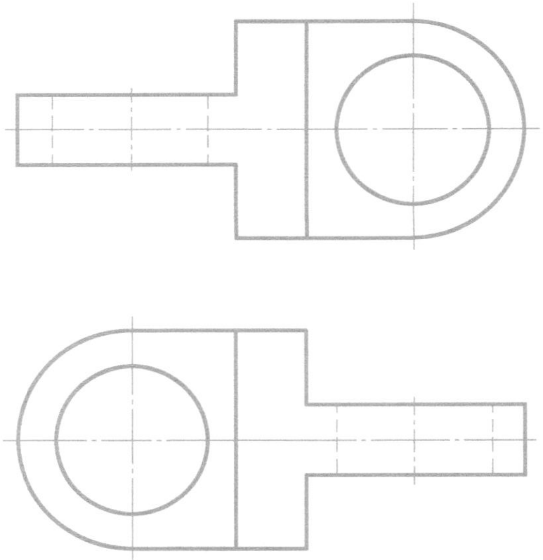

7-6　根据组合体的三视图，作出正等轴测图（尺寸数值在图中按 1∶1 比例量取，并取整）。

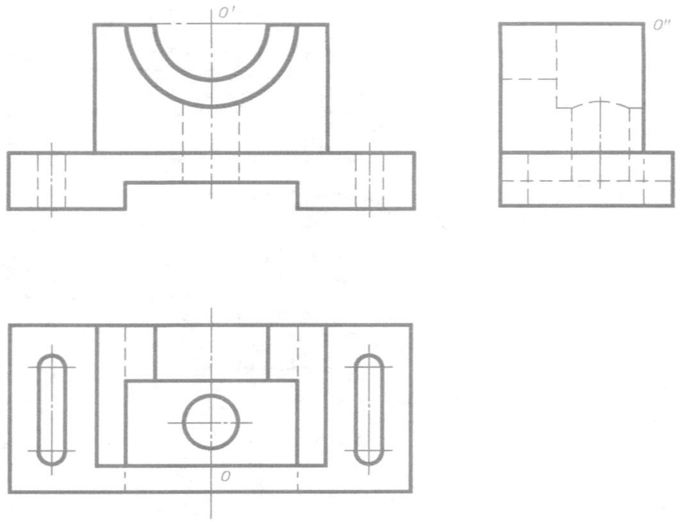

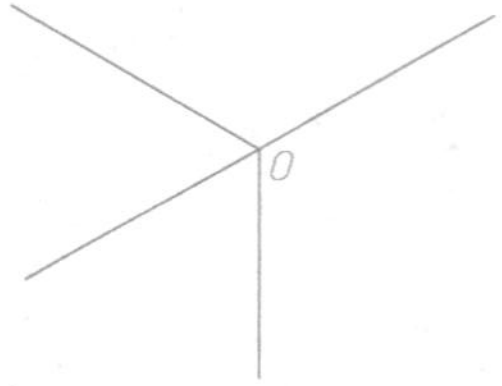

班级：　　　　学号：　　　　姓名：

7-7　根据组合体的三视图作出斜二轴测图（尺寸数值在图中按 1：1 比例量取，并取整）。

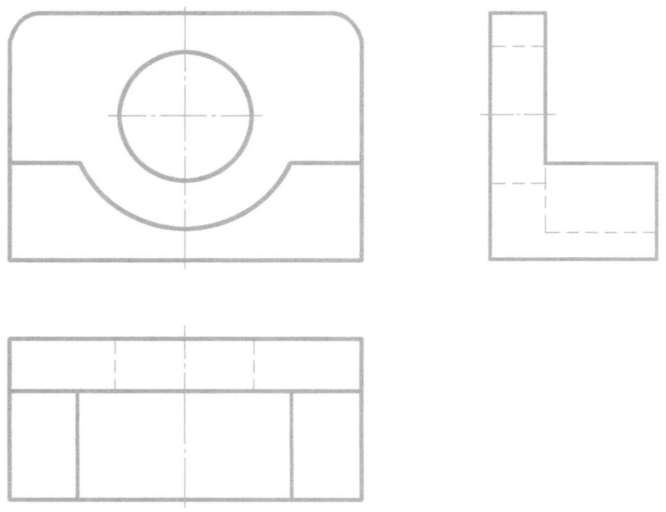

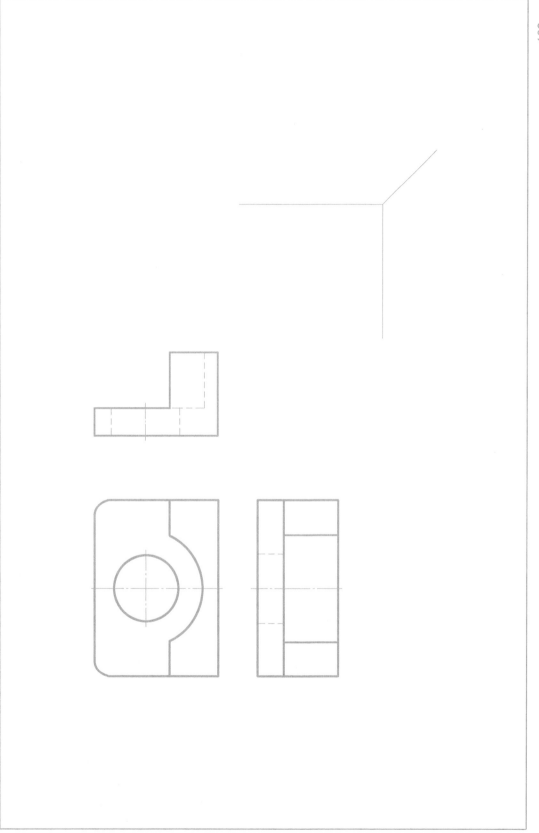

班级：　　　　学号：　　　　姓名：

7-8　根据组合体的两视图作出斜二轴测图（尺寸数值在图中按 1 : 1 比例量取，并取整）。

①

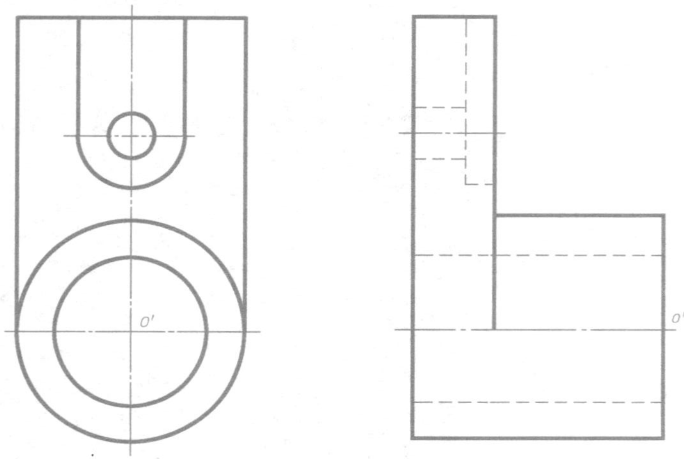

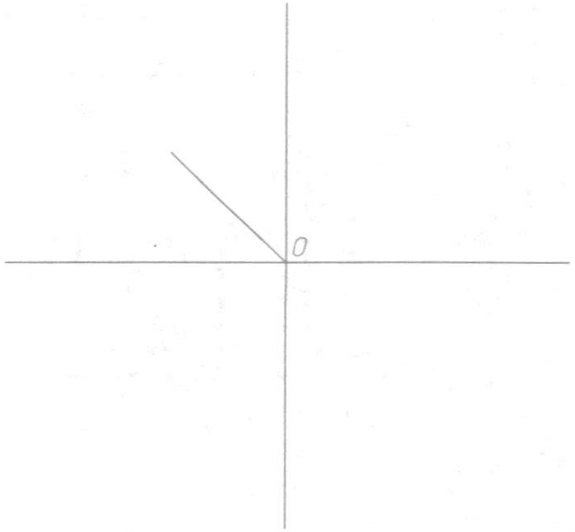

7-8　根据组合体的两视图作出斜二轴测图（尺寸数值在图中按 1：1 比例量取，并取整）。（续）

②

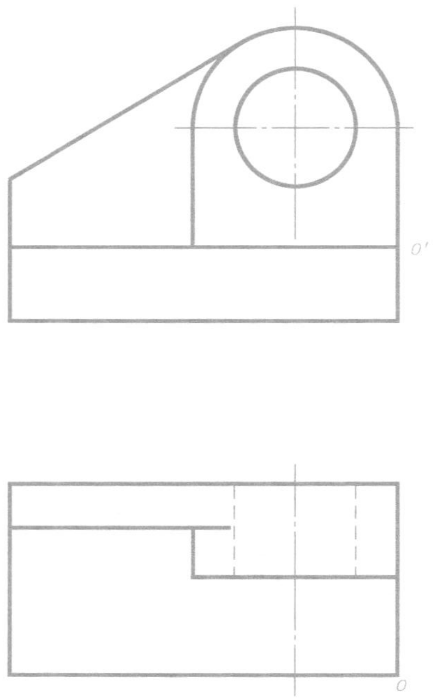

班级：　　　　学号：　　　　姓名：

7-9　根据三视图在右侧格子中徒手作出立体的斜二轴测图。

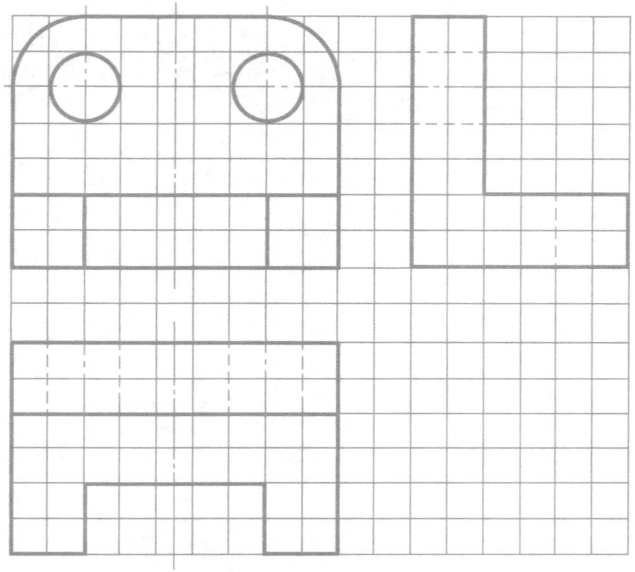

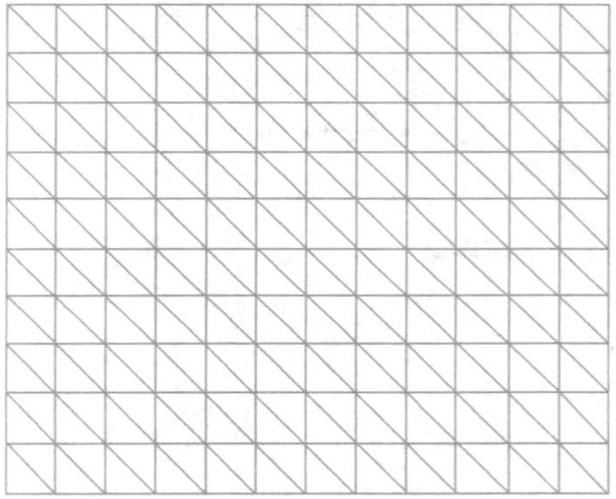

7-10　根据两视图在右侧格子中徒手作出立体的斜二轴测图。

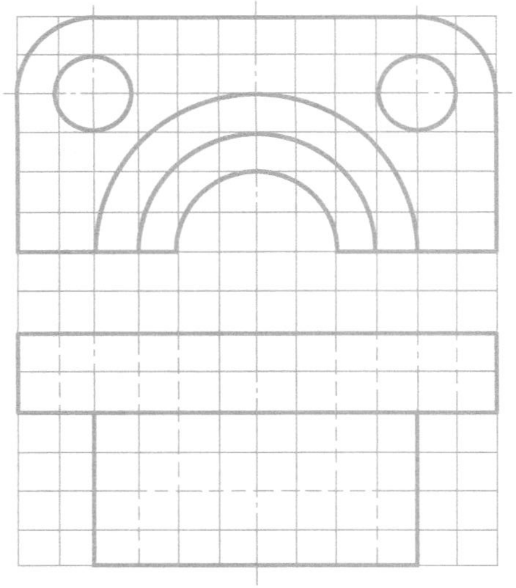

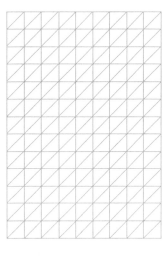

8-1　已知一立体的主、俯视图，补画左、右、仰和后视图。

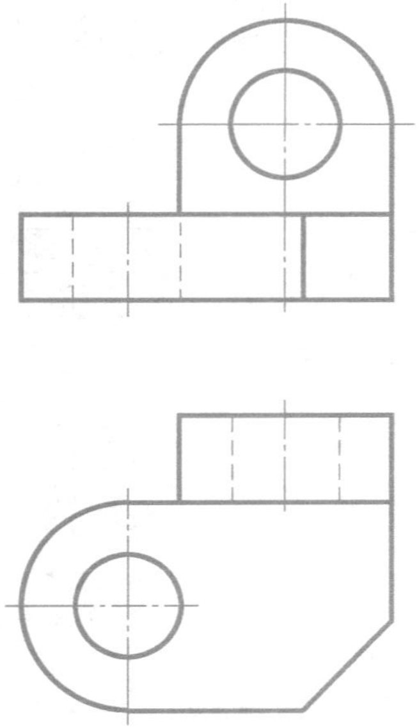

交互模型

8-2　已知一立体的各视图，按向视图进行标注。

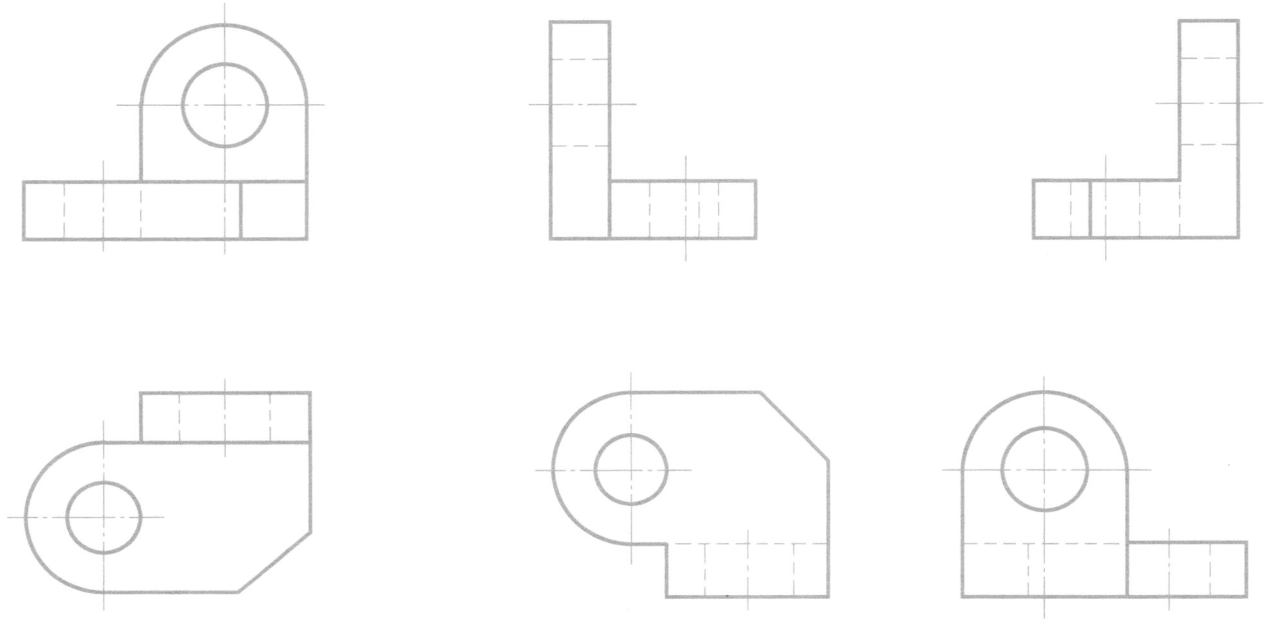

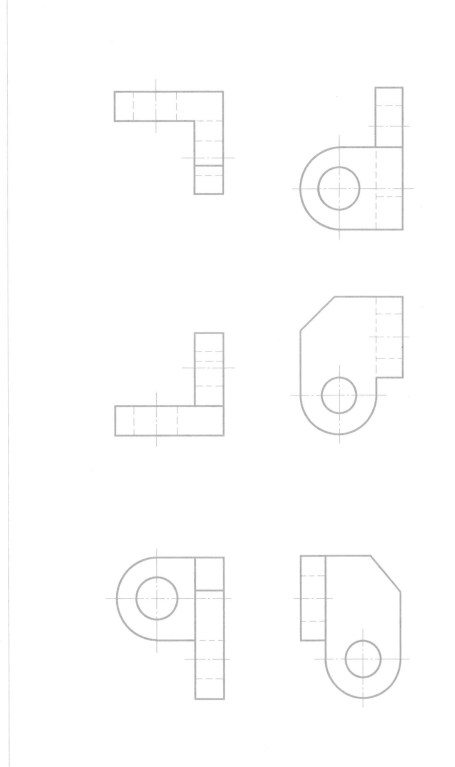

8-3　在指定位置作右视图。

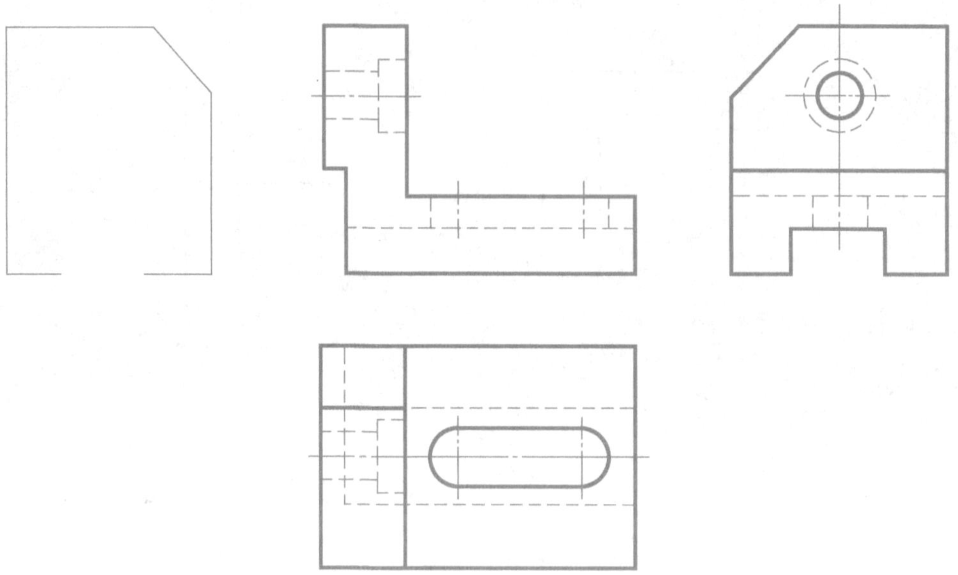

8-4　作出 *A* 向局部斜视图。

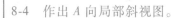

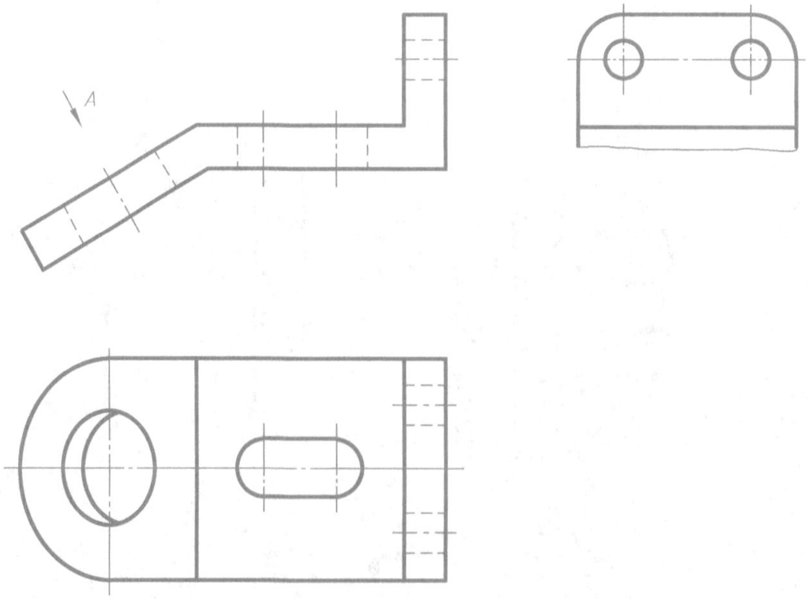

班级：

学号：

姓名：

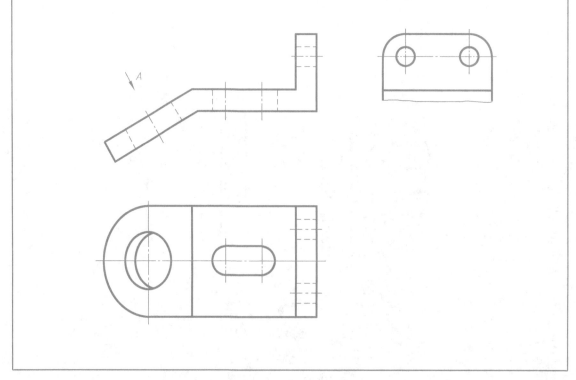

班级：　　　　学号：　　　　姓名：

8-5　补全主视图中漏画的图线。

①

交互模型

②

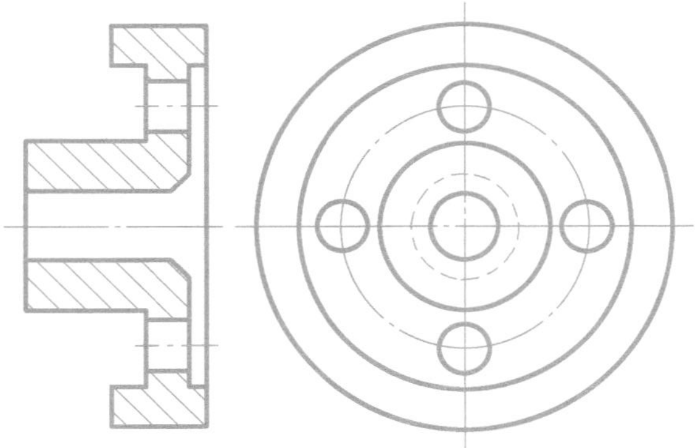

③

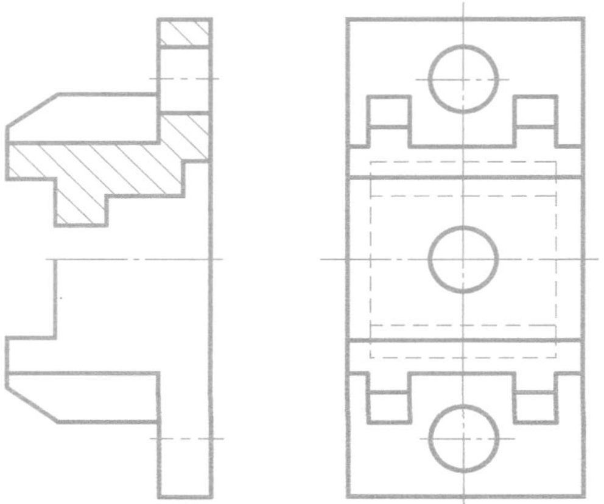

交互模型

④

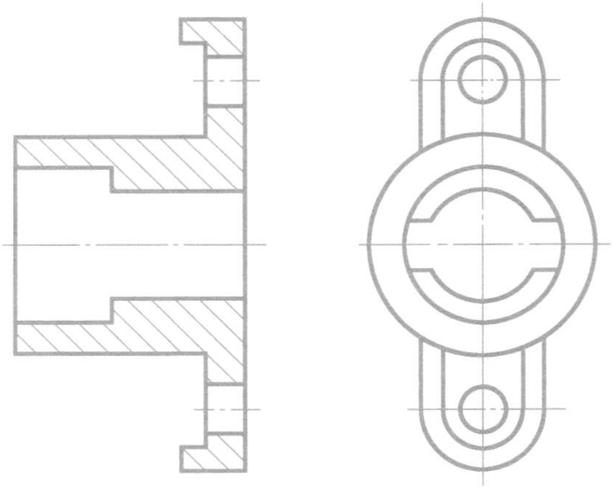

8-6　已知主、俯视图，试在主视图上作适当剖视（画在下方），补作适当剖视的左视图，并标注尺寸（尺寸数值在图中按 1：1 比例量取，并取整）。

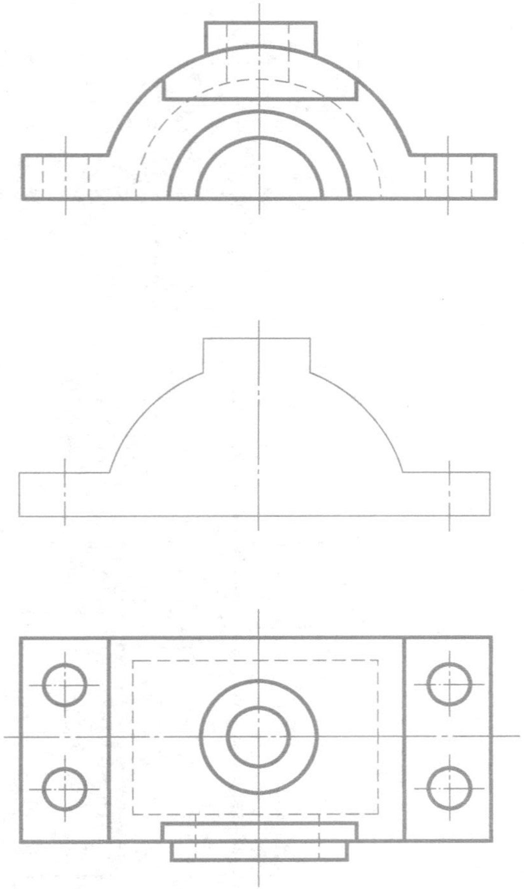

8-7　在主、俯视图上各取适当的剖视。

①

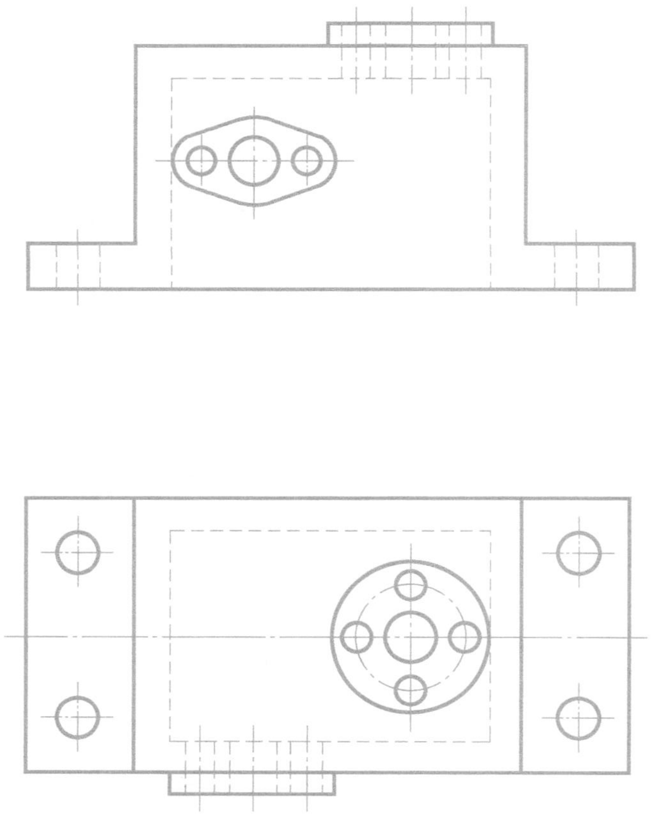

②

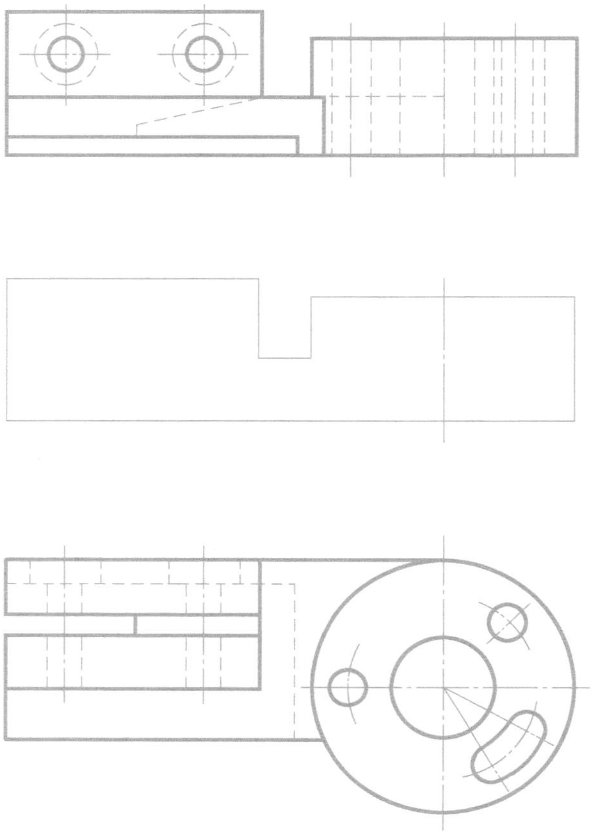

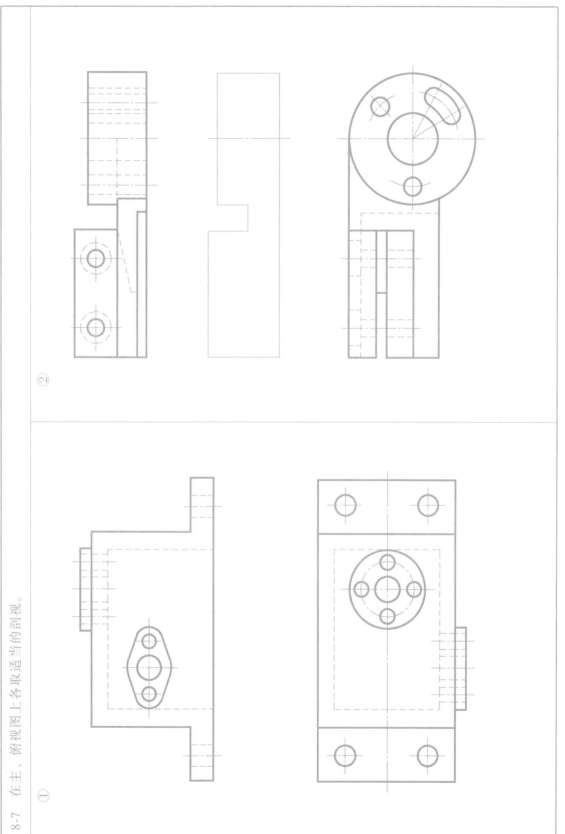

8-8　读图，在各图形上添加相应的标注，并在左侧的空白处画出主视图和俯视图的外形图（虚线不画）。

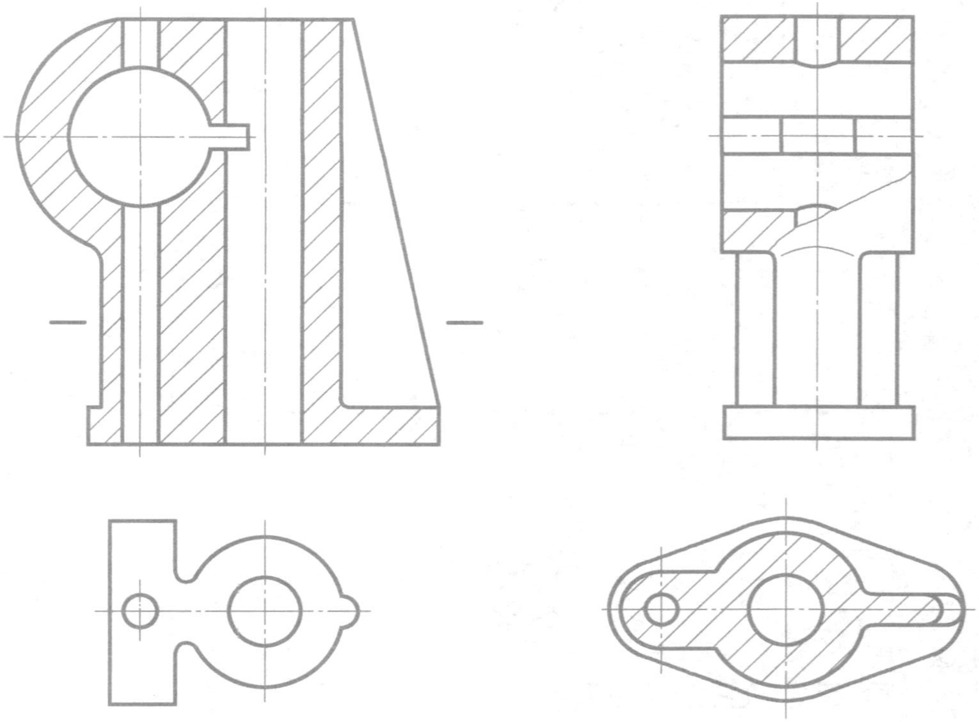

8-9　将主视图改画为全剖视图（描深）。

①

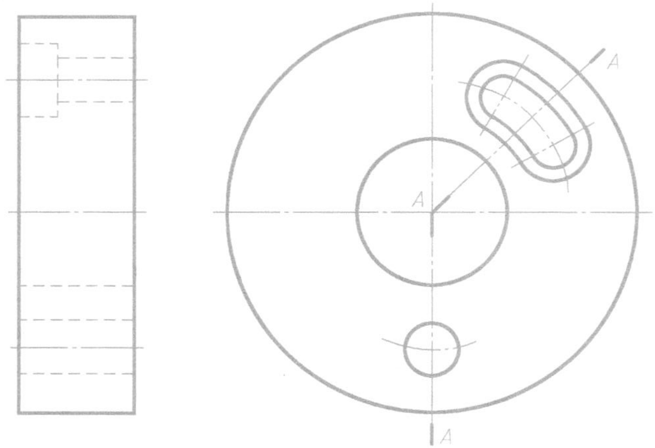

②

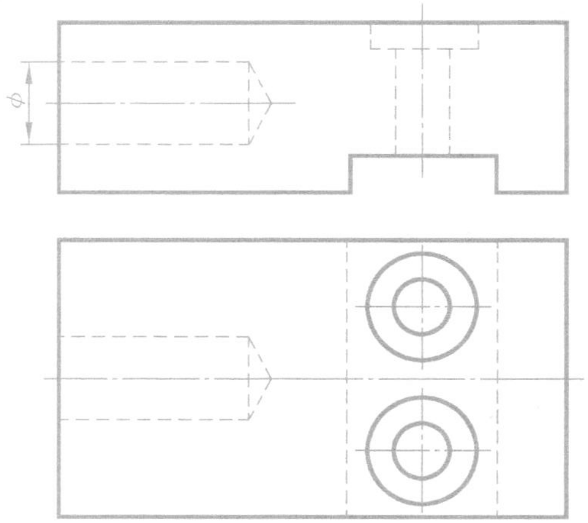

③

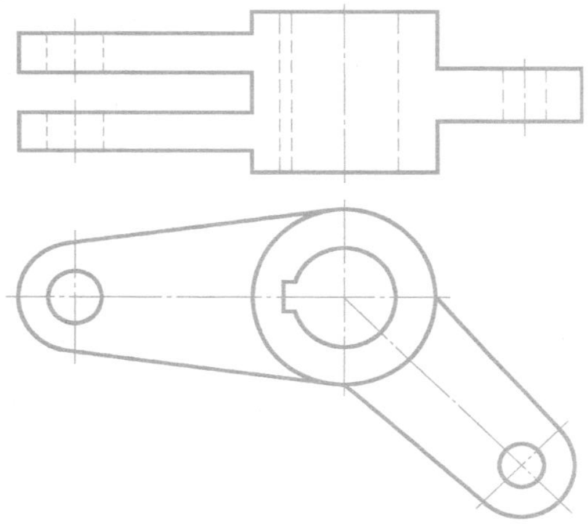

④

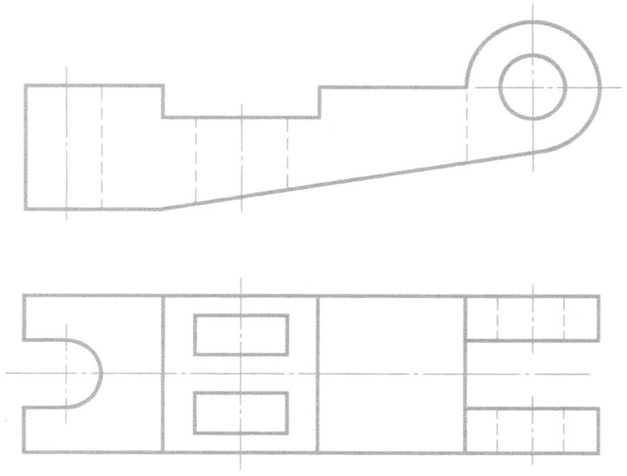

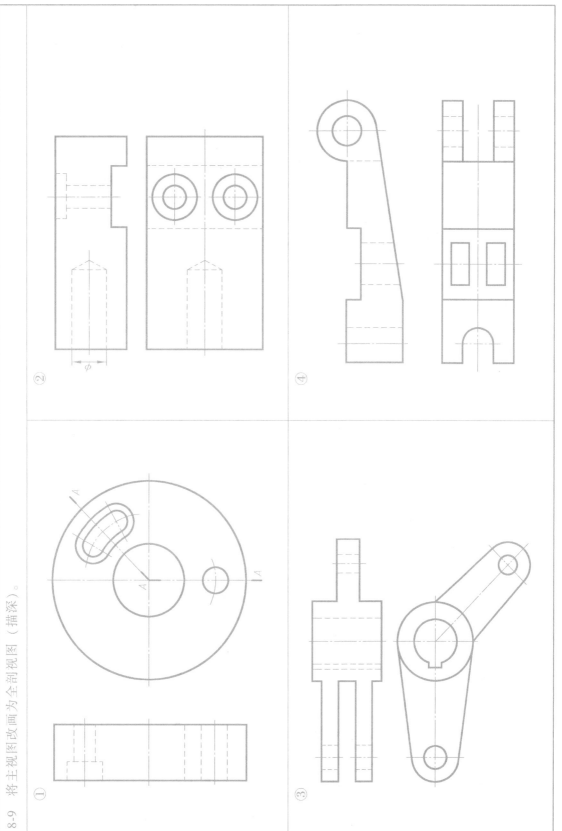

8-10　读图并填空。

下图中的左图为______断面图，右图为______断面图，两种断面图的轮廓线各为____________________。

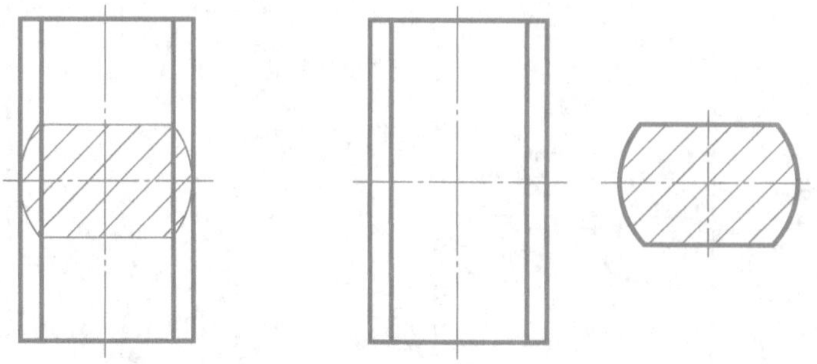

8-11　选择正确的断面图。

正确的断面图是______。

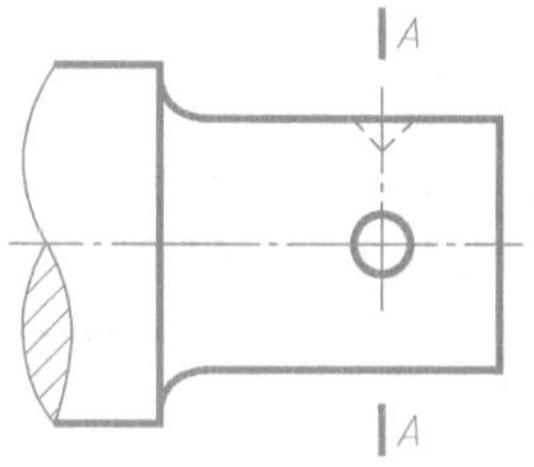

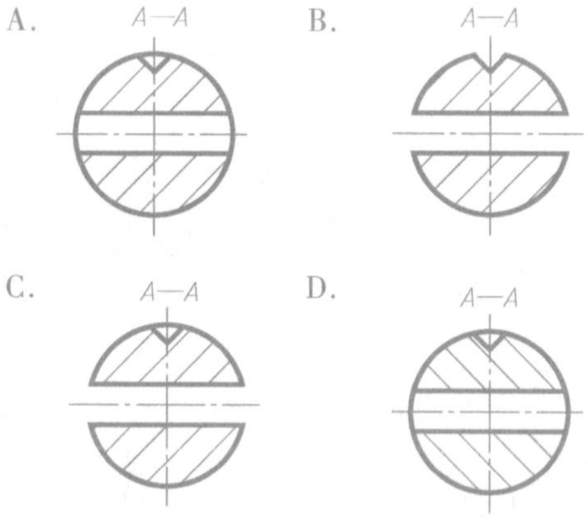

8-12　按箭头指示方向作移出断面图：左图画在剖切迹线上，右图不画在剖切迹线上。

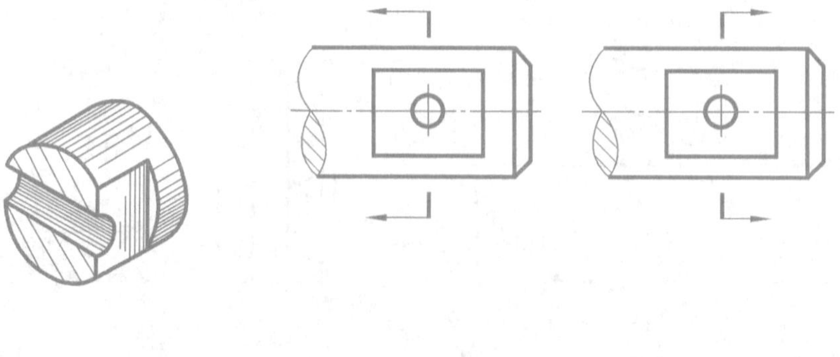

班级：

学号：

姓名：

8-13　已知一由主、左视图表达的轴，试将通孔和键槽用移出断面图表达（画在点画线处），体会小题①和小题②的不同之处。

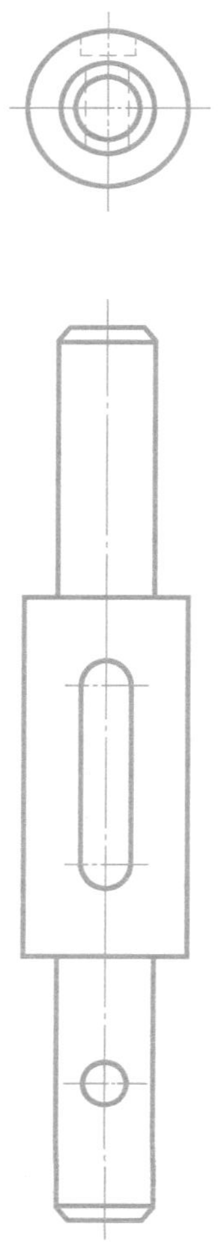

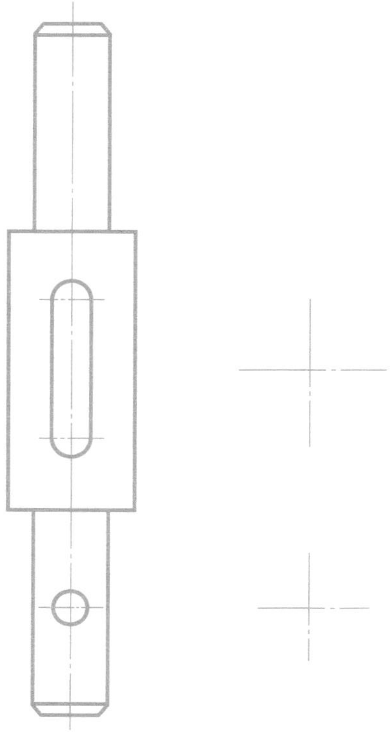

①

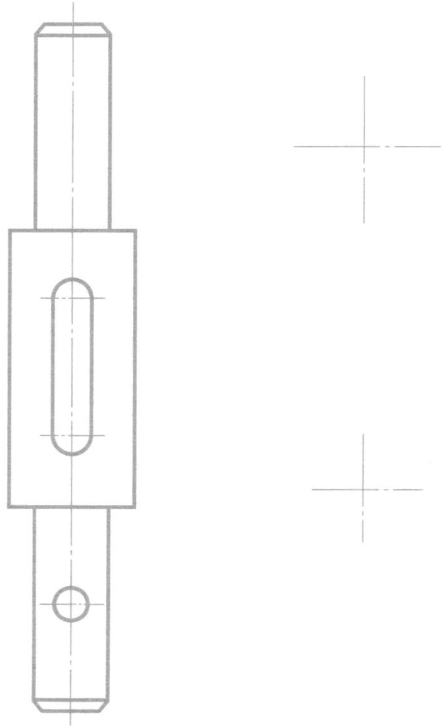

②

8-14 在立体俯视图剖切符号处，画移出断面图。

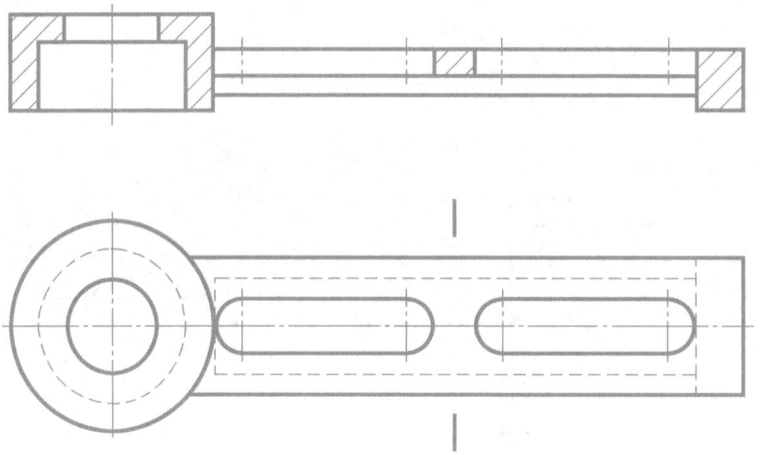

8-15 画移出断面图。

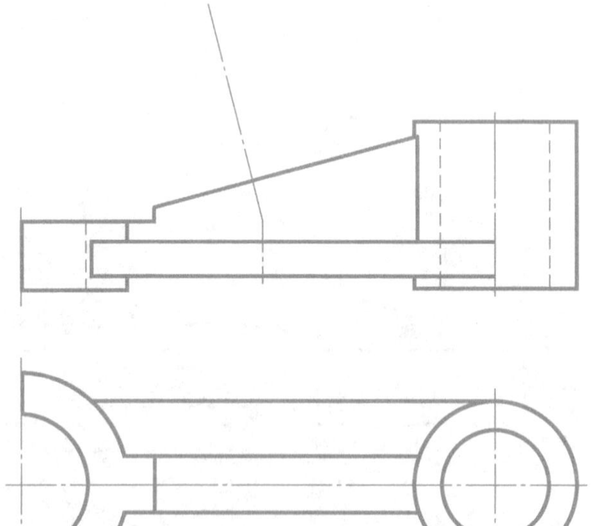

班级：

学号：

姓名：

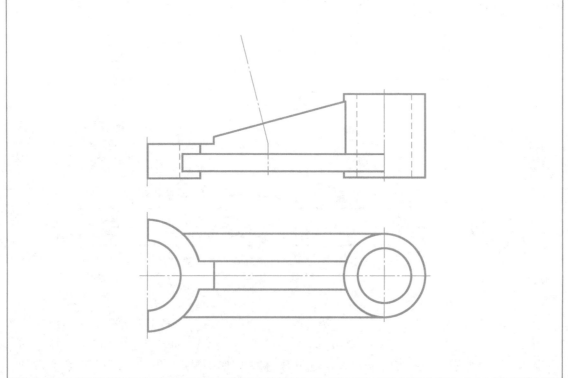

8-16　在右侧的相应位置画出正确的全剖视图。

①

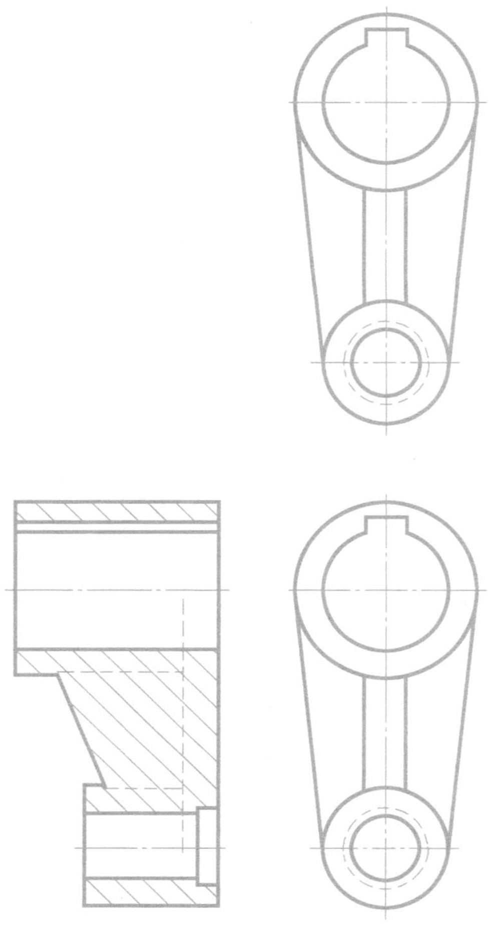

②

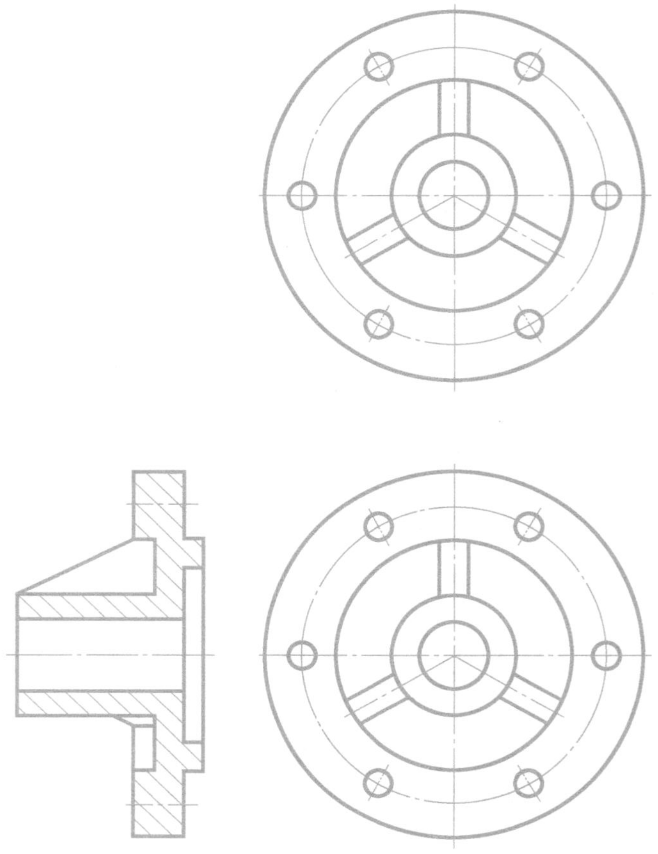

8-17 读懂各图，并在各图形上添加相应的标注。

①

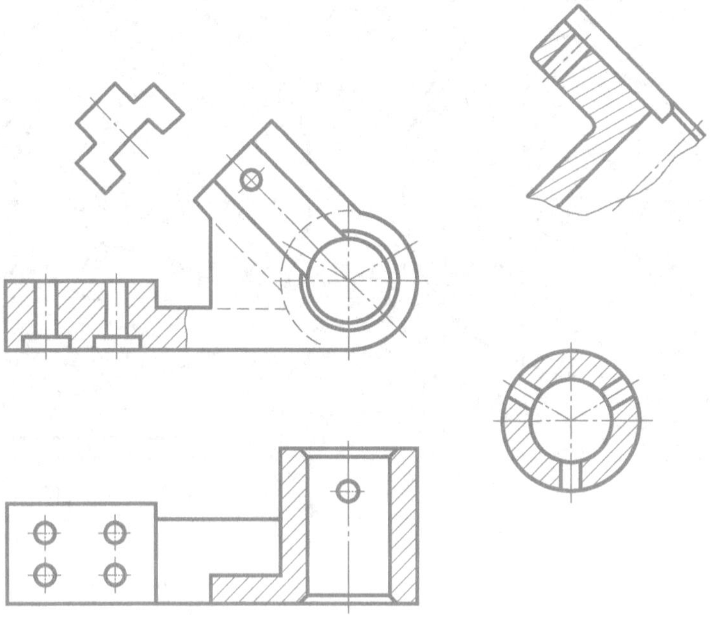

②

班级：

学号：

姓名：

true

班级：　　　　　　学号：　　　　　　姓名：

①

8-18　补画左视图，在各视图上采用适当的表达方法，求机件表达完整。用 A3 图幅，图名为"图样画法"，按 2：1 比例绘图。

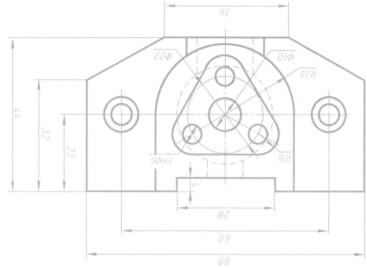

8-18　补画左视图，在各视图上采取适当的表达方法，将机件表达清楚。用 A3 图幅，图名为“图样画法”，按 2∶1 比例绘图。（续）

②

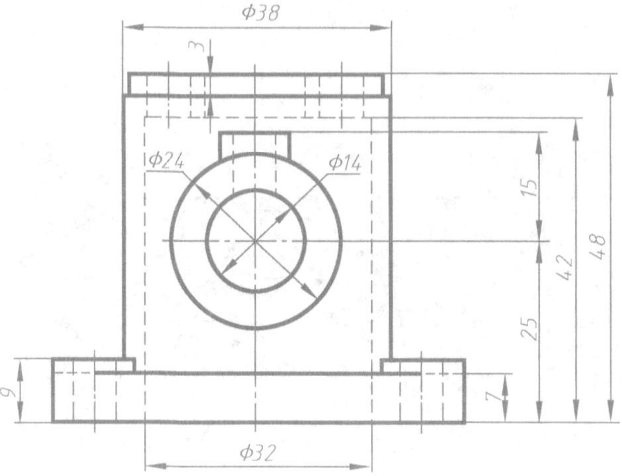

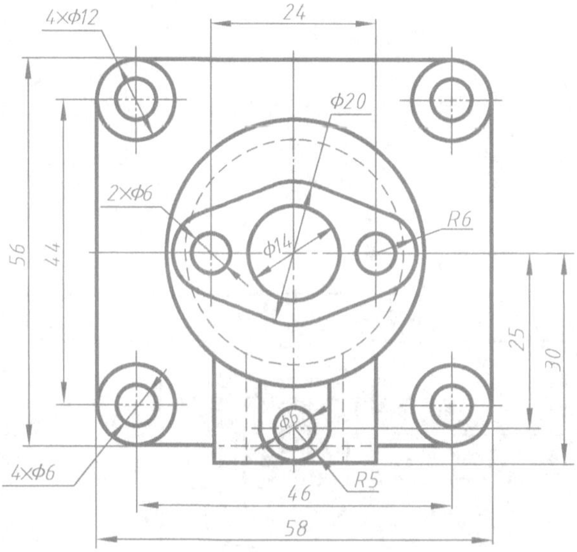

交互模型

班级：

学号：

姓名：

8-19　完成如下判断，正确的画√，错误的画×。	8-20　完成如下填空题。
① 斜视图一般不标注。______ ② 剖切面和剖视图的名称用相同字母表示。______ ③ 机件取剖视后，若不可见部分的结构已清楚表达，则该部分在图形上的虚线可以不画。______ ④ 重合断面图的轮廓线用粗实线绘制。______ ⑤ 在半剖视图中，视图与剖视图的分界线是粗实线。______ ⑥ 在局部剖视图中，视图与剖视图的分界线一般是波浪线。______	① 基本视图在同一张图样内，若按规定位置配置，则______（需要/不需要）标注视图名称。 ② 采用旋转剖画剖视图时，当剖切后产生不完整要素时，应将此部分按______（剖/不剖）绘制。 ③ 绘制断面图时，当剖切平面通过回转面形成的孔或凹坑的轴线时，应按______绘制。 ④ 当剖切平面通过机件的肋或薄壁等结构的厚度对称平面（纵向剖切）时，这些结构______（画/不画）剖面符号。

8-21　用 AutoCAD 画出下列机件的剖视图，主视图采用半剖视图，左视图采用全剖视图。

①

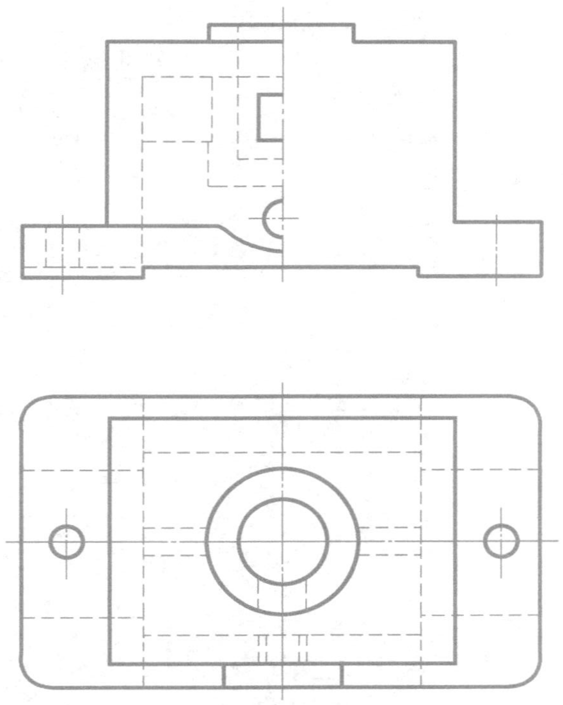

②

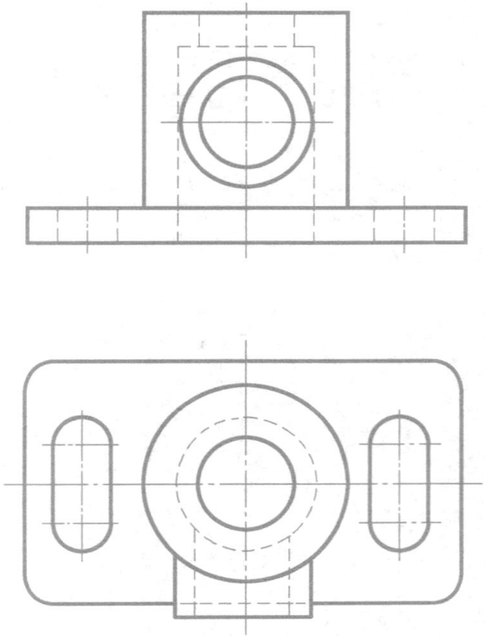

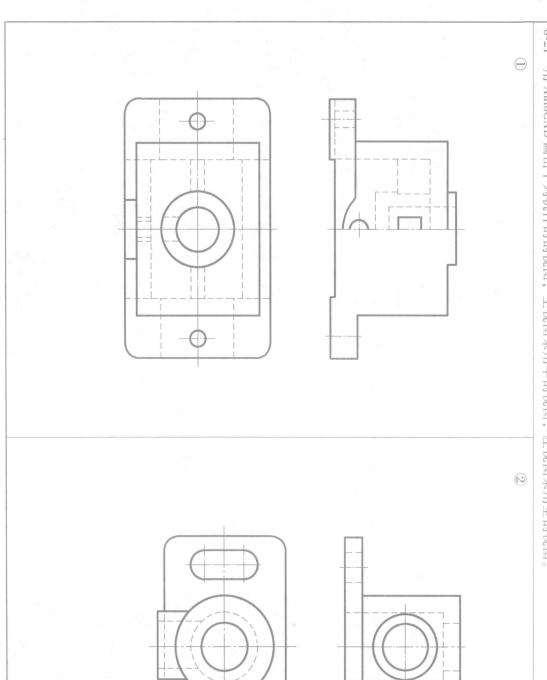

9-1　改错：分析图 a 中的错误，将正确的图形画在图 b 中。

①

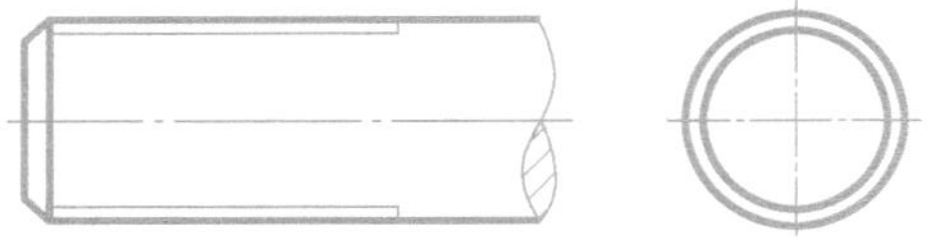

a)

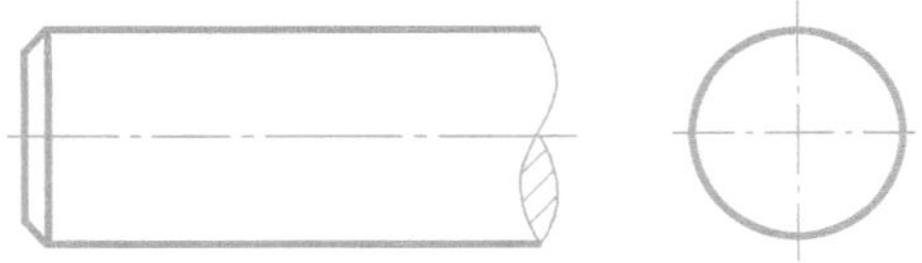

b)

②

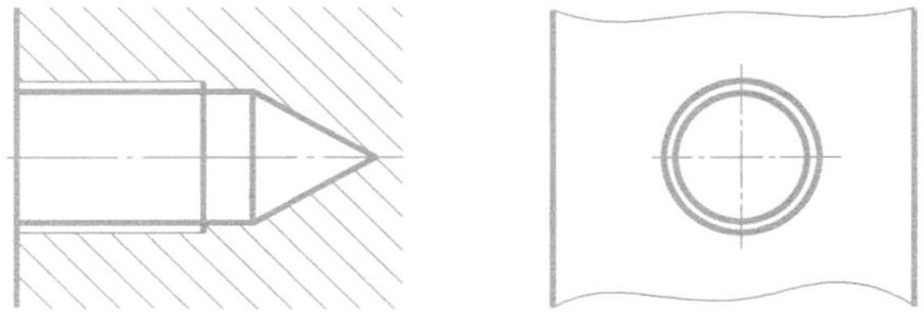

a)

b)

③

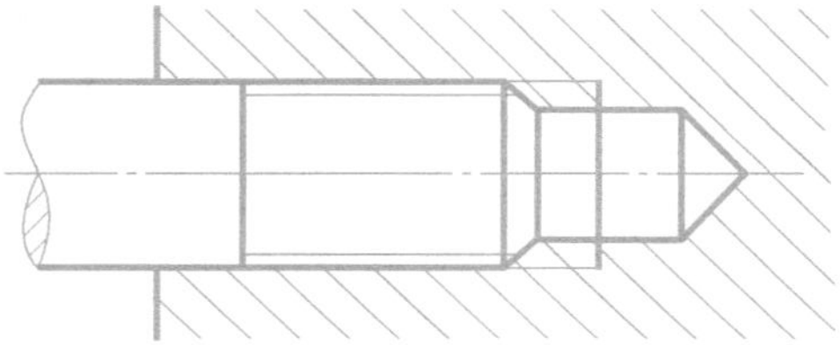

a)

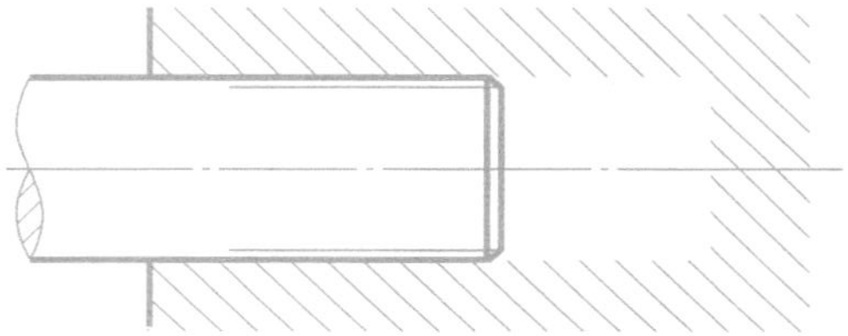

b)

9-2　识别螺纹标记并填写表格。

①

螺纹标记	螺纹种类	公称直径 /mm	螺距 /mm	导程 /mm	线数	旋向	中径公差带代号	顶径公差带代号	旋合长度代号	内/外螺纹
M10-6H7H										
M12×1-5H-S-LH										
M16×Ph3P1.5-6g										
M20×1.5-5g6g-S										
Tr32×12(P6)LH-8H-L										
B40×14(P7)-8g										

②

螺纹标记	螺纹种类	尺寸代号	公差等级	内/外螺纹	旋向	管子孔径 /mm	螺纹大径 /mm	螺纹小径 /mm
G1-LH								
G1/2A								
$R_1$1/2								

9-3　标注螺纹标记。

① 粗牙普通螺纹，大径为 16mm，螺距为 2mm，右旋，公差带代号为 5g6g，旋合长度为 S。

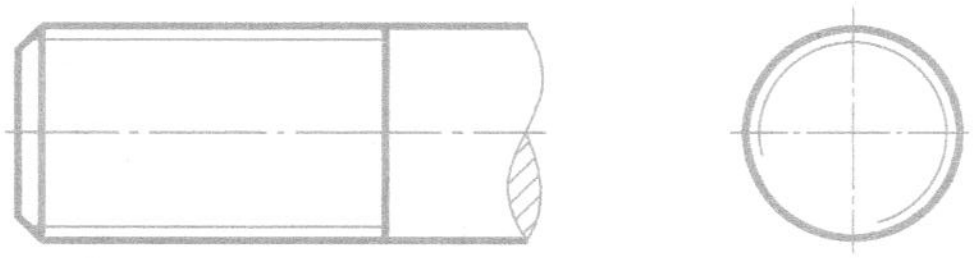

② 细牙普通螺纹，大径为 12mm，螺距为 1.5mm，右旋，公差带代号为 6H，旋合长度为 N。

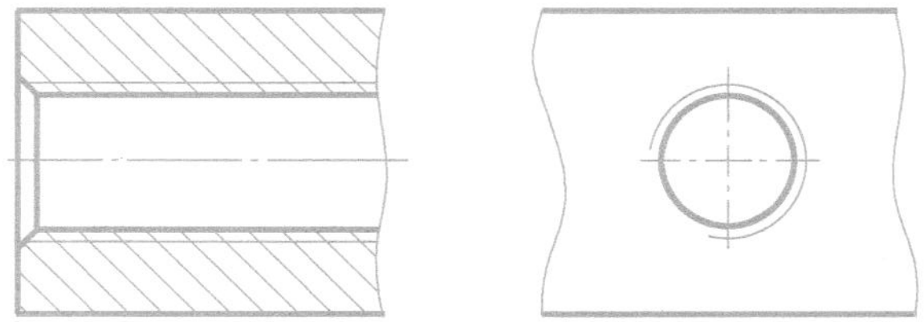

③ 梯形螺纹，公称直径为 16mm，导程为 8mm，线数为 2，左旋，公差带代号为 8e，旋合长度为 L。

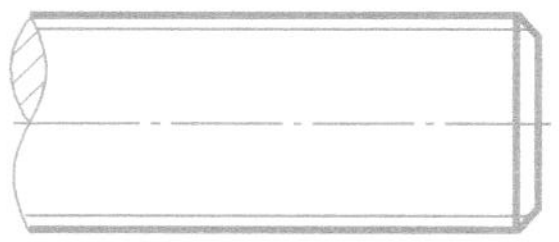

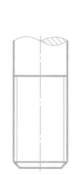

④ 55°非密封管螺纹，尺寸代号为 1/2，公差等级为 A 级，右旋。

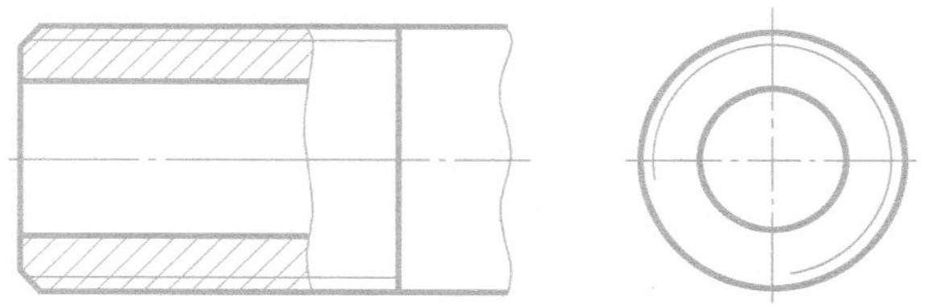

9-4　找出图中双头螺柱连接的错误（在错误处画×），并将正确的画在右图中。

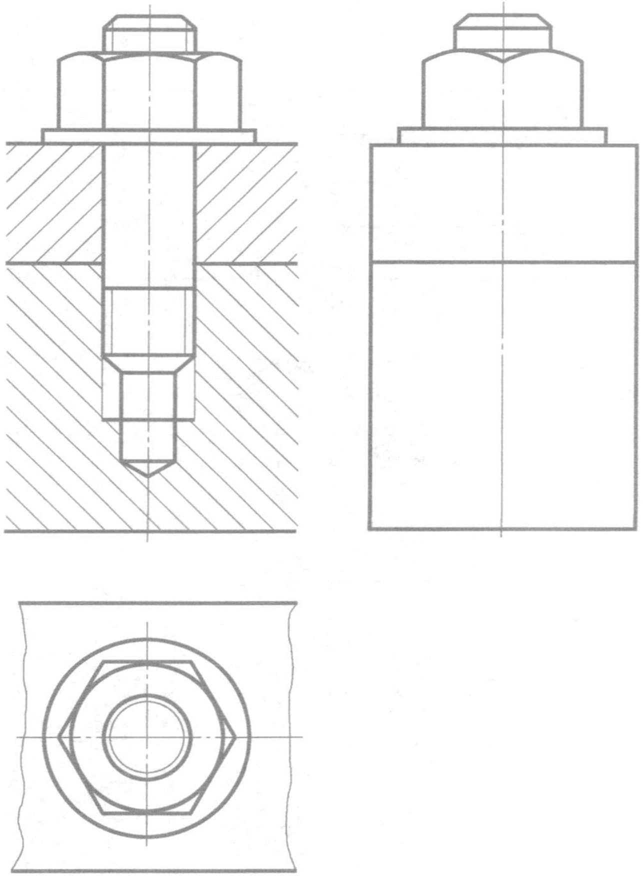

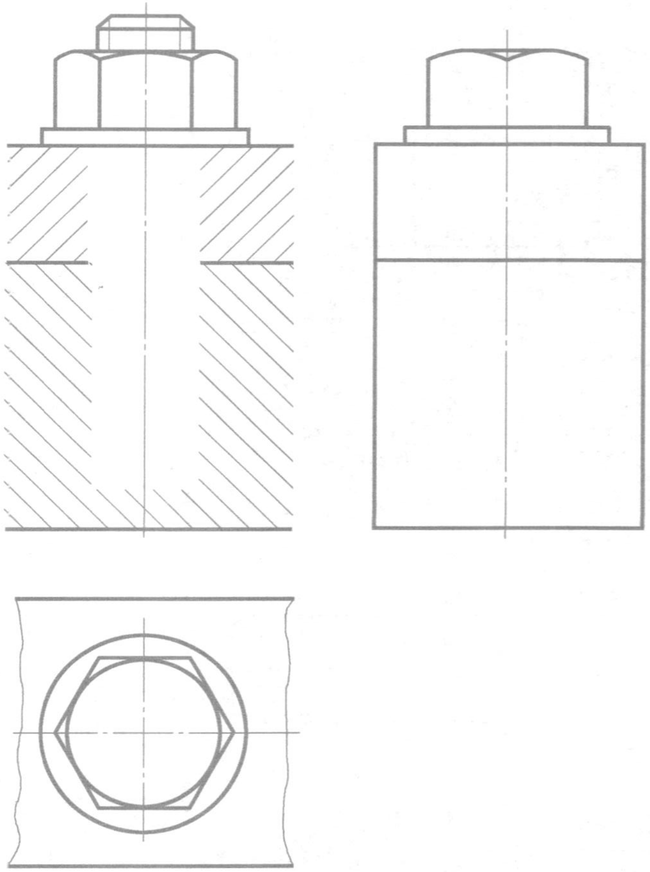

9-5　完成螺栓连接的图样。

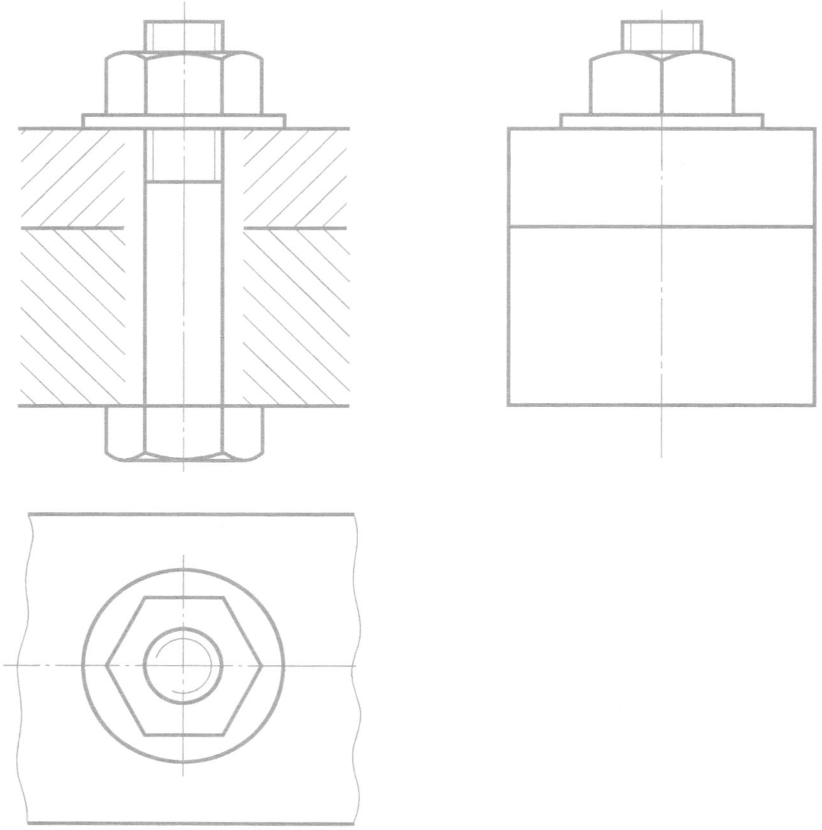

9-6　完成如下填空。

① 内、外螺纹只有当________、________、________、________、________五要素完全相同时，才能旋合在一起。

② ________、________、________均符合国家标准的螺纹，称为标准螺纹。

③ 外螺纹的牙顶对应内螺纹的牙________（底/顶），外螺纹的牙底对应内螺纹的牙________（底/顶）。

④ 螺距是相邻两牙（不论是否为同一条螺旋线）在（大/中/小）径线上对应两点之间的________向距离。

⑤ 导程是________条螺旋线上的相邻两牙在中径线上对应两点之间的轴向距离，如线数用 n 表示，螺距用 P 表示，则导程 P_h =________。

⑥ 不穿通的钻孔末端锥顶角，在制图中画成________度。

⑦ 当不穿通的螺纹孔的钻孔深度与螺纹部分深度分别画出时，在制图中一般推荐两深度之间相距________。

9-7　按要求完成如下大作业。

图名为“螺纹紧固件连接”，或者采用其他自定图名。

图幅为 A3，采用比例画法。

1. 画螺栓连接的三视图，比例为 1 : 1。

板厚 $\delta_1 = \delta_2 = 30$mm，板长约为 80mm，板宽为 60mm。

所用螺纹紧固件为：螺栓　GB/T 5780 M20×l（自定）、螺母　GB/T 6170 M20、垫圈　GB/T 97.1 20。

2. 画螺钉连接的三视图，比例为 2 : 1。

上板厚 $\delta_1 = 10$mm，下板厚 $\delta_2 = 34$mm，板长约为 40mm，板宽为 30mm，材料均为铸钢。

所用螺纹紧固件为：螺钉　GB/T 67 M10×l（自定）。

3. 其他要求：

1）在图上标注螺纹紧固件的公称直径、有效长度、螺纹长度。

2）在图下方写出螺纹紧固件标记（题中有下画线的文字）。

3）按要求在标题栏中注出比例。

9-8　完成如下判断题。

① 试判断各图尺寸标注的正误（正确的画√，错误的画×）。

A.

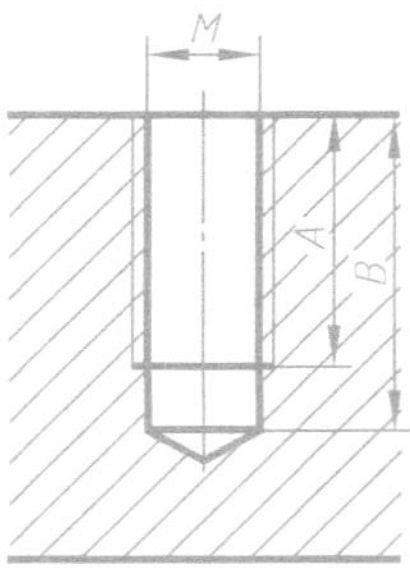

______

B.

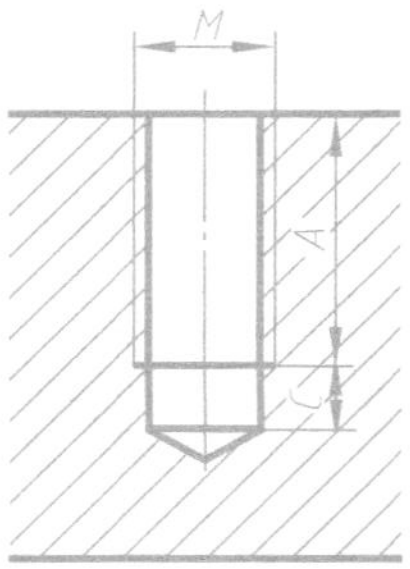

______

C.

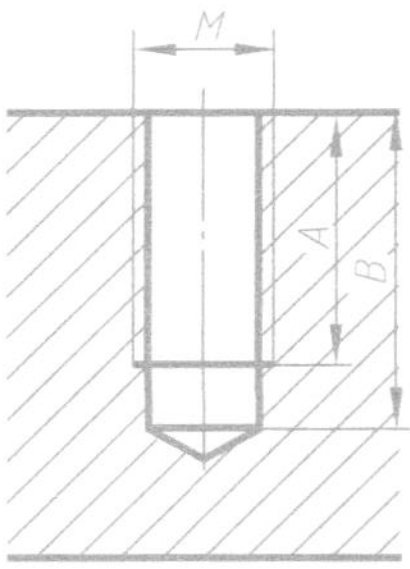

______

D.

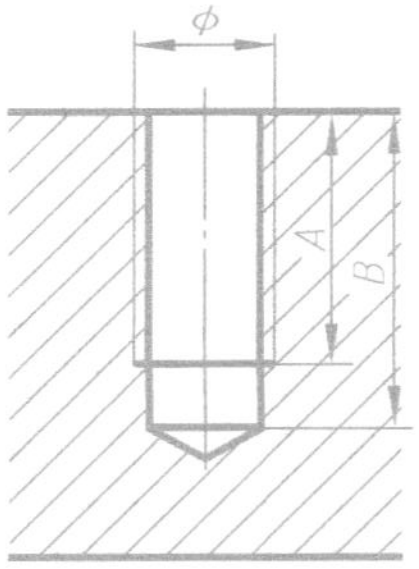

______

② 试判断各图画法的正误（正确的画√，错误的画×）。

A.

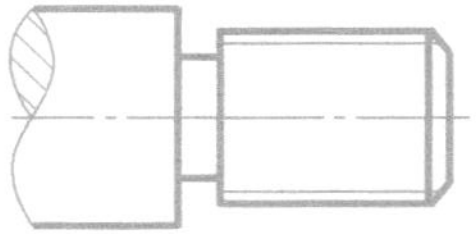

______

B.

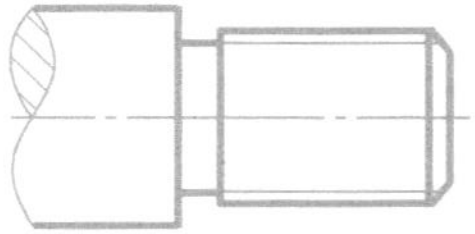

______

C.

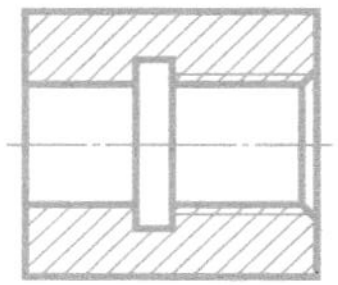

______

D.

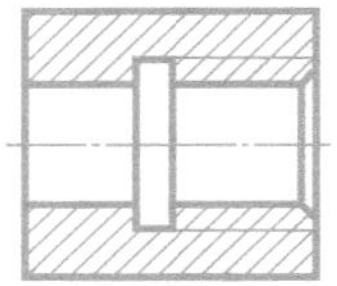

______

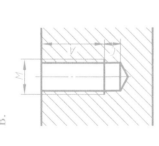

9-9 已知键、轴和孔上键槽的有关尺寸，完成键的连接图。

键的连接图：

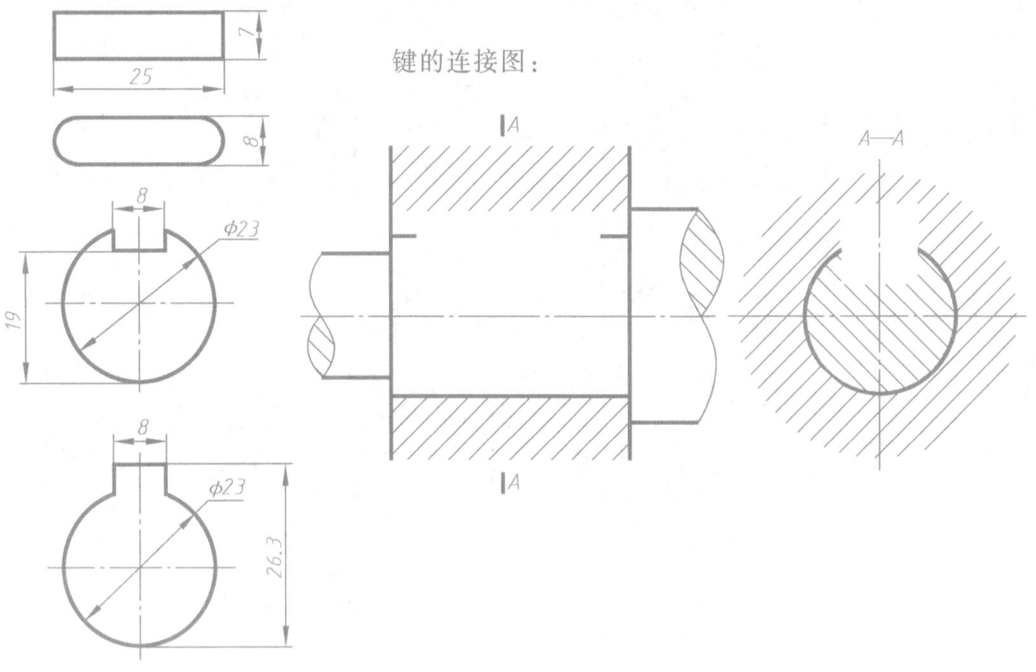

9-10 已知轴、齿轮和销的视图，完成用销（GB/T 119.1 5m6×35）连接轴和齿轮的装配图。

销连接轴和齿轮的装配图：

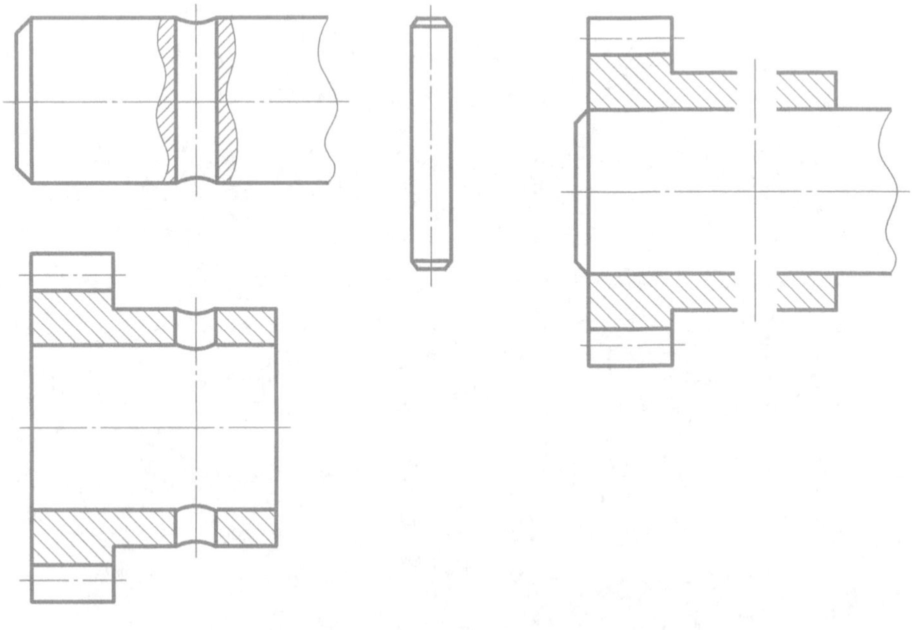

班级：

学号：

姓名：

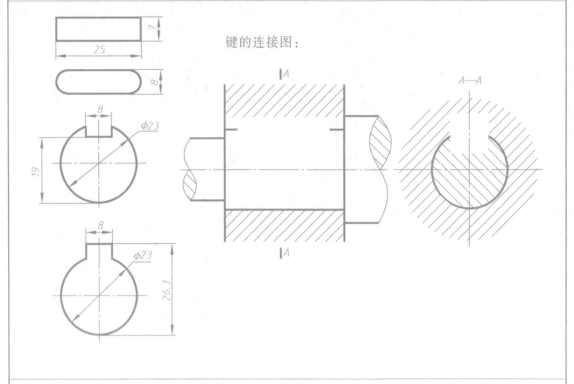

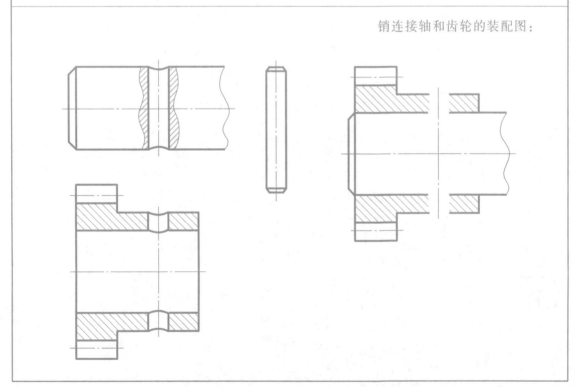

9-11　已知一对直齿圆柱齿轮啮合，主动齿轮的齿数为 24，模数为 3mm，传动比为 3∶4，两轮结构相同。完成其主、左视图，轴孔尺寸数值在图中按 1∶1 的比例量取，并取整，键槽尺寸数值根据轴孔直径查出。

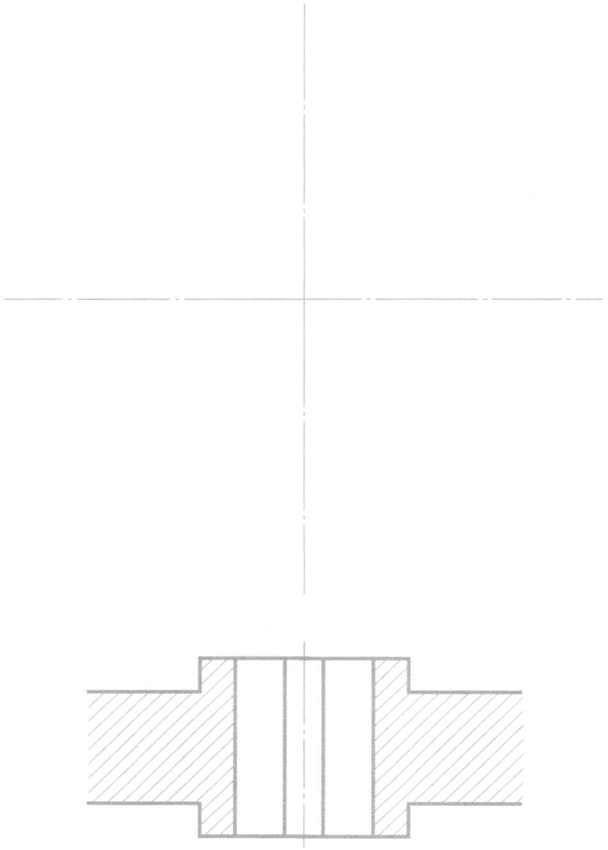

9-12 已知齿轮和轴，用A型普通平键连接，轴孔直径为40mm。查表确定键和键槽尺寸，按照1∶2的比例画出全剖视图。

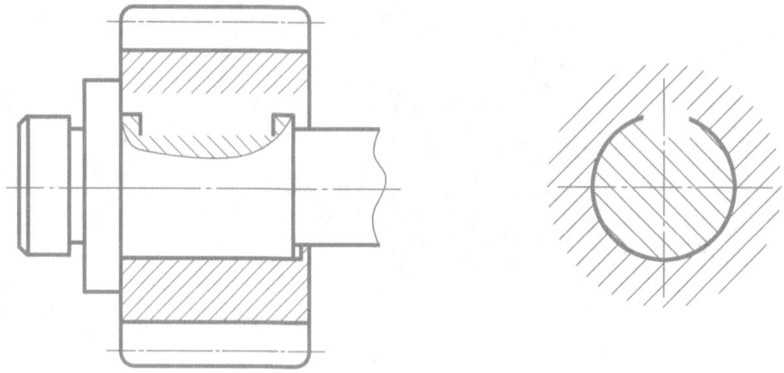

9-13 选出适当长度的销，画出销连接的装配图，并写出销的规定标记。

① 选出适当长度的$\phi5$圆锥销。

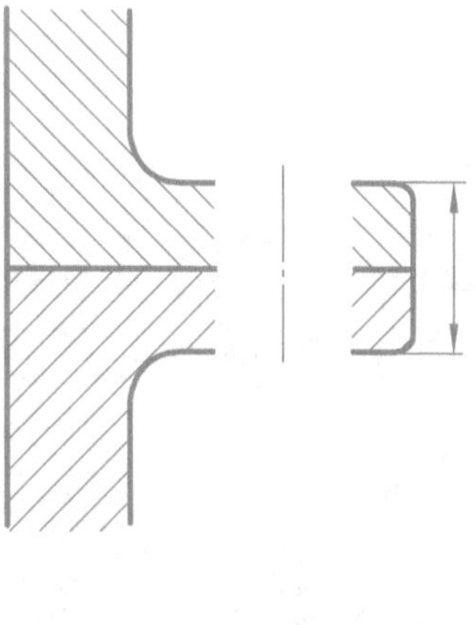

销的规定标记：________

② 选出适当长度的GB/T 119.1 6n6圆柱销。

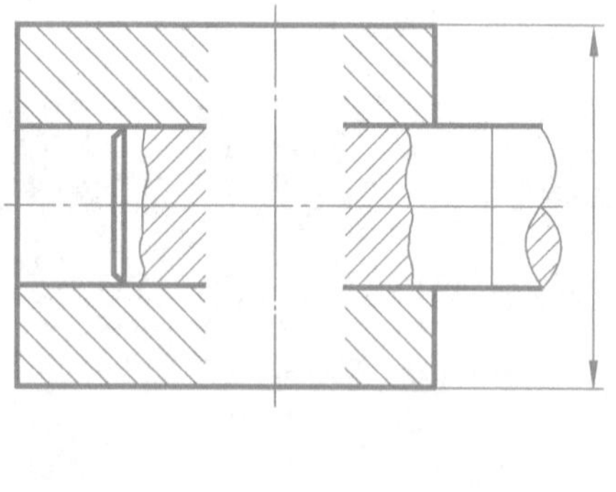

销的规定标记：________

班级：

学号：

姓名：

9-14　已知圆柱螺旋弹簧外径 $D=42\text{mm}$，钢丝直径 $d=6\text{mm}$，节距 $t=12\text{mm}$，总圈数 $n=7.5$，有效圈数 $n=5$，自由高度 $H=72\text{mm}$，右旋。试用 1∶1 的比例画出全剖视图，并标注尺寸。

10-1　在横线上填写正确答案的选项。

① 需要绘制零件图的零件是________。

A. 外购件　　B. 标准件　　C. 非标准件、非外购件

② 回转体类零件的主视图应按________摆放。

A. 工作位置　　B. 加工位置　　C. 按加工位置轴线水平

③ 零件主视图的投射方向应________。

A. 使零件图最能反映零件特征　　B. 使零件图最容易绘制

④ 零件图中视图的数目通常________。

A. 尽可能利用三个视图表达内、外结构

B. 应在完整、清晰地表达零件内、外结构的前提下，选择最少的图形

⑤ 同一个零件的内形、外形与相邻零件的结构形状________。

A. 应当协调和呼应　　B. 相互无关

⑥ 零件的结构形式主要取决于________。

A. 零件的功能要求　　B. 零件的加工、装配要求

⑦ 选用零件表面结构参数值，通常应该________。

A. 在满足使用要求的前提下，选择较小的表面结构参数值

B. 在满足使用要求的前提下，选择较大的表面结构参数值

⑧ 零件的尺寸偏差是________。

A. 为了满足零件互换性的要求

B. 互换性、加工误差、测量误差等多种因素造成的

10-2　判断下列零件结构是否合理，合理的画√，不合理的画×。

①

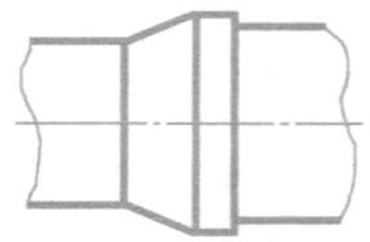

____

②

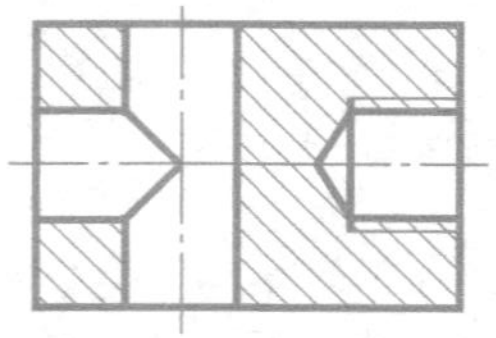

____

③

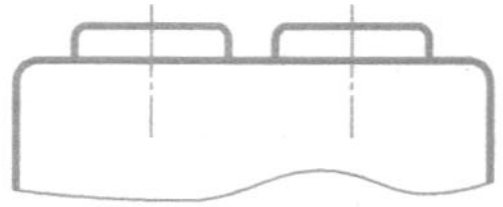

____

④

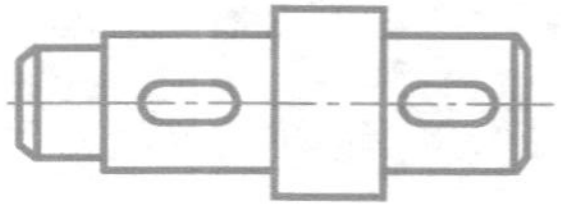

____

⑤

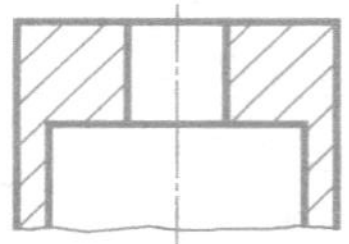

____

⑥

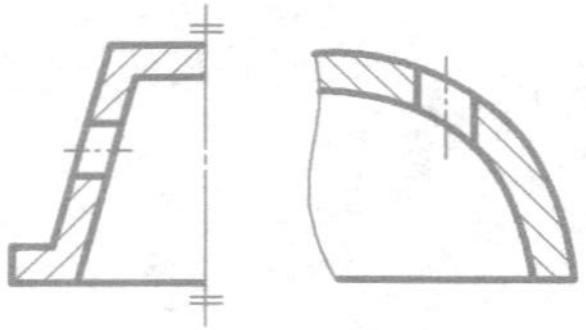

____

⑦

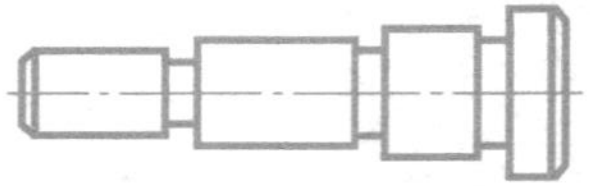

____

⑧

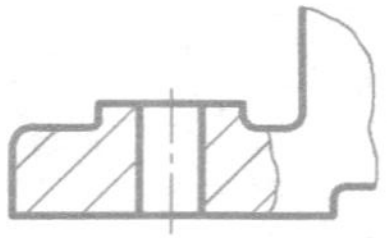

____

10-3　判断下列关于零件图尺寸标注说法的正误，正确的画√，错误的画×。

① 零件图上一组相关尺寸构成零件尺寸链，标注尺寸时，应将要求不高的一个尺寸空下来不注，避免形成封闭尺寸链。______

② 主要尺寸仅指重要的定位尺寸。______

③ 主要尺寸应直接标注，非主要尺寸可按工艺或形体标注。______

④ 两零件之间的相关尺寸，其基准和标注方法应一致。______

⑤ 零件图标注尺寸的要求是正确、完整、清晰、合理。______

⑥ 必须分析清楚零件在装配体中的功能及装配关系，才能合理标注零件的尺寸。______

⑦ 标注尺寸时不必考虑是铸造面还是切削加工面。______

10-4　判断下列结构尺寸标注的正误，正确的画√，错误的画×。

①
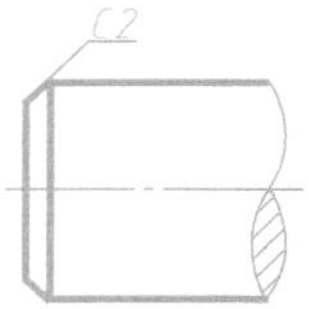

______

②
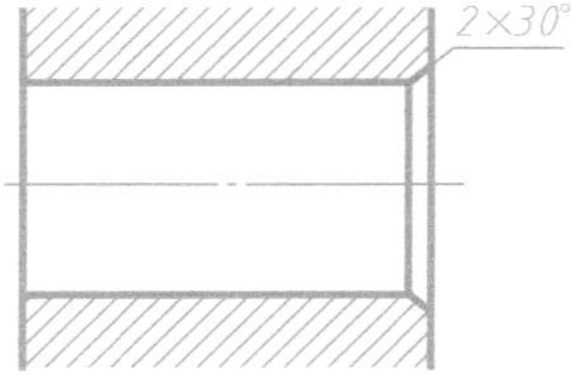

______

③
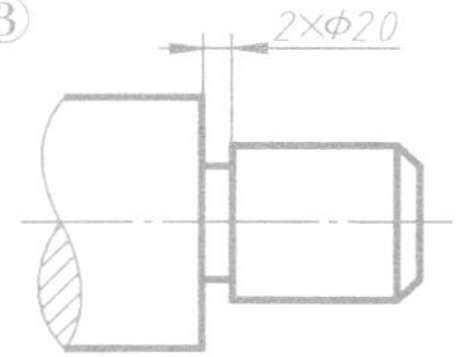

______

④

______

⑤
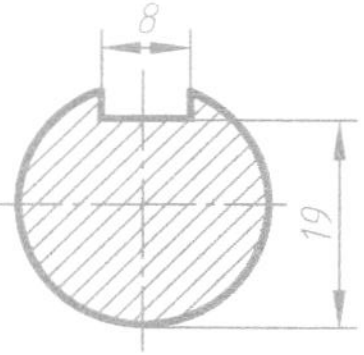

______

⑥
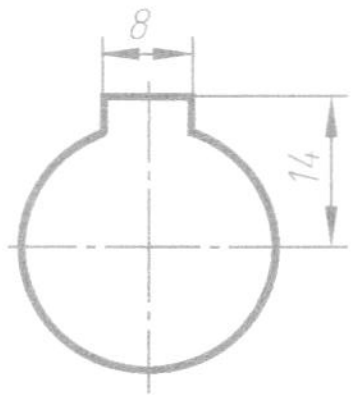

______

⑦
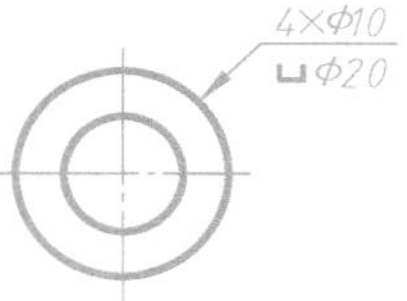

______

⑧
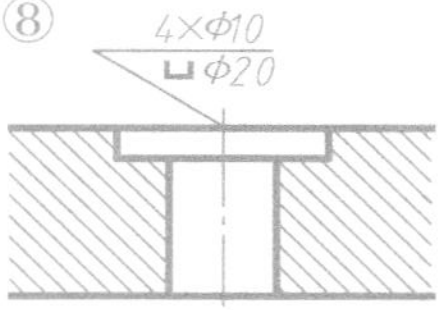

______

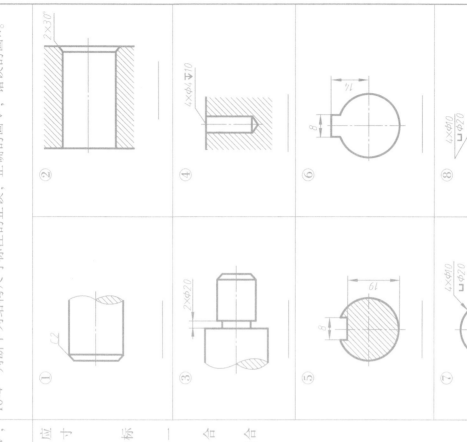

班级：　　　学号：　　　姓名：

10-5　抄画零件图并注全尺寸，尺寸数值按 1 : 1 的比例从图中量取，并取整，螺纹均为普通细牙螺纹，右旋，螺距为 1mm，未注圆角 $R2$。

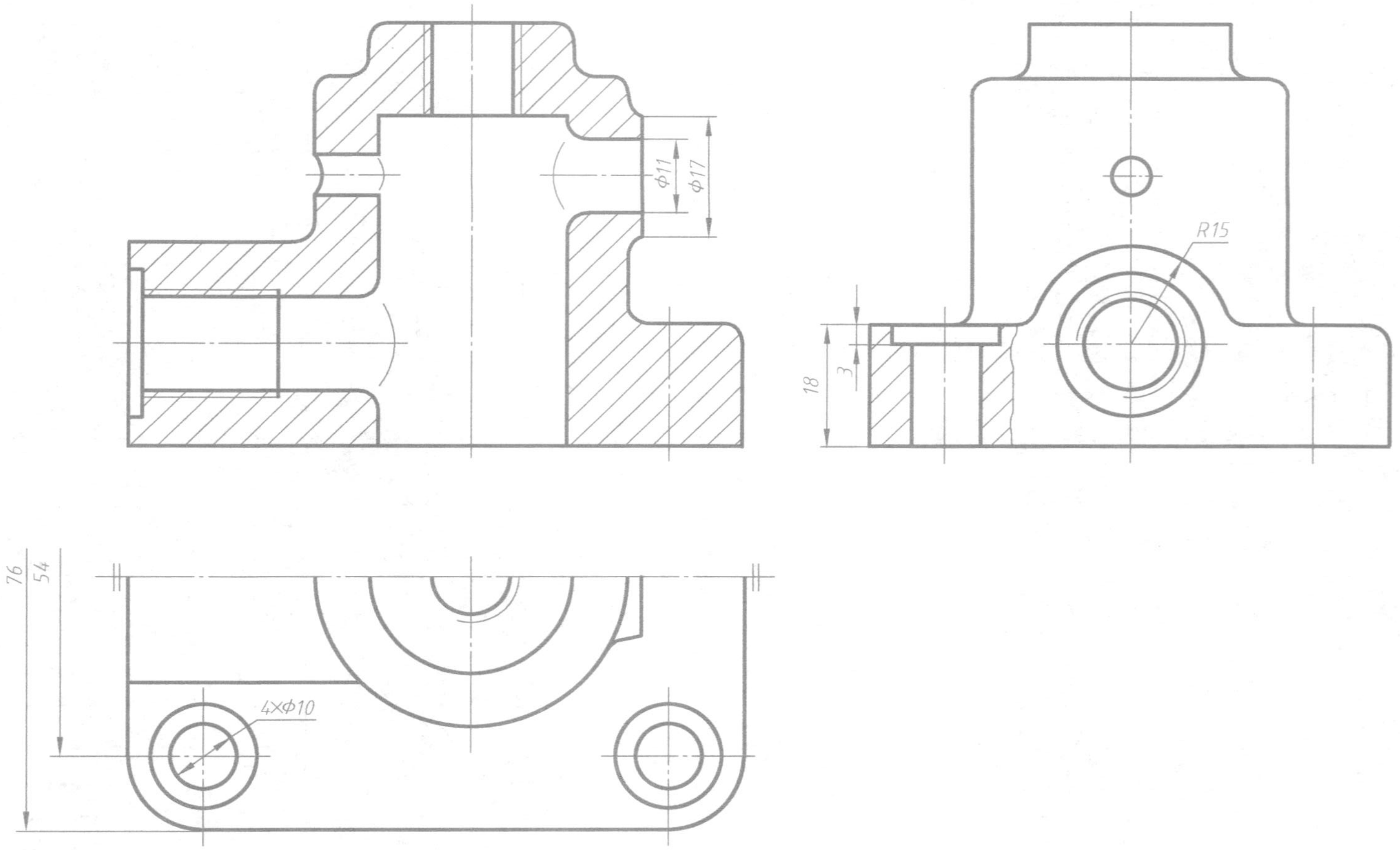

班级：　　　　学号：　　　　姓名：

10-6　抄画零件图并注全尺寸，尺寸数值按 1∶1 的比例从图中量取，并取整，螺纹均为普通细牙螺纹，右旋，螺距为 1mm。

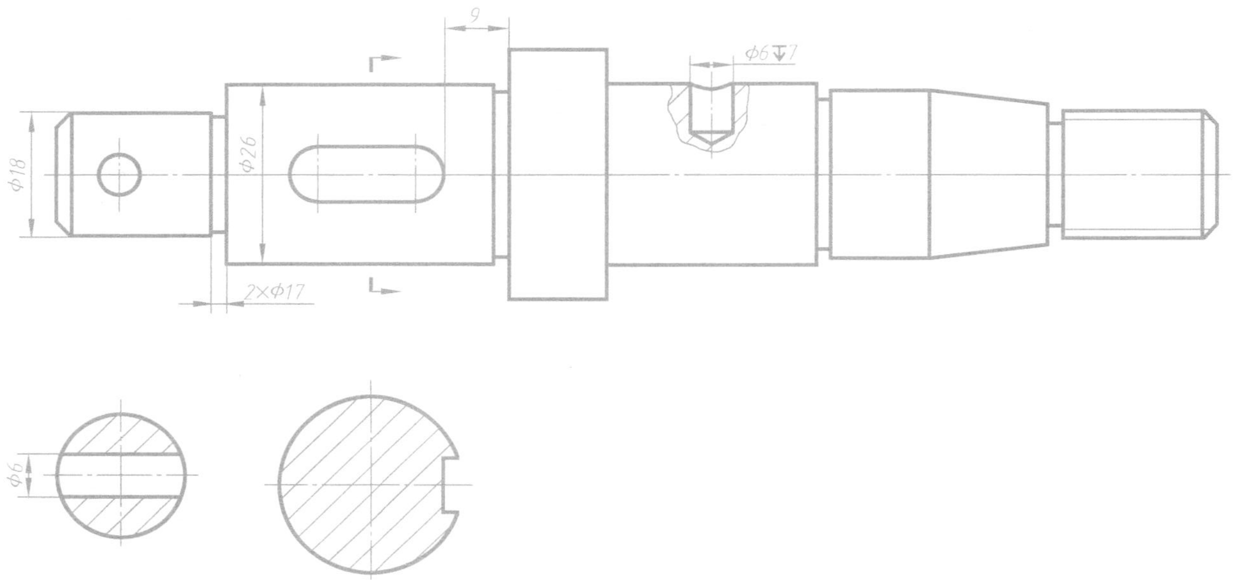

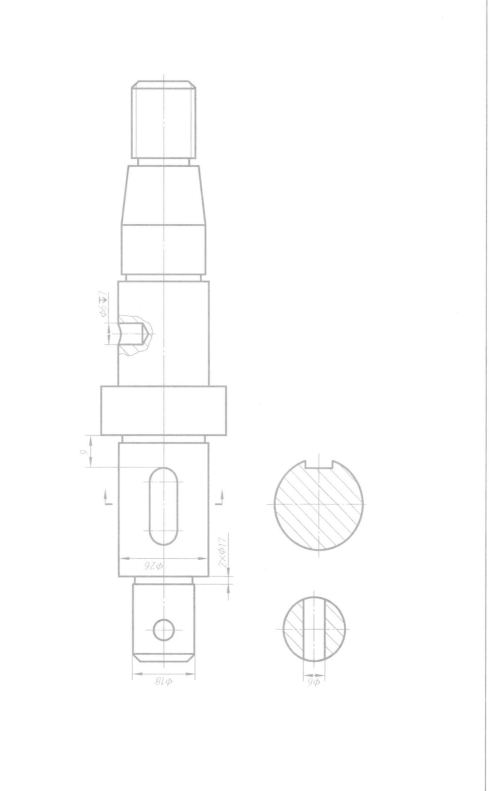

班级：　　　　学号：　　　　姓名：

10-7　注全零件图的尺寸，尺寸数值按 1 : 1 的比例从图中量取，并取整，螺纹均为普通细牙螺纹，右旋，螺距为 1mm，未注圆角 $R2$。

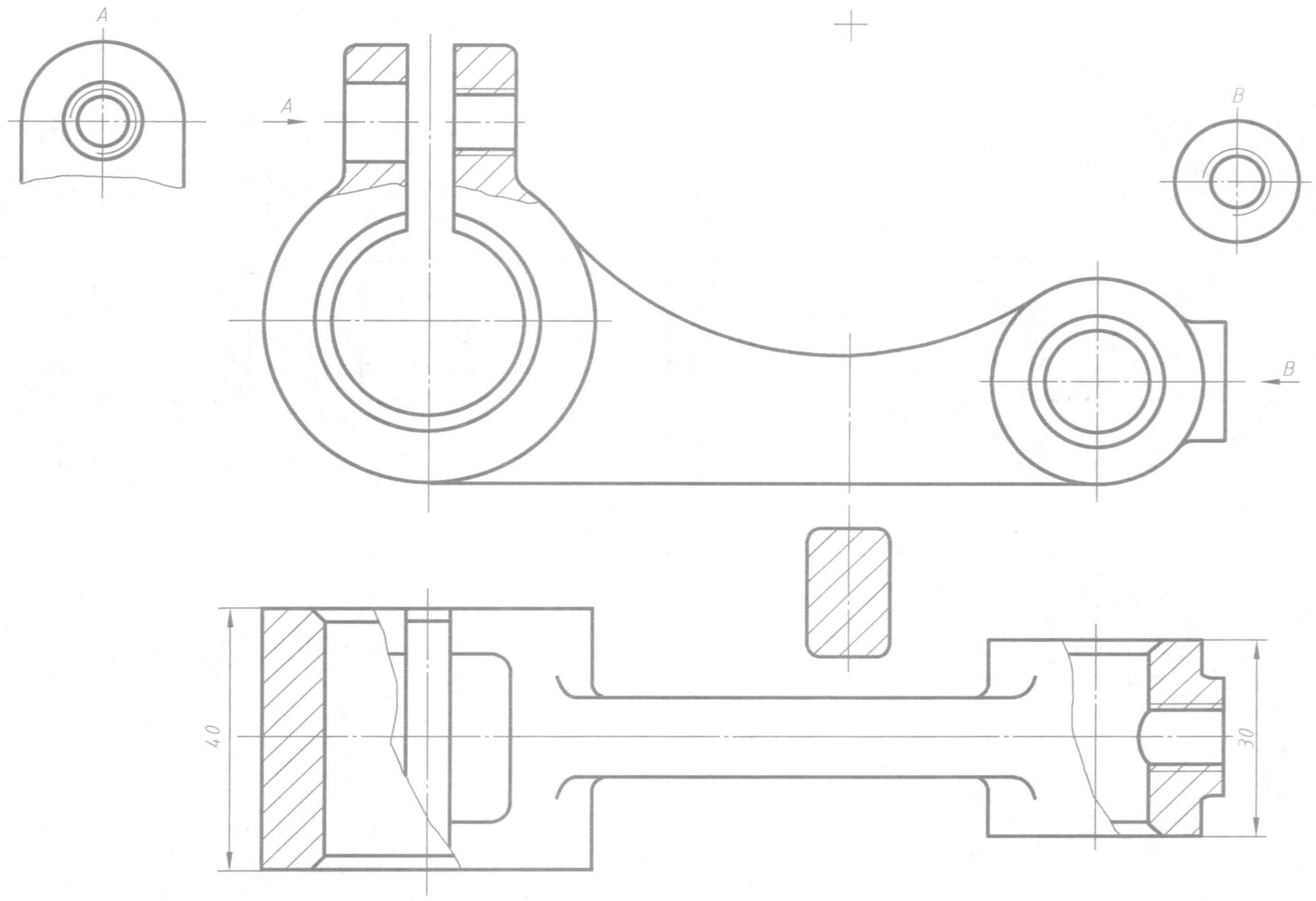

10-8　将图中不同表面的表面粗糙度符号或 *Ra* 值正确地标注在下图里。

表面	表面粗糙度符号或 *Ra* 值
A	√○
B	*Ra*3.2
C	*Ra*1.6
D	*Ra*6.3
其余	*Ra*12.5

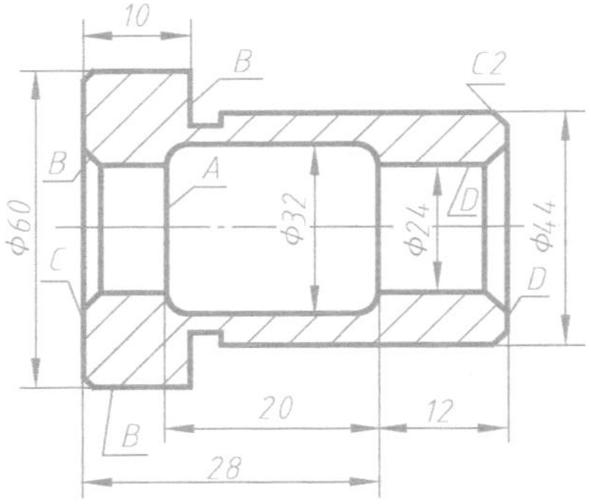

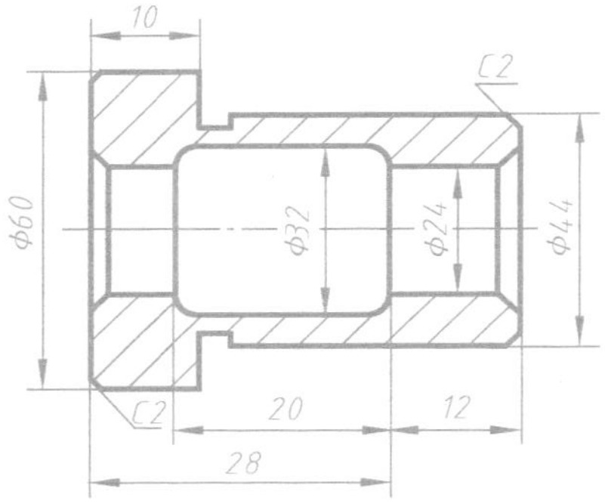

10-9　判断左图中表面粗糙度标注是否正确，并在右图中正确地标注出来。

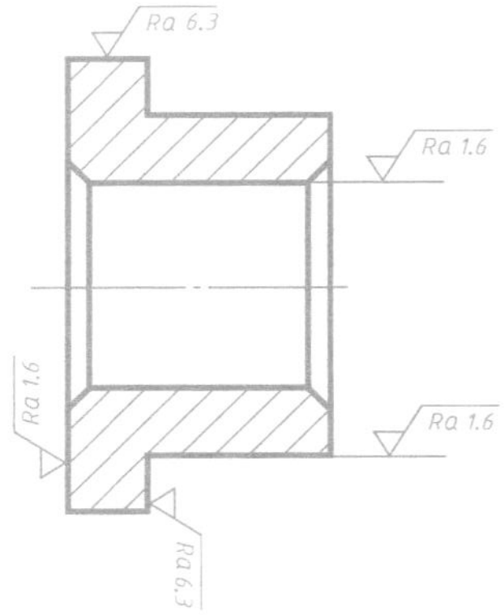

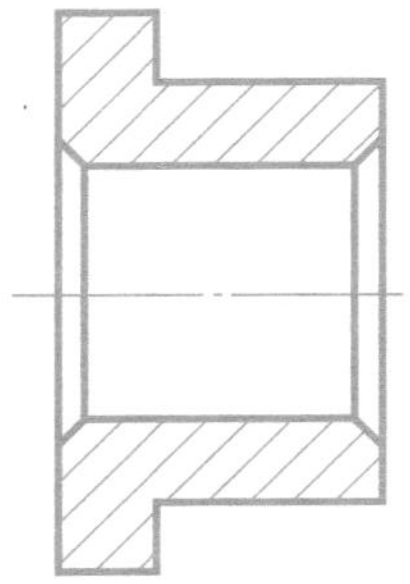

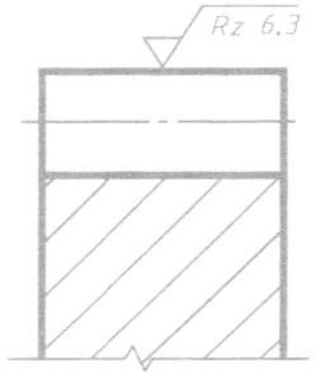

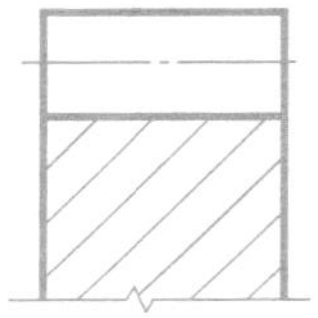

班级：　　　　学号：　　　　姓名：

10-10　完成下图表面粗糙度的标注。

① M42 螺纹的 *Ra* 值为 3.2μm，ϕ15 小孔表面的 *Ra* 值为 6.3μm，ϕ36 大孔表面和 ϕ74 圆柱面的 *Ra* 值为 12.5μm，其余表面的 *Ra* 值为 25μm。

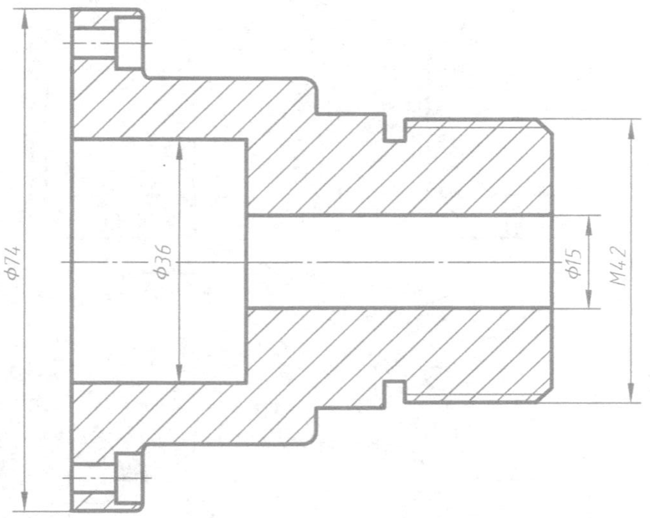

② 所有表面的表面粗糙度要求相同，*Ra* 值均为 6.3μm。

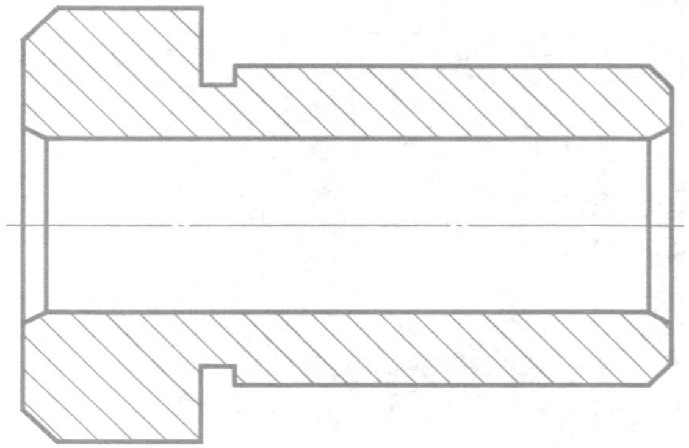

10-10　完成下图表面粗糙度的标注。(续)

③ ϕ24 圆柱面的 *Ra* 值为 3.2μm，ϕ18 孔表面的 *Ra* 值为 1.6μm，其余表面的 *Ra* 值为 6.3μm。

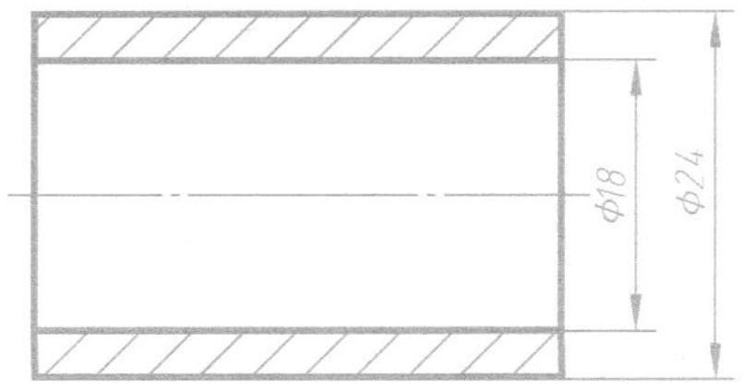

④ 轴的左、右端面的 *Ra* 值为 12.5μm，其余表面的 *Ra* 值为 3.2μm。

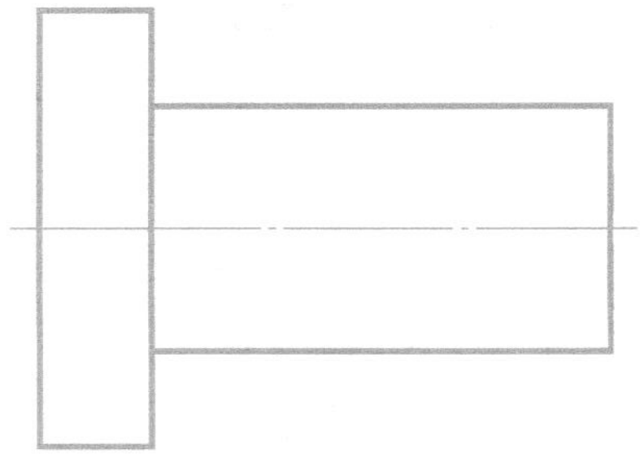

⑤ 底面的 *Ra* 值为 6.3μm，ϕ12、ϕ22 孔表面的 *Ra* 值为 3.2μm，其余表面的 *Ra* 值为 12.5μm。

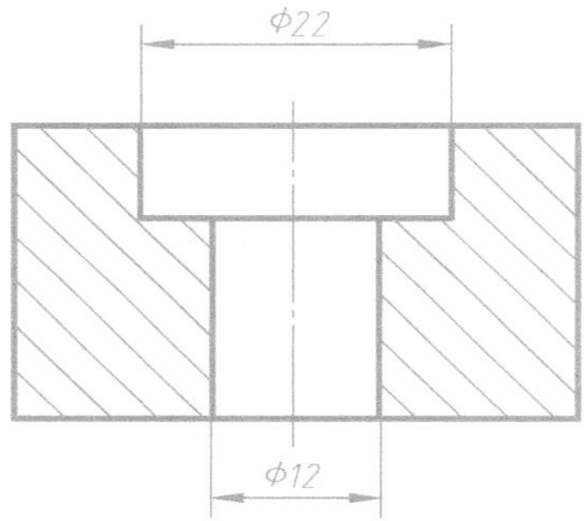

⑥ 所有表面的 *Ra* 值均为 3.2μm。

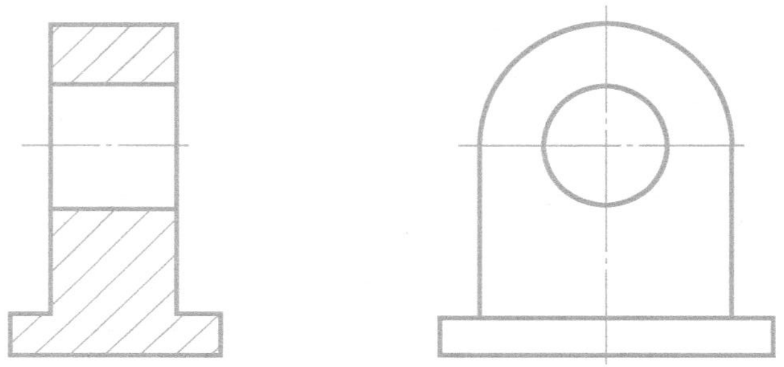

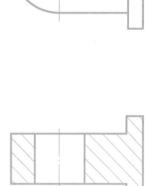

10-11　将装配图上给定的尺寸和配合代号分别标注在零件图上。

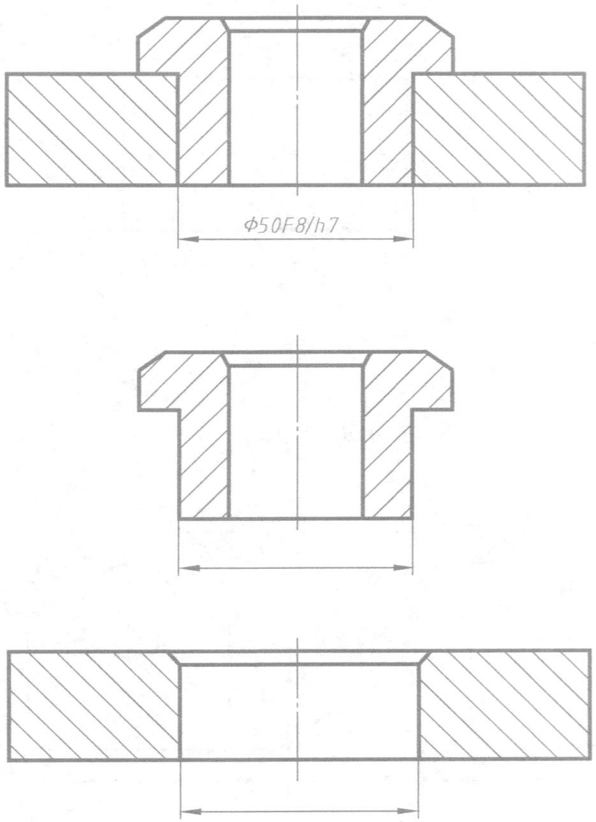

10-12　填空并在图中进行标注。

① ϕ5H7/n6 中，ϕ5 是________尺寸，H7 是________公差带代号，n6 是________公差带代号，________配合。

② 轴与齿轮孔的公称尺寸是 ϕ30mm，孔的公差带代号为 K7，轴的公差带代号为 n6，分别标注到各零件图上。

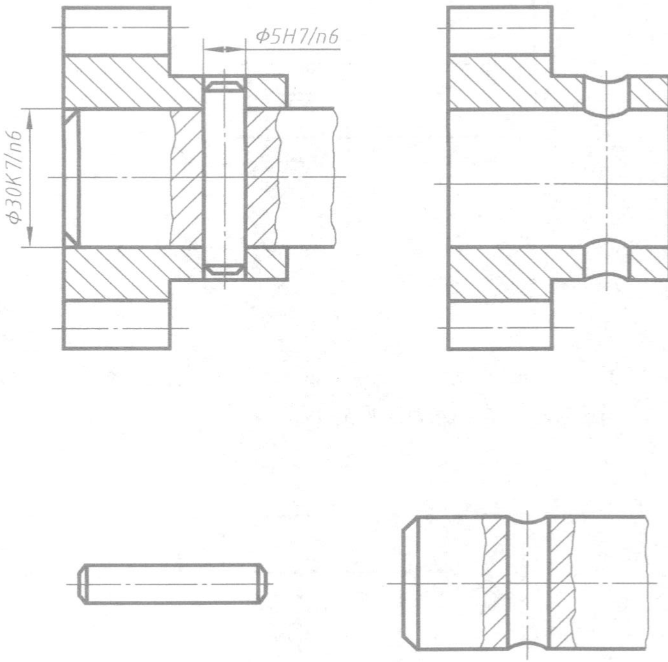

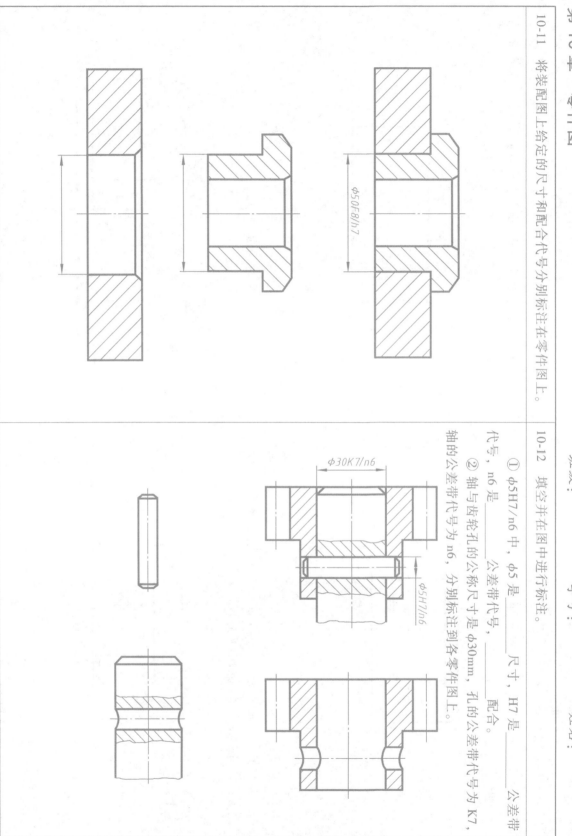

　班级：　学号：　姓名：

10-13　判断下列配合的基准制和配合种类，并在图上标出公称尺寸和偏差数值（查表）。

①

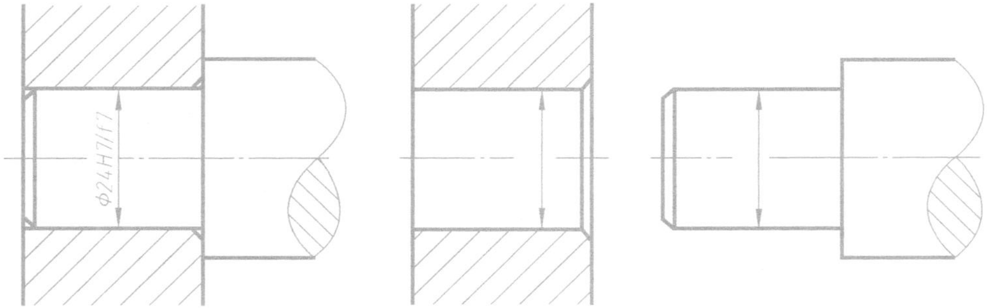

ϕ24H7/f7 是基________制________配合。

②

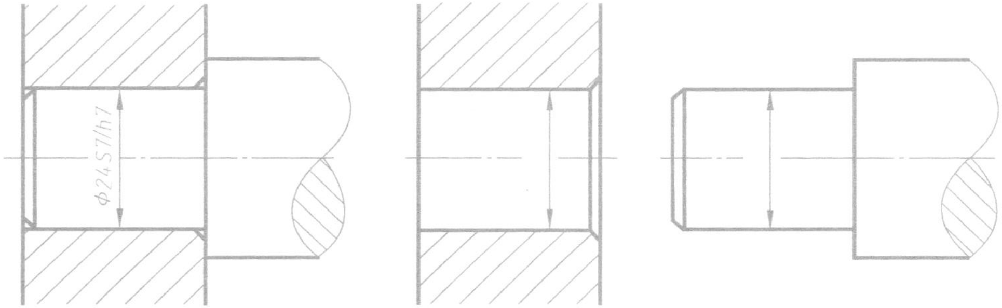

ϕ24S7/h7 是基________制________配合。

10-14　已知下列零件各表面加工要求，将几何公差代号标注在图中。

① ϕ24 圆柱面轴线的直线度公差为 ϕ0.025mm，ϕ24 圆柱面对 ϕ10 孔表面的同轴度公差为 ϕ0.012mm。

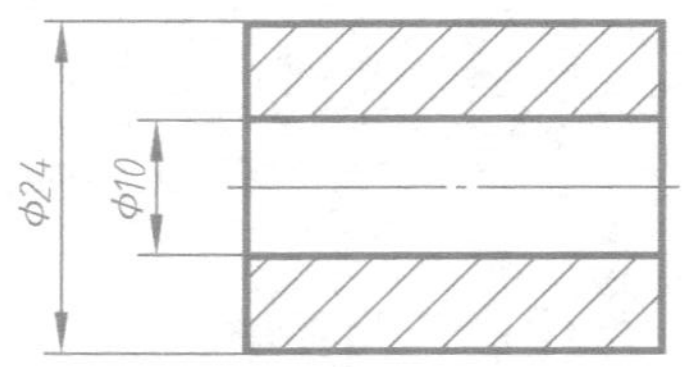

② 四棱柱顶面的平面度公差为 0.05mm，顶面对底面的平行度公差为 0.025mm。

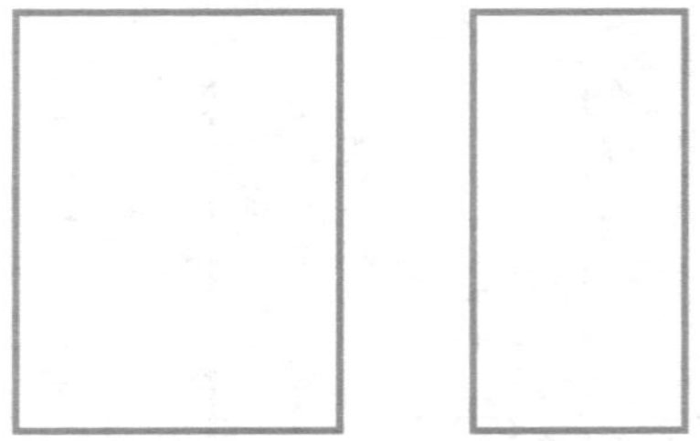

③ ϕ24 圆柱面轴线对 ϕ18 孔表面的轴线垂直度公差为 0.025mm。

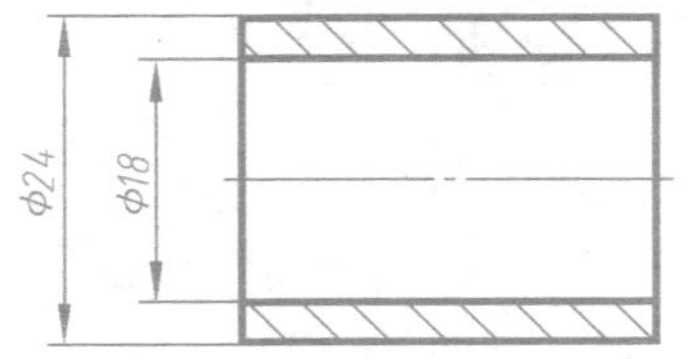

④ ϕ12 孔表面的圆柱度公差为 0.04mm。

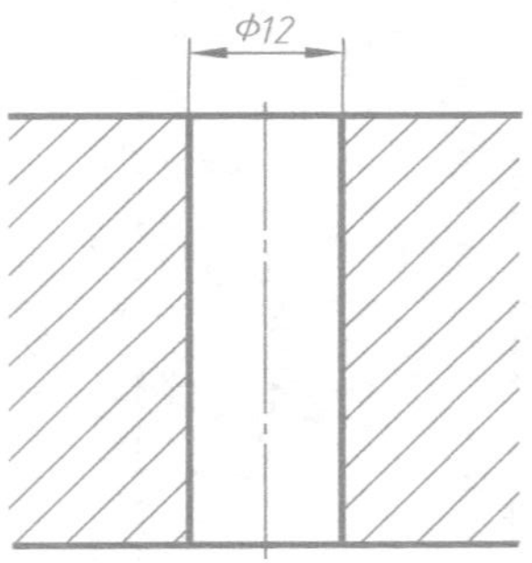

10-15　在零件图中标注下列几何公差。

① $\phi42g6$ 圆柱面对 $\phi31H8$ 内圆柱面的同轴度公差为 $\phi0.02$mm；64JS12 左端面对 42JS12 左端面的平行度公差为 0.02mm。

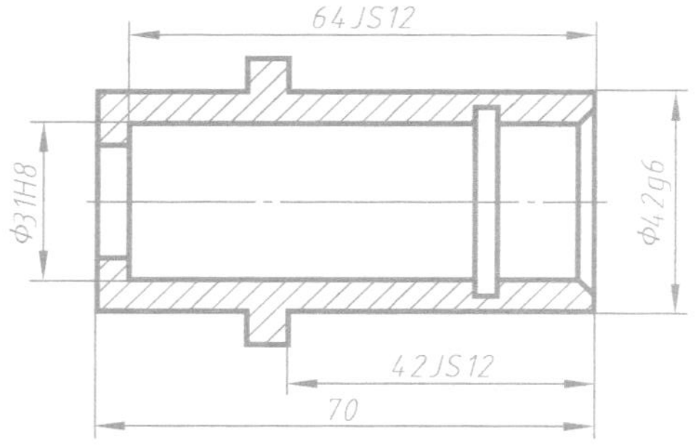

② 上端面对下端面的平行度公差为 0.05mm；$\phi40h13$ 圆柱面对 $\phi20.4H7$ 内圆柱面的同轴度公差为 $\phi0.02$mm。

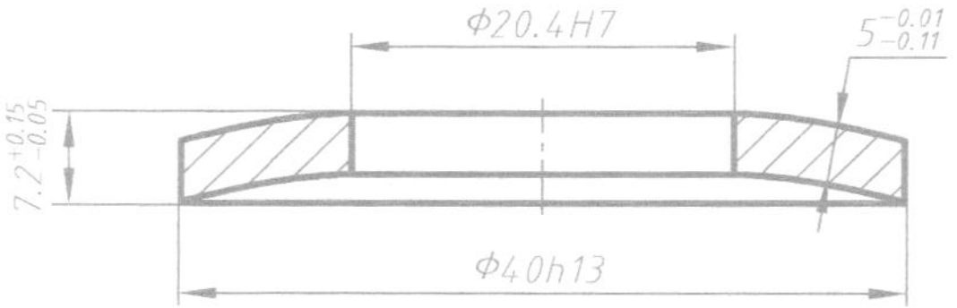

③ 大径 $\phi18$ 的内圆锥面对 $\phi26f6$ 圆柱面的同轴度公差为 $\phi0.15$mm；$\phi26f6$ 圆柱面的圆柱度公差为 0.011mm。

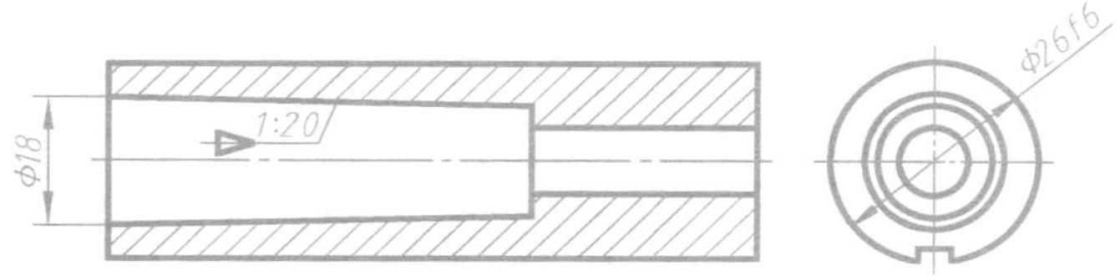

④ 左端面对 $\phi80_{-0.014}^{\ 0}$ 内圆柱面轴线的垂直度公差为 0.015mm；$\phi80_{-0.014}^{\ 0}$ 内圆柱面的圆柱度公差为 0.006mm；右端面对左端面的平行度公差为 0.05mm。

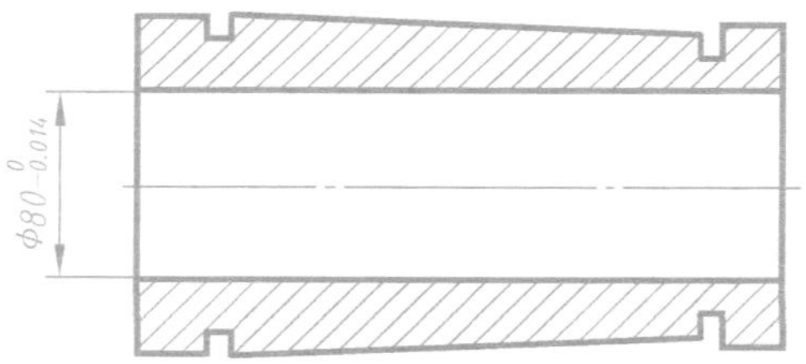

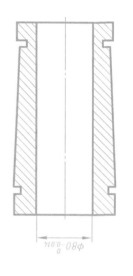

10-16 读底座零件图，在 155 页画出其主视图外形图、D 向局部视图，并回答问题。

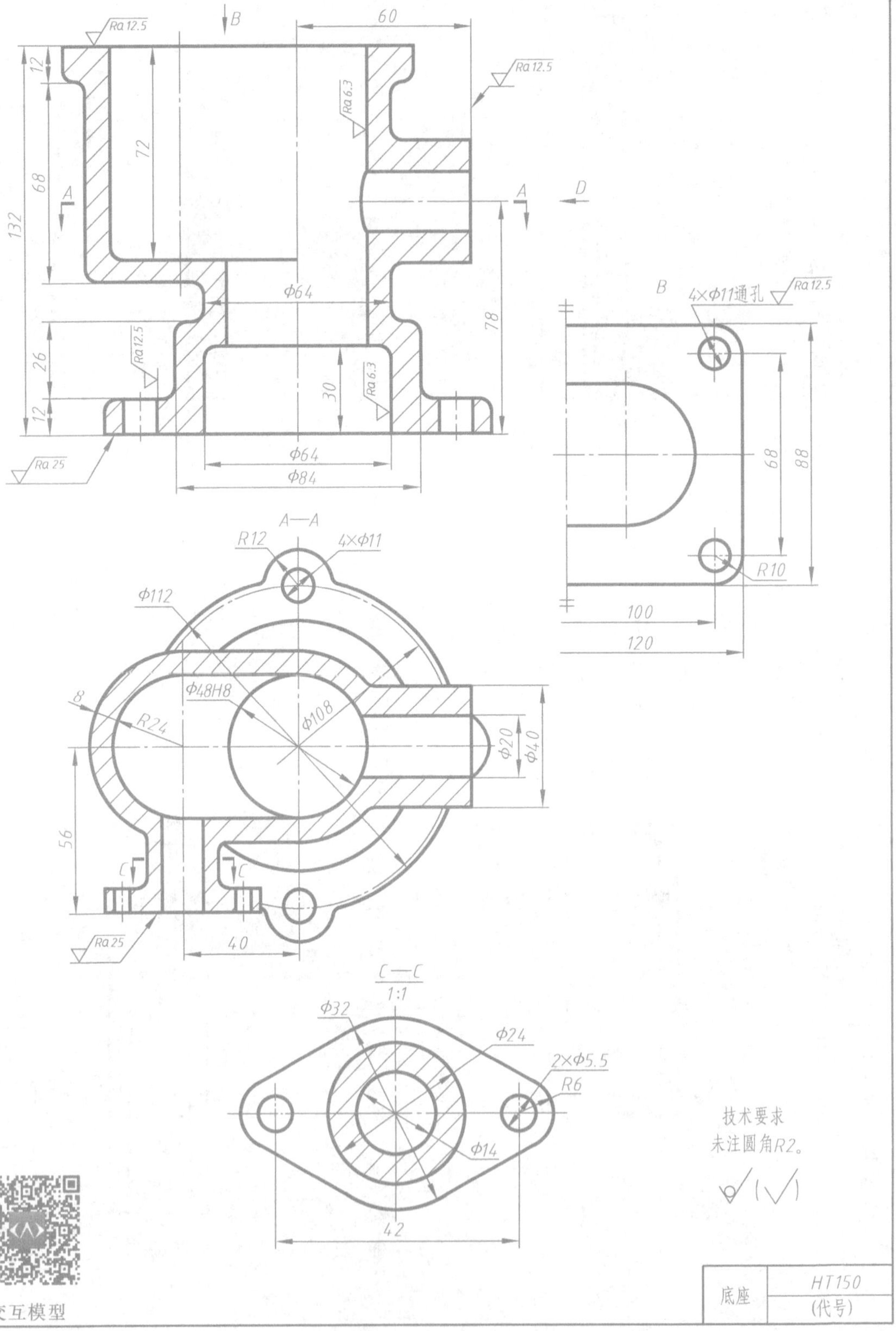

10-16　读底座零件图，在 155 页画出其主视图外形图、D 向局部视图，并回答问题。（续）

① 零件的名称为________，零件的材料为________。

② B 向视图采用了________的________画法。

③ $C—C$ 为________图，绘图比例为________，其他三个图形绘图比例为________。

④ 零件上 $\phi11$ 孔共有________个，它们的定位尺寸分别是________、________和________。

⑤ 零件上 $\phi20$ 孔的定位尺寸分别是________和________。

⑥ 零件底面表面粗糙度 Ra 值为________，零件顶面表面粗糙度 Ra 值为________。

⑦ 零件未标注表面的表面结构要求为________。

⑧ 在右侧指定位置画出零件主视图外形图及 D 向局部视图。

10-17　读套筒零件图，画出 *D* 向视图，并在 157 页回答问题。

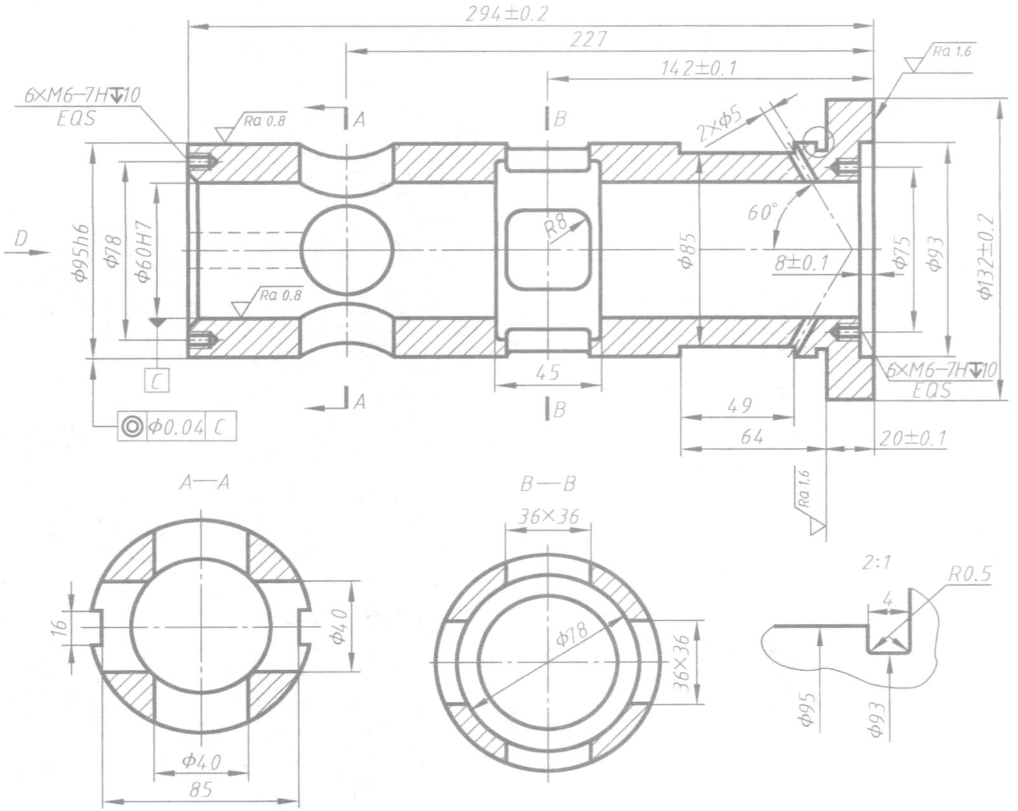

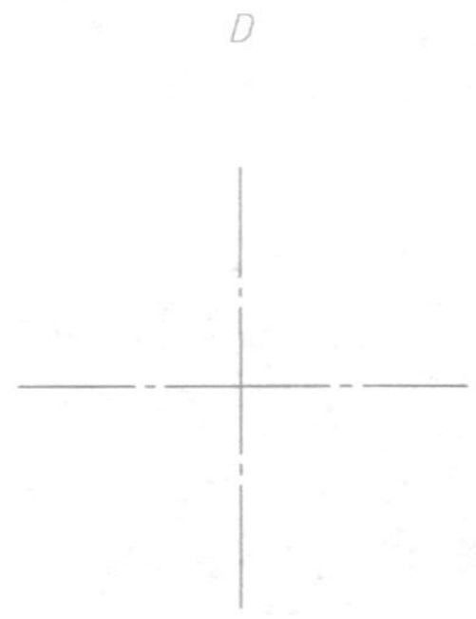

技术要求

1.锐边倒钝，未注倒角C2。

2.全部螺纹孔未注倒角C1。

3.未注圆角R2。

Ra 12.5 (√)

套筒	45	
	(代号)	

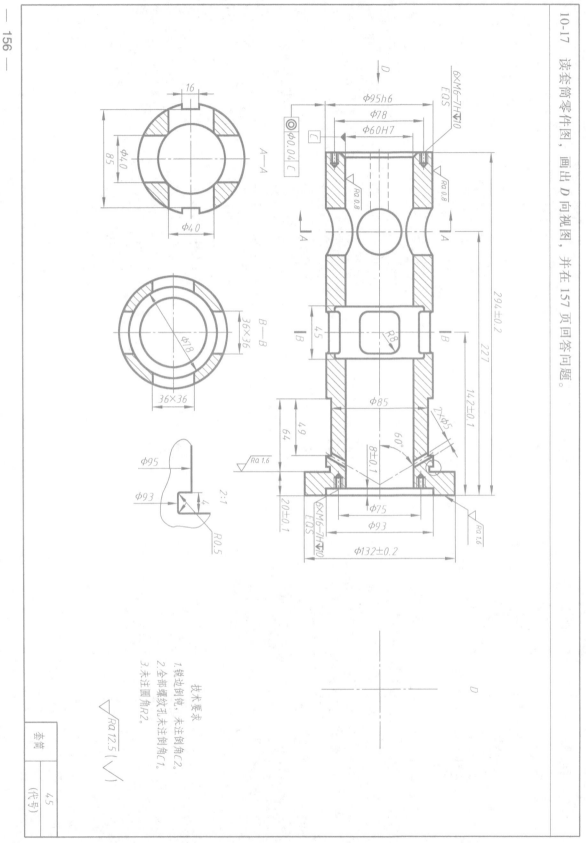

10-17　读套筒零件图，画出 D 向视图，并在 157 页回答问题。(续)

① 该零件的名称为________，材料为________，绘图比例为________。

② A—A 视图、B—B 视图为________图。

③ 该零件除了主视图、A—A 视图、B—B 视图外，还采用了________图表达零件局部的结构和尺寸。

④ 零件上 M6 的孔共有________个，它们的定位尺寸分别是________和________。

⑤ 零件上 $2\times\phi5$ 孔的定位尺寸分别是________和________。

⑥ 轴线竖直的孔有________种，一种是尺寸为________的________孔，一种是尺寸为________的________孔。

⑦ 零件上有________处退刀槽，其尺寸分别是________、________、________。

⑧ 零件上表面结构要求最高的表面粗糙度 Ra 值为________，表面结构要求最低的表面粗糙度 Ra 值为________。

⑨ 零件上尺寸为________的________有几何公差要求，其相对于基准________的________公差为________。

⑩ 基准 C 是尺寸为________的________。

10-18　读托架零件图，在 159 页画出其左视图外形图并回答问题。

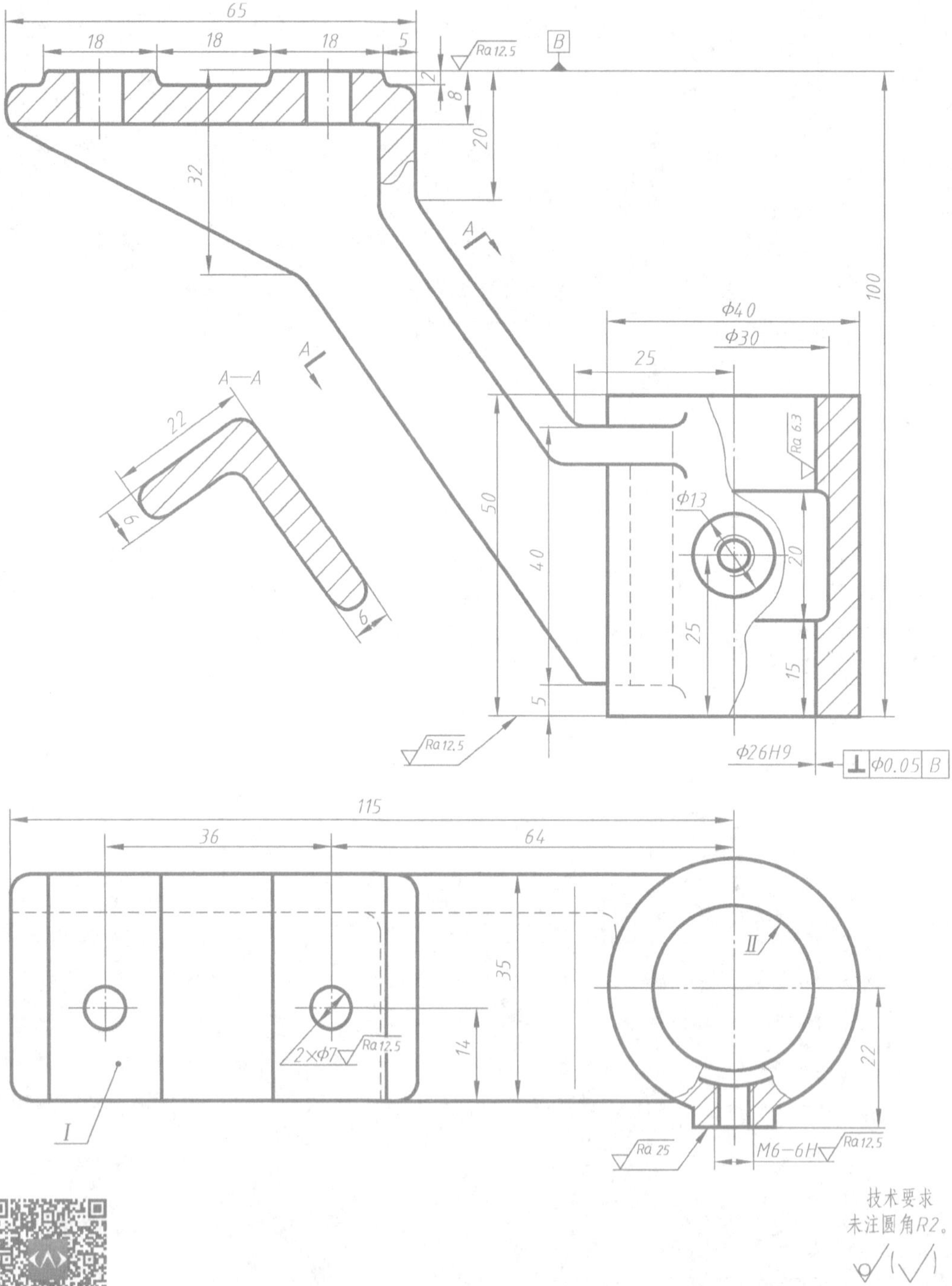

技术要求
未注圆角R2。

托架	HT150
	(代号)

交互模型

班级：

学号：

姓名：

10-18　读托架零件图，在 159 页画出其左视图外形图并回答问题。（续）

① 主视图________处采用了________的表达方法。

② $A—A$ 为________图。

③ $2\times\phi7$ 的定位尺寸分别为________、________、________。

④ 说明 M6-6H 的含义：M6 表示____________________，6H 表示____________________。

⑤ 零件上 M6-6H 孔的定位尺寸分别是________和________。

⑥ 面 Ⅰ 的表面粗糙度 Ra 值为____________，面 Ⅱ 的表面粗糙度 Ra 值为____________。

⑦ 零件未标注表面的表面结构要求为__________________。

⑧ 零件上尺寸为________的________有几何公差要求，其相对于基准________的________公差为________。

⑨ 基准 B 的位置是零件的________。

⑩ 在右侧指定位置画出零件左视图外形图。

10-19　根据轴的立体图，选择合适的表达方案，画出零件图。

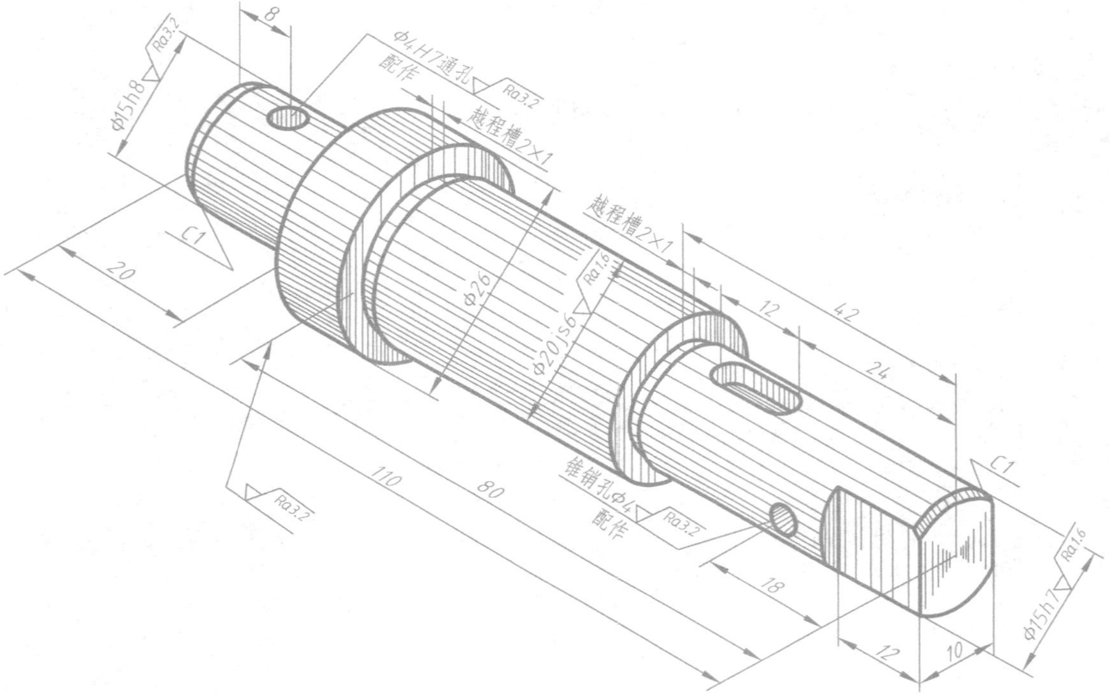

交互模型

轴	45
	(代号)

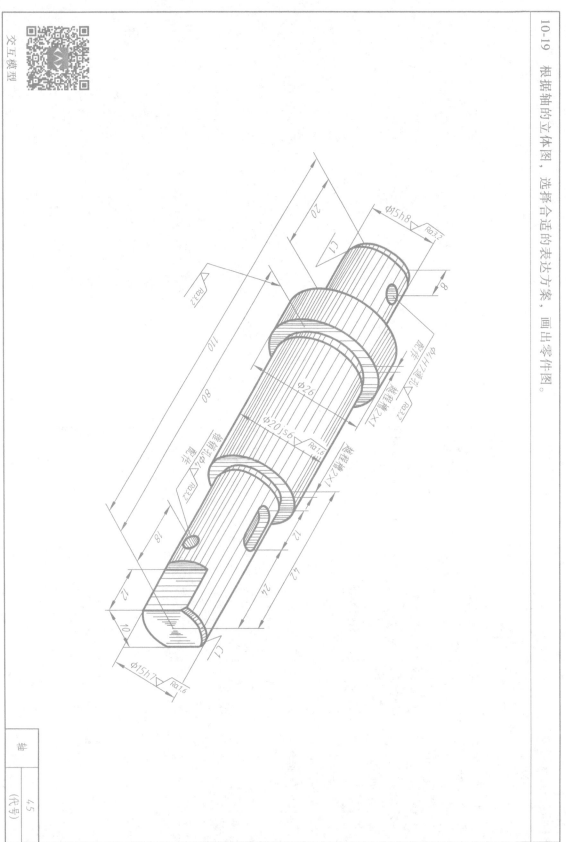

班级：　　学号：　　姓名：

10-20　根据带螺纹轴的立体图，选择合适的表达方案，画出零件图。

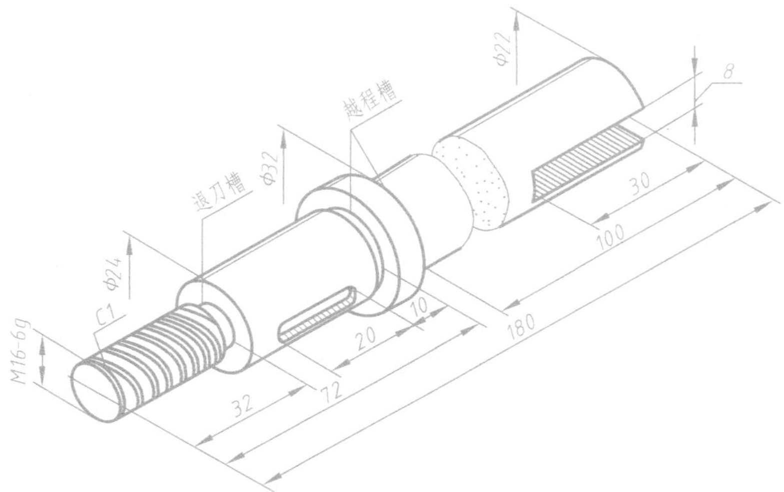

轴	45	
	(代号)	

10-21　根据机匣盖的立体图，选择合适的表达方案，画出零件图。

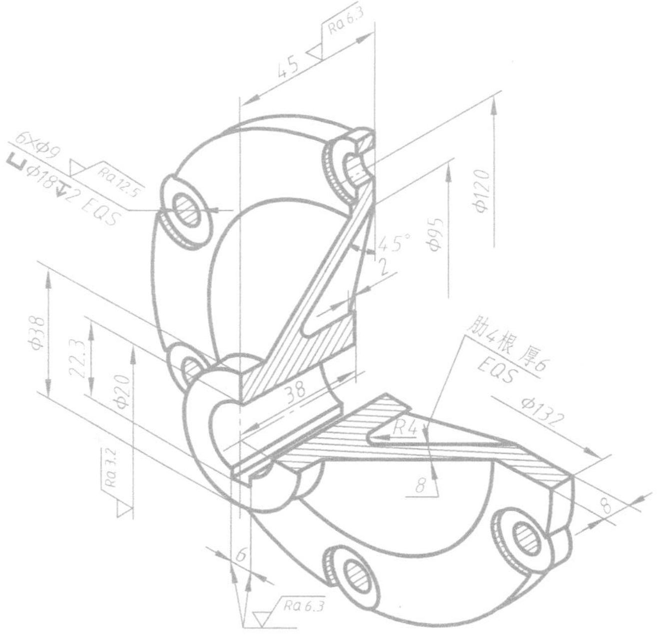

交互模型

机匣盖	HT150	
	(代号)	

班级：　学号：　姓名：

10-22　根据阀体的立体图，选择合适的表达方案，画出零件图。

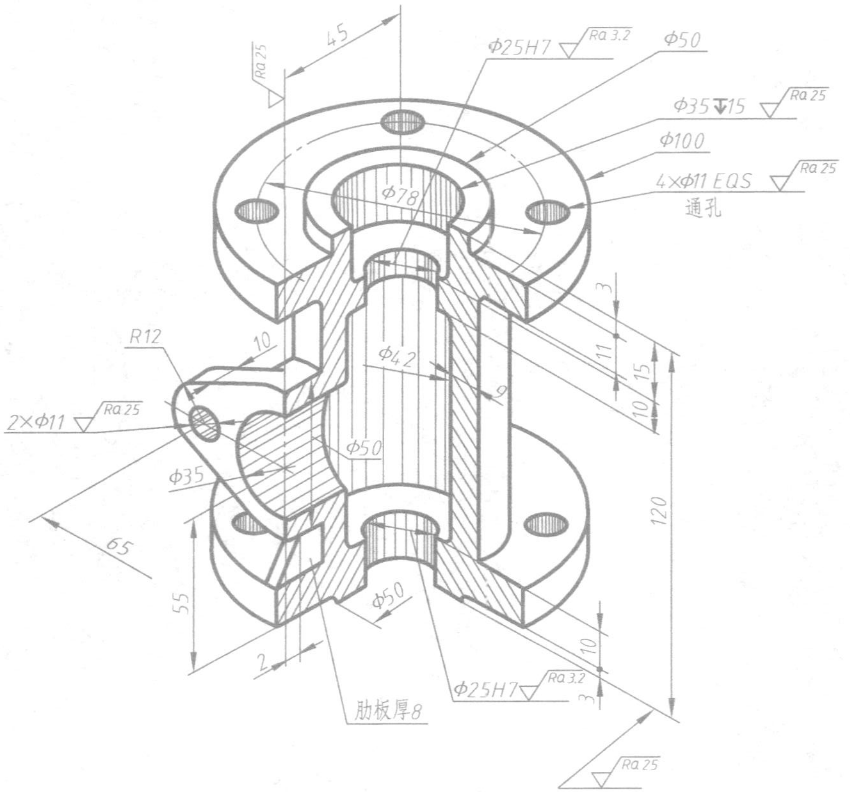

阀体		HT150
		(代号)

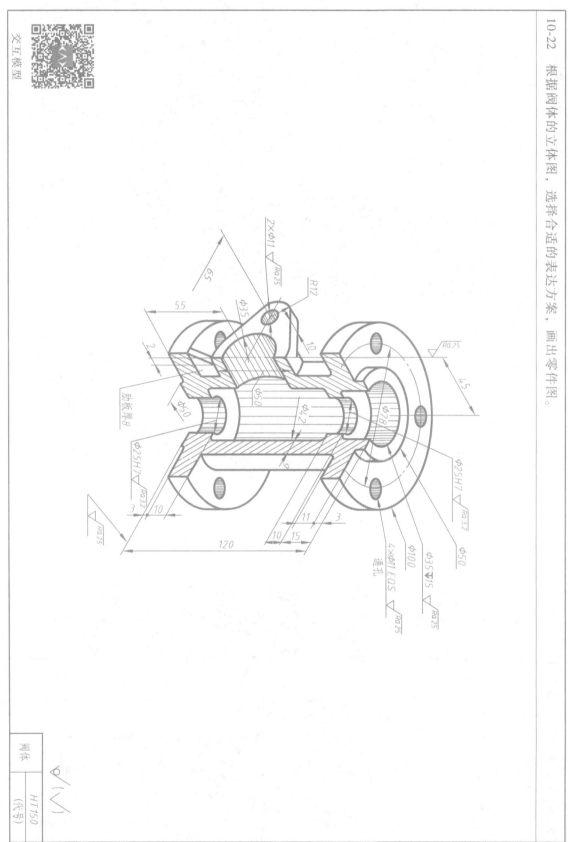

班级：　　　　学号：　　　　姓名：

10-23　根据机架体的立体图，选择合适的表达方案，画出零件图。

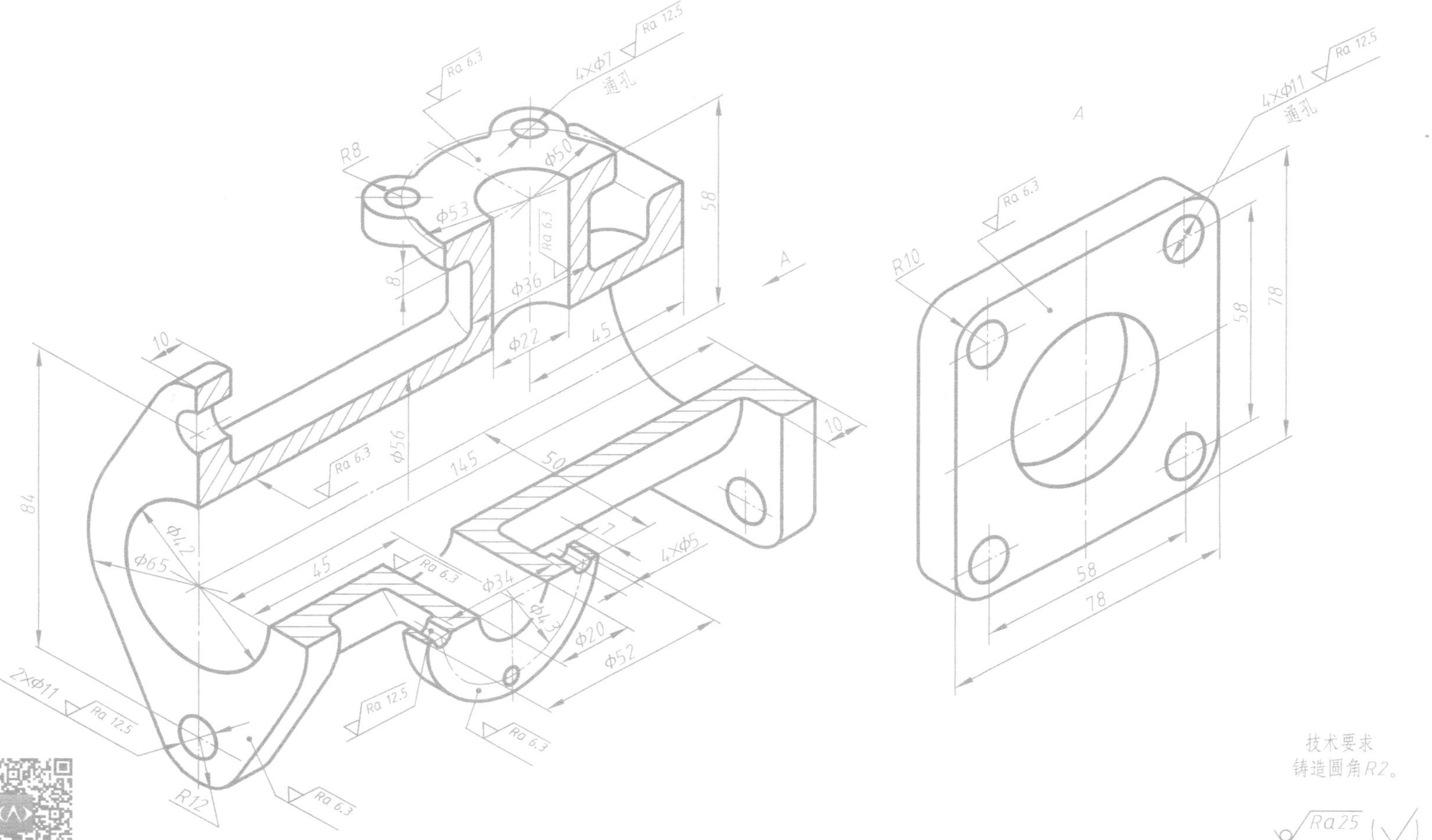

技术要求
铸造圆角R2。

$\sqrt{Ra25}$ (√)

机架体	HT150
	(代号)

交互模型

10-24　根据支座的立体图，选择合适的表达方案，画出零件图。

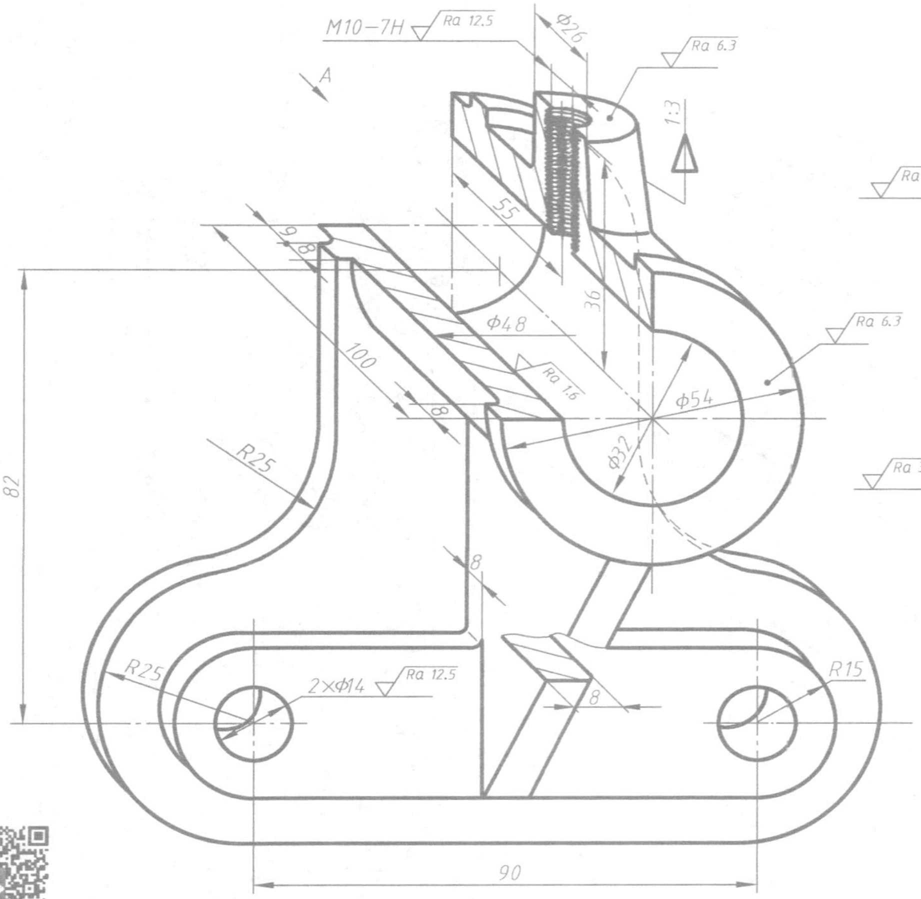

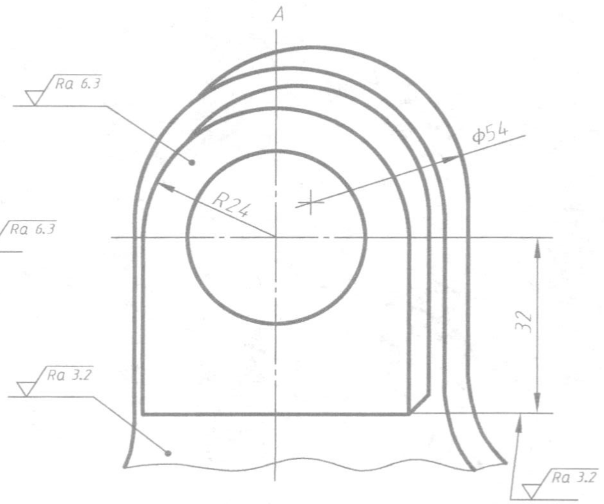

技术要求
铸造圆角R3。

$\sqrt{Ra\ 25}$ (√)

支座	HT150
	(代号)

交互模型

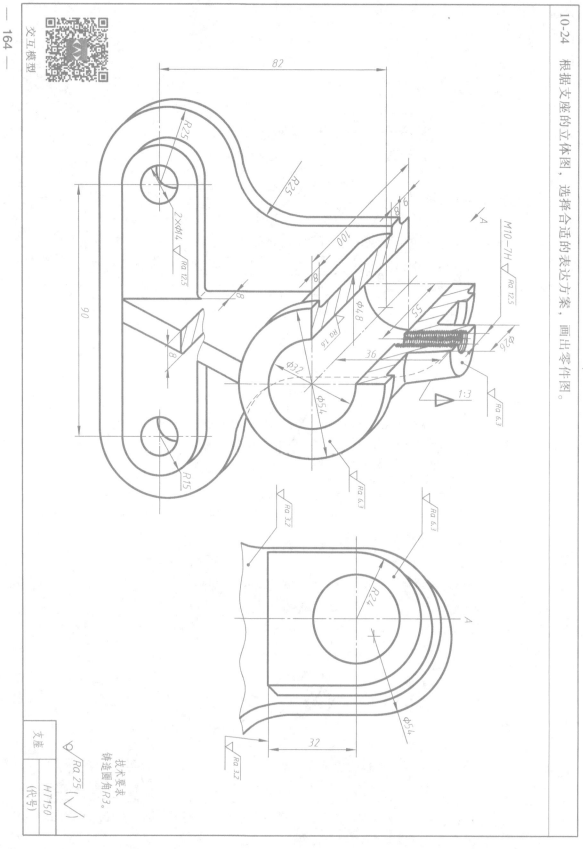

10-25　根据踏架的立体图，选择合适的表达方案，画出零件图。

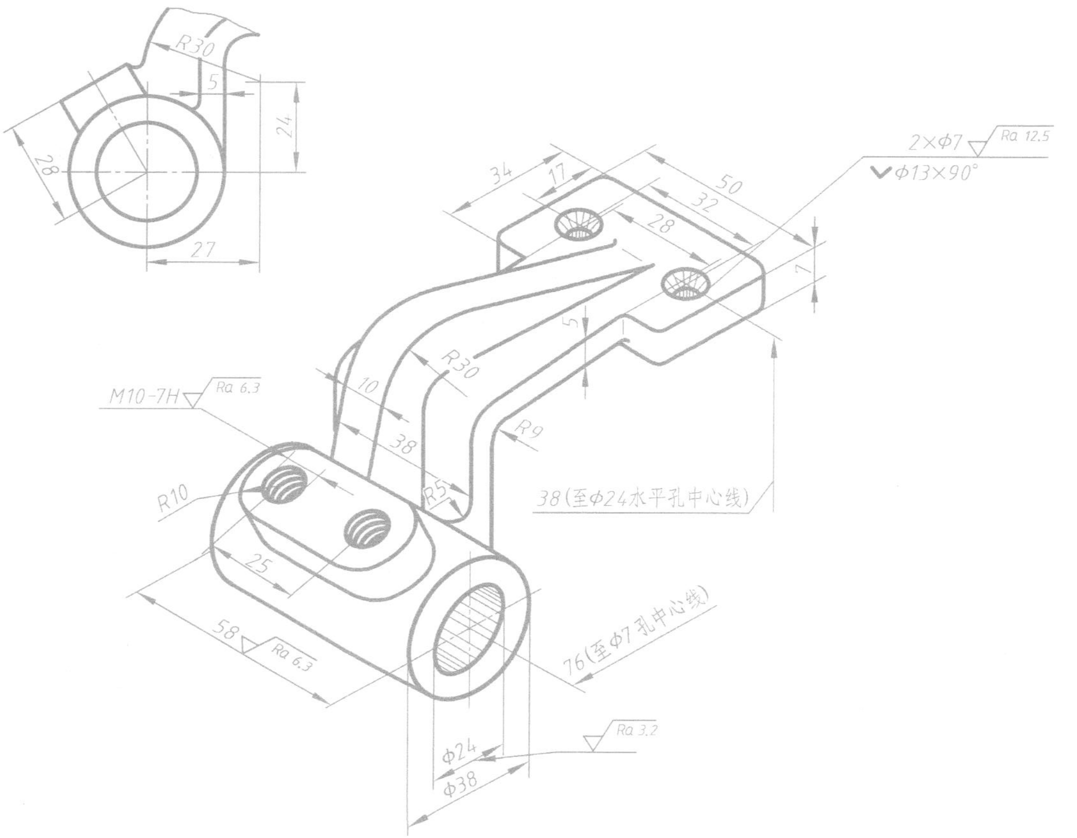

技术要求
铸造圆角R3。

$\sqrt{Ra\ 25}$ (√)

踏架	HT150
	(代号)

交互模型

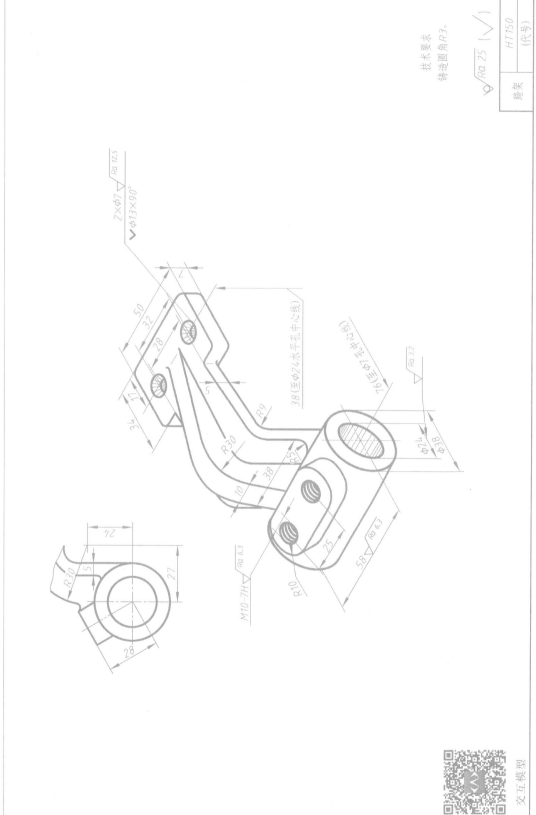

11-1　拼画安全回油阀装配图。

一、工作原理

安全回油阀是安装在发动机供油管路中的一个部件，用于控制油压，使超压的油量安全回流到油箱中。

正常工作时，油从阀体 1 右端孔流入，经下端孔流出。当主油路获得过量油并超过允许的压力时，阀芯 2 因被挤压而抬起，过量的油就从阀体 1 和阀芯 2 开启后的缝隙经阀体 1 左端孔管道流回油箱，从而保证油压保持在规定的范围。

阀芯 2 的启闭由弹簧 5 控制，弹簧压力的大小由阀杆 8 进行调节。阀芯 2 上的螺纹孔是加工工艺孔，在研磨阀芯 2 接触面时旋入一个支承杆，带动阀芯 2 转动，以及在装卸阀芯 2 时用；下端有两个横向小孔，其作用一是快速溢流，二是当拆卸阀芯 2 时，先插入小棒，阻止阀芯 2 转动，便于旋入一支承杆，以提起阀芯 2。

阀体 1 上 $\phi35H7$ 孔有四个凹槽结构，是为了减小加工面和减小阀芯 2 运动时的阻力而设计的。

二、作业要求

1. 阅读安全回油阀的装配示意图，对照读懂各个零件图及阀体 1 的轴测图。
2. 根据阀体 1 的轴测图测绘零件图，画出草图。
3. 按装配示意图所示装配关系画出装配图，要求如下。

（1）采用 A2 图幅、1∶1 比例画图。

（2）选择合适的表达方案，清楚表达零件的装配关系及装配体的结构形状。

（3）标注装配图尺寸。

（4）编写零件序号、填写明细栏。

（5）填写技术要求。

安全回油阀装配示意图

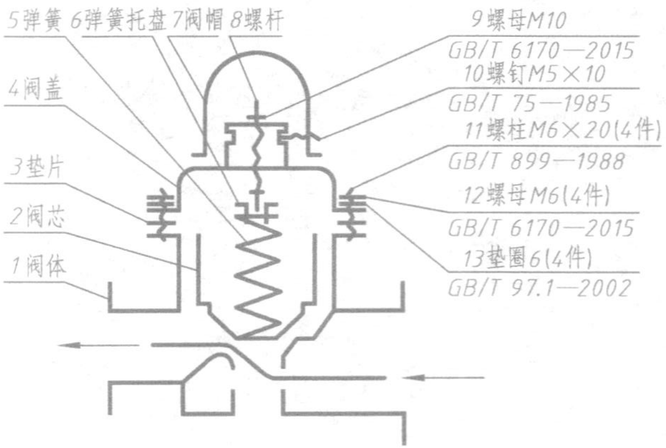

装配图技术要求

1. 阀芯装入阀体时，在自重作用下，能缓慢下降。

2. 安全回油阀装配完成后必须经油压试验，在 140kPa 压力下，各表面无渗漏现象。

3. 调整弹簧，使油路压力在 140～196kPa 时，安全回油阀开始工作。

11-1　拼画安全回油阀装配图。（续）

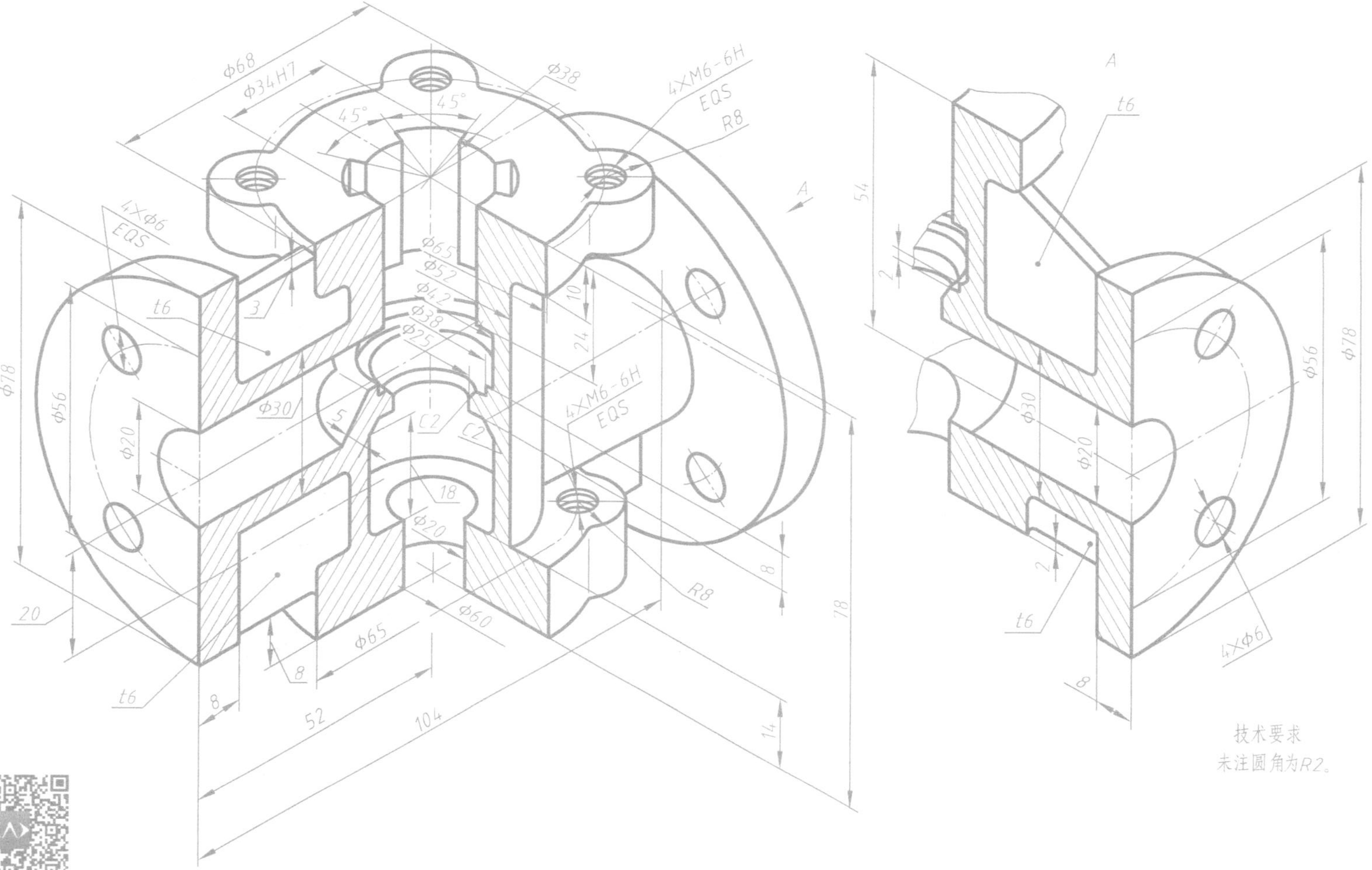

技术要求
未注圆角为$R2$。

阀体	ZL101	
	1	

交互模型

11-1 拼画安全回油阀装配图。（续）

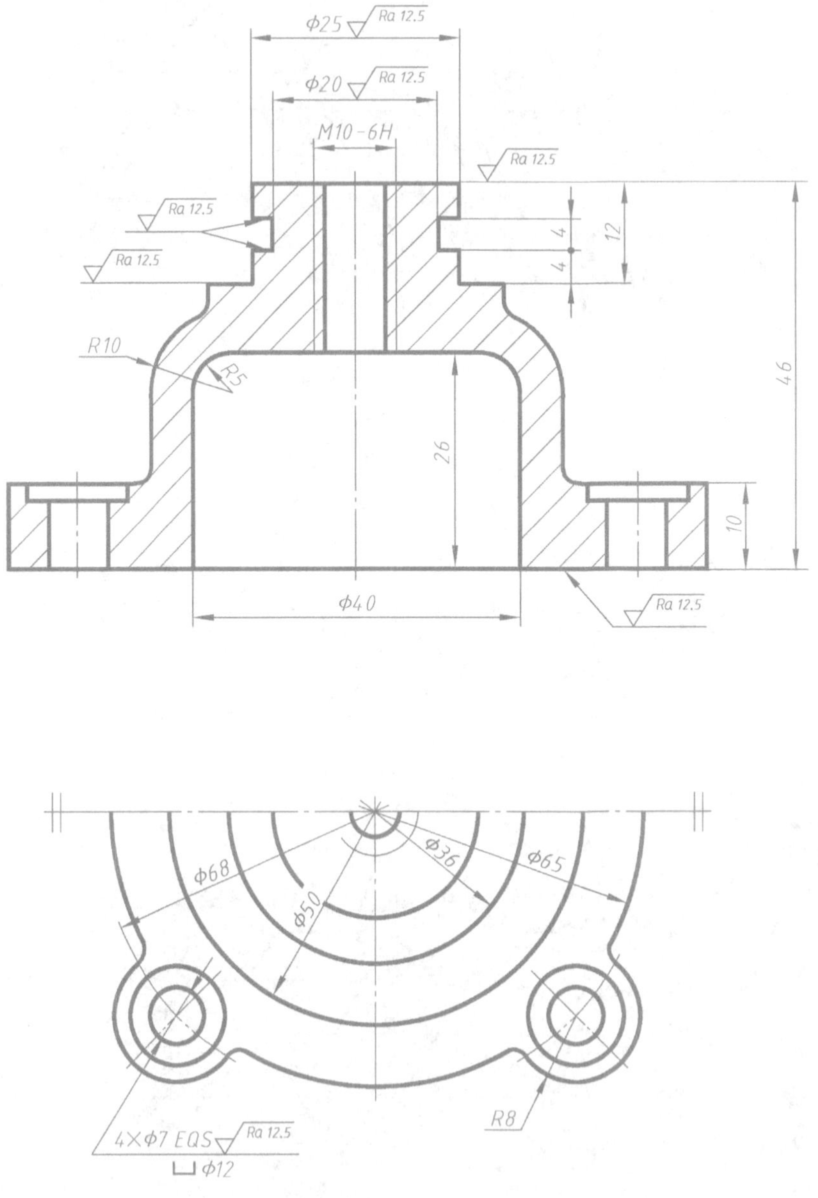

技术要求
未注圆角均为R2。

阀盖	ZL101	
	4	

班级：

学号：

姓名：

11-1　拼画安全回油阀装配图。（续）

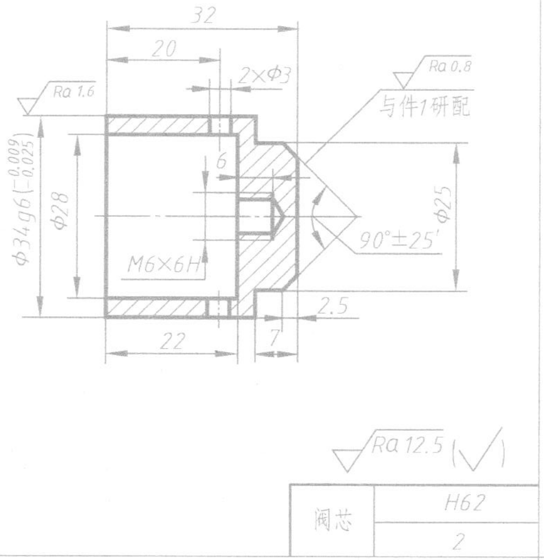

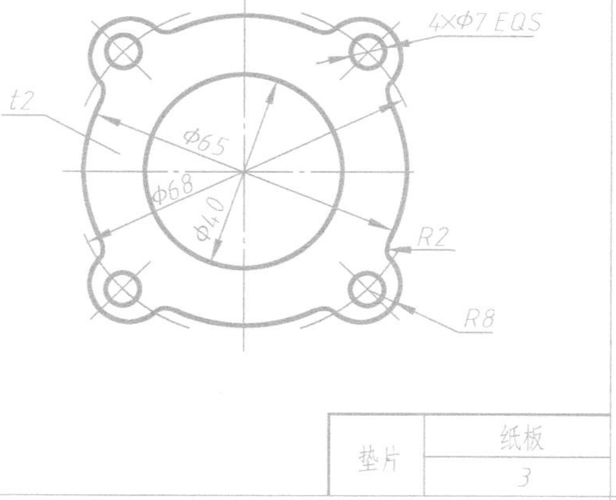

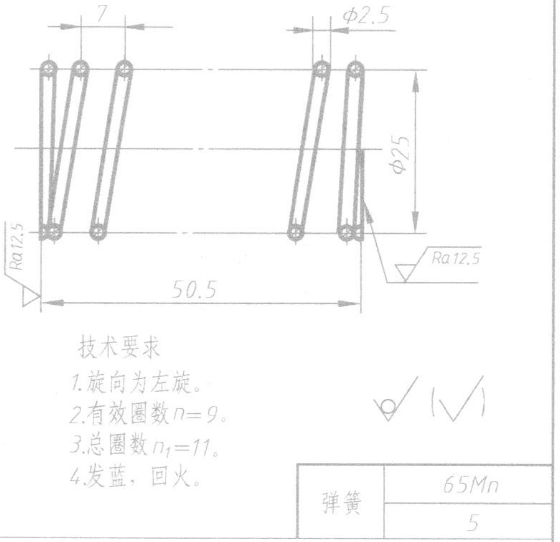

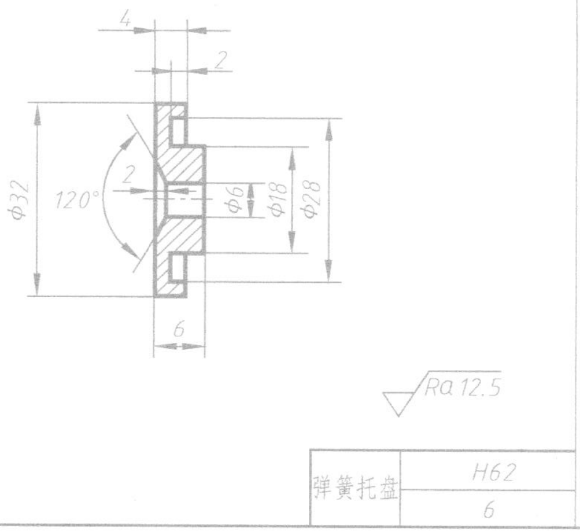

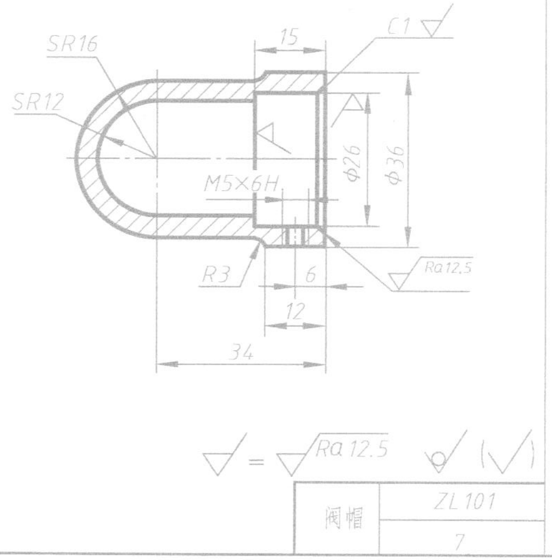

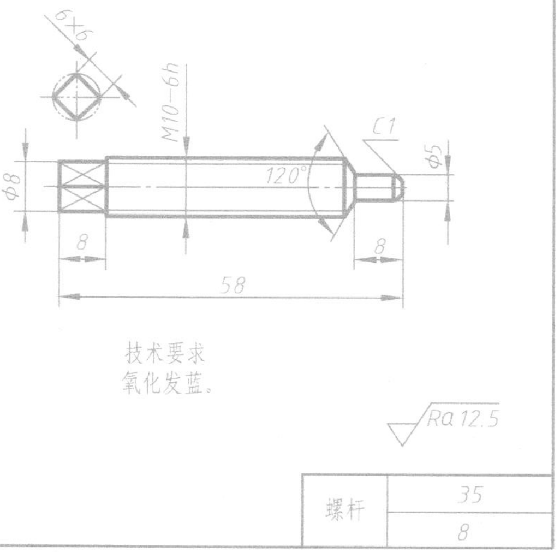

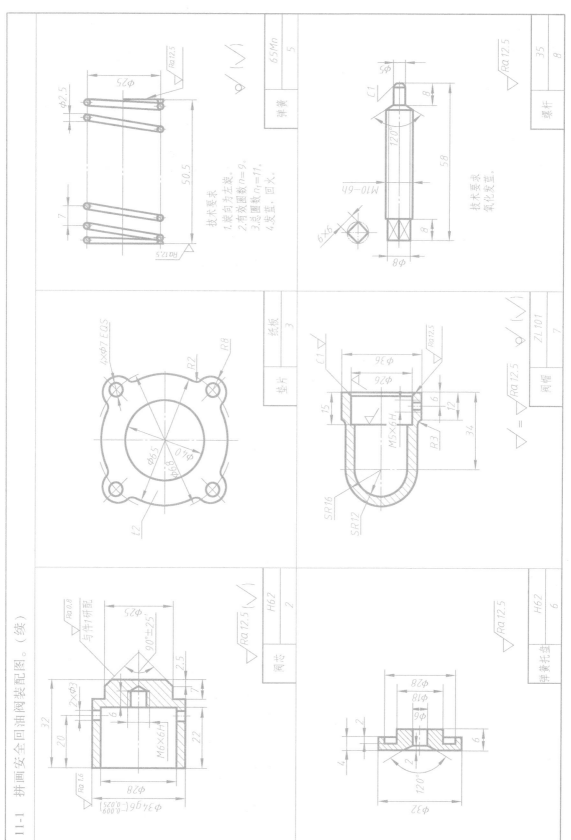

11-2　根据减速箱零件图画出其装配图。

一、工作原理和装配示意图

减速箱装配示意图见 171 页。减速箱是装在原动机和工作机之间的传动装置。工作时，动力由主动齿轮轴 32 输入，由从动轴 25 输出，以降低转速。

箱体采用剖分式，分成箱体 1 和箱盖 8。主动齿轮轴 32 上装有两个滚动轴承 28，它们起着支承轴的作用。利用轴肩或套筒 20 顶住轴承内圈，端盖 26、调整环 27 压住轴承外圈，调整环 27 还用于调整端盖 26 与轴承外圈之间的间隙，以防止轴在工作时出现轴向窜动，并适应温度变化时轴的伸缩。从动轴 25 的装配结构与此相似，齿轮 21 通过键 22 与轴连接。

齿轮采用油池浸油润滑，齿轮传动时溅起的油及充满减速箱内的油雾使齿轮得到润滑。打开盖 10 可观察齿轮的啮合情况，也可把油注入箱内。可以从油面指示片 4 观察减速箱内润滑油的上表面，以确定是否应该添注润滑油。换油时，打开箱体下部的螺塞 18 放出污油。为排出减速箱工作时油温升高而产生的油蒸气，保持箱内、外气压平衡，箱盖 8 上装有通气塞 11，保持箱内、外气压平衡，可防止箱内压力增高，从而防止密封失灵而漏油。

减速箱采用毡圈、垫片等密封。主动齿轮轴 32 上的挡油环 29 的作用是防止主动齿轮轴高速旋转飞溅起的油冲化轴承中的油脂，并通过它将油甩向四周。

二、作业提示

（1）画装配图时，比例和图幅自定。

（2）选择装配图的表达方案时，应合理运用装配图的各种表示方法。

（3）标准件共 14 种，其有关尺寸和标准代号均见 171 页的装配示意图。

班级： 学号： 姓名：

11-2 根据减速箱零件图画出其装配图。(续)

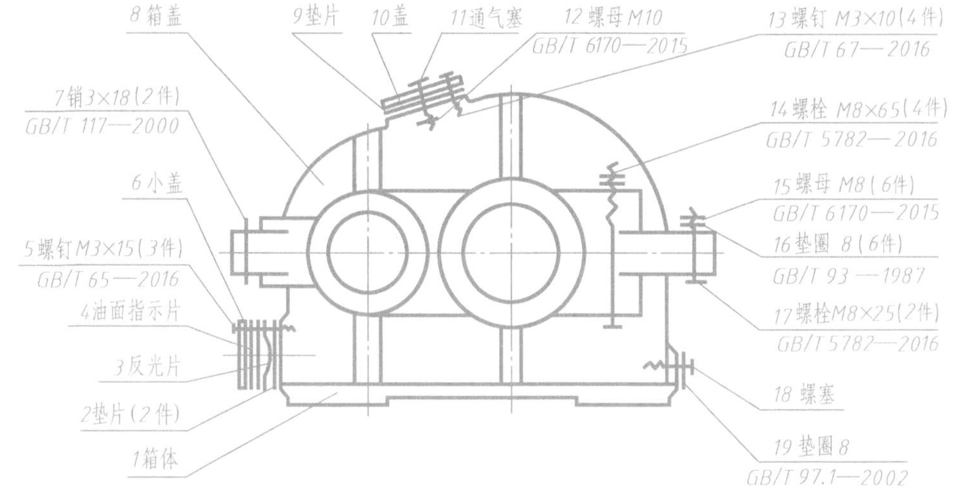

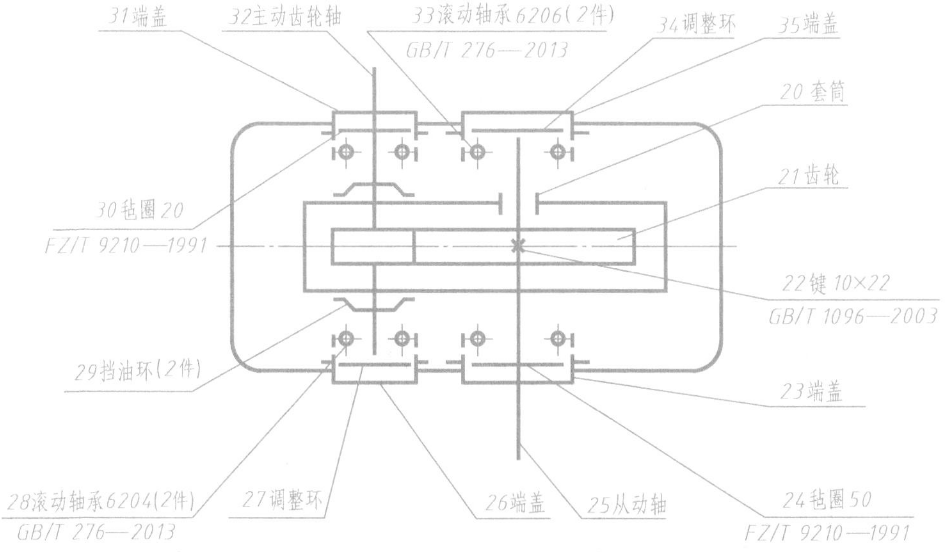

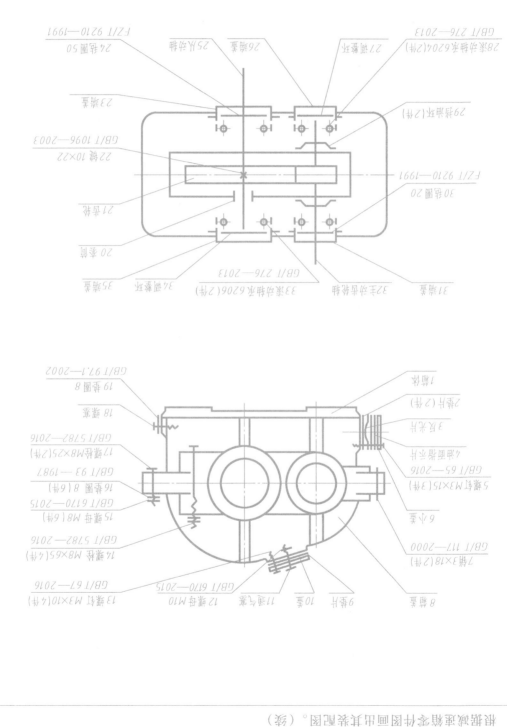

班级：　　　　学号：　　　　姓名：

11-2　根据减速箱零件图画出其装配图。（续）

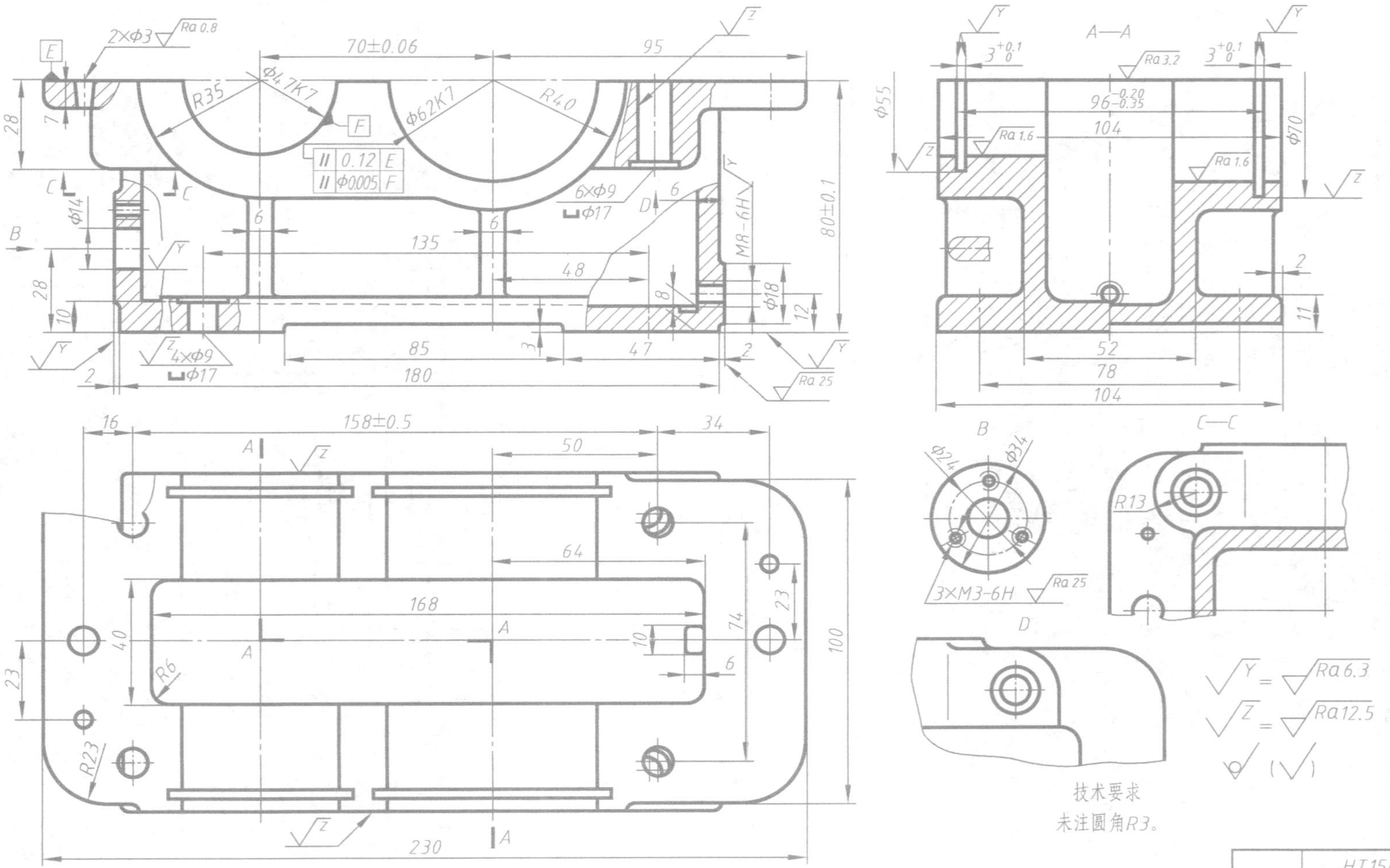

箱体	HT150
	1

11-2　根据减速箱零件图画出其装配图。(续)

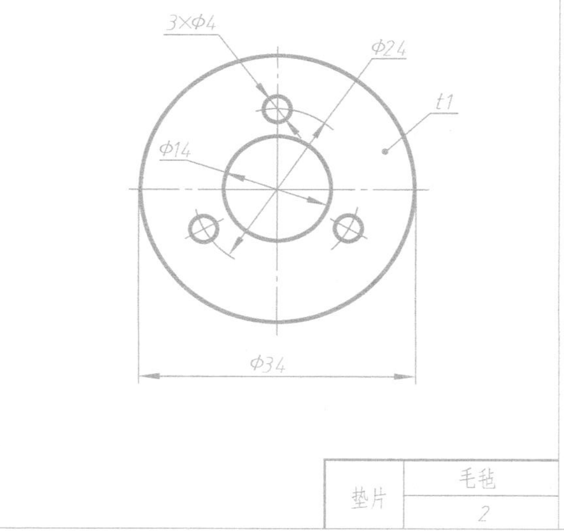

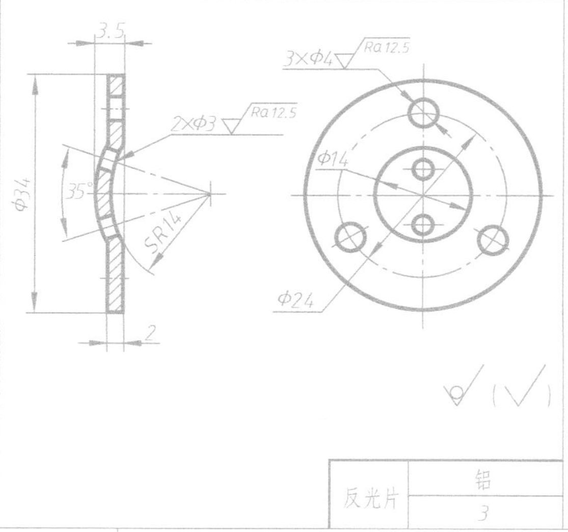

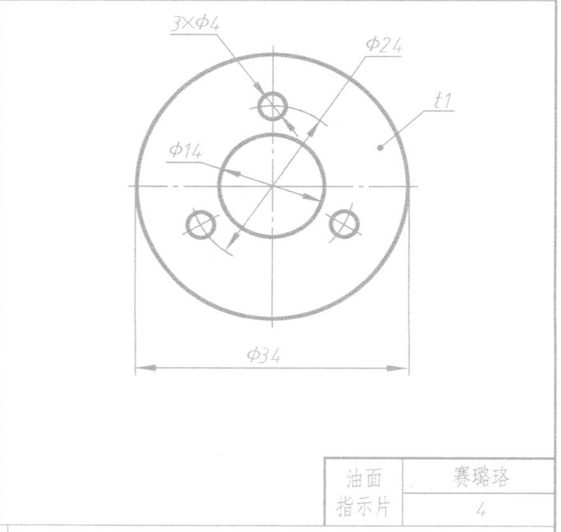

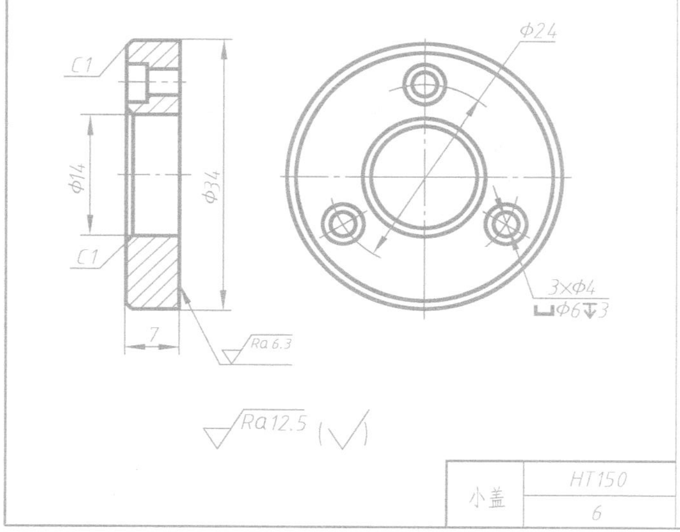

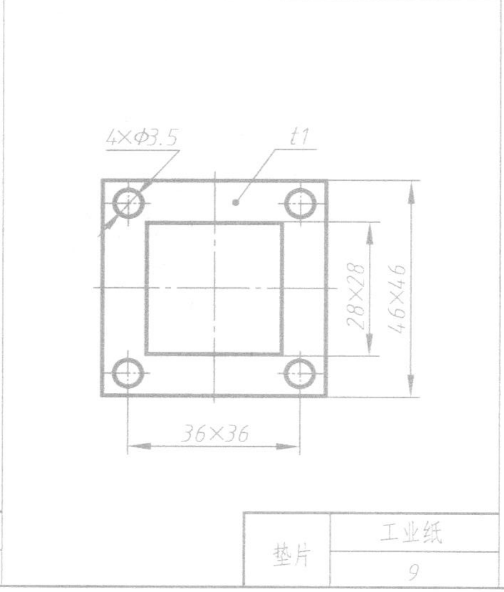

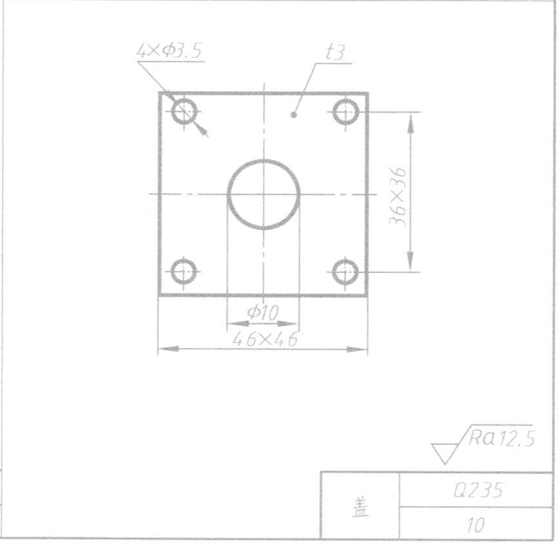

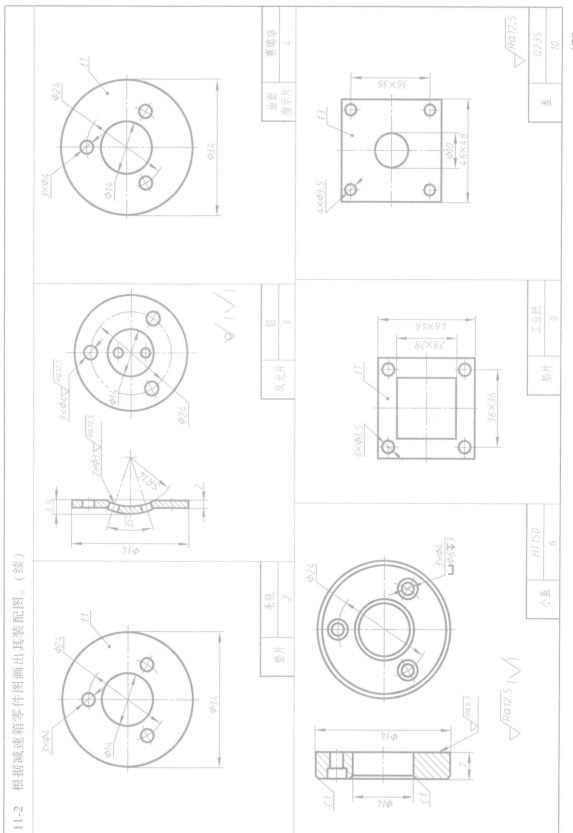

11-2　根据减速箱零件图画出其装配图。（续）

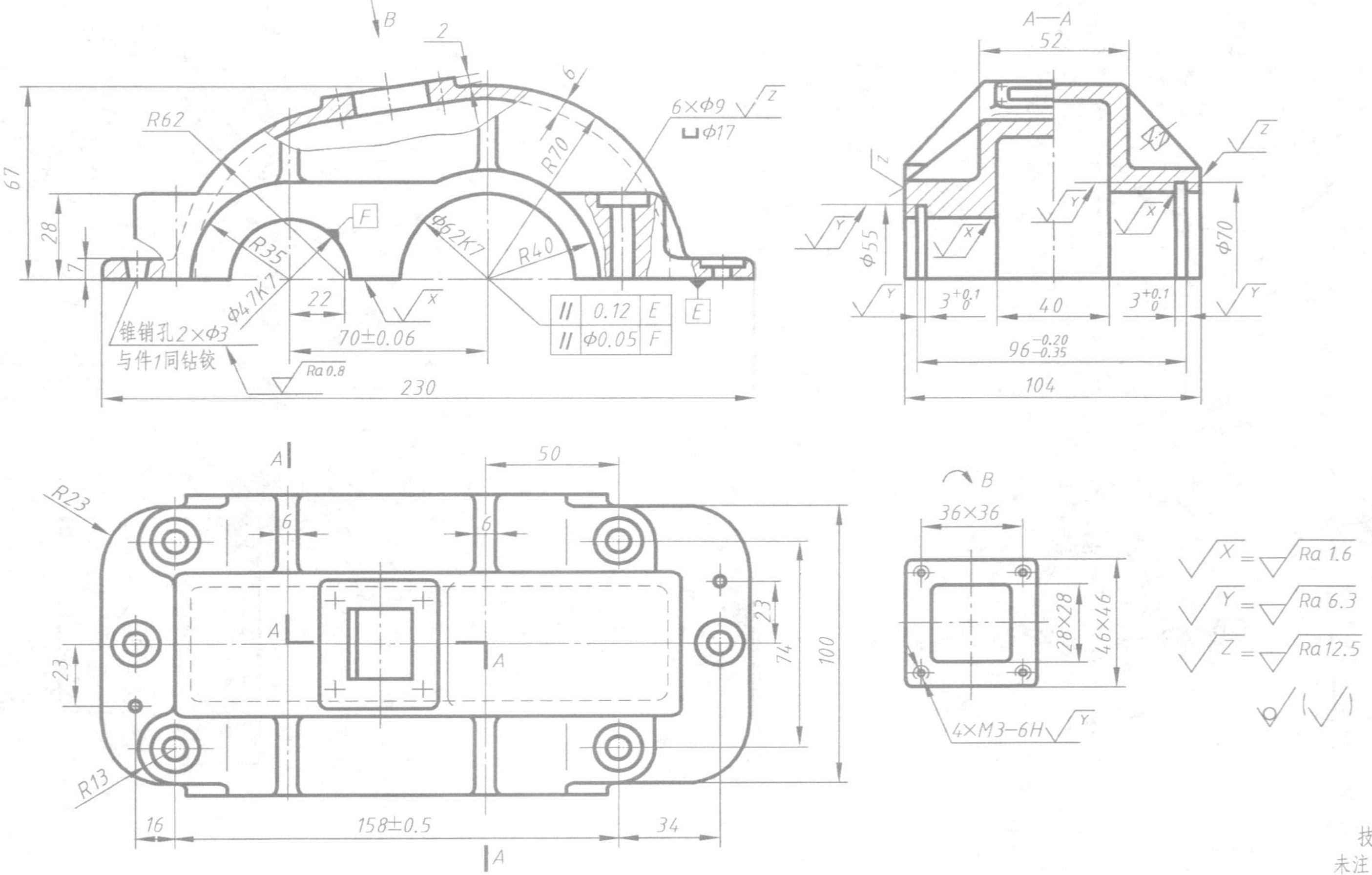

技术要求
未注圆角R3。

箱盖	HT150
	8

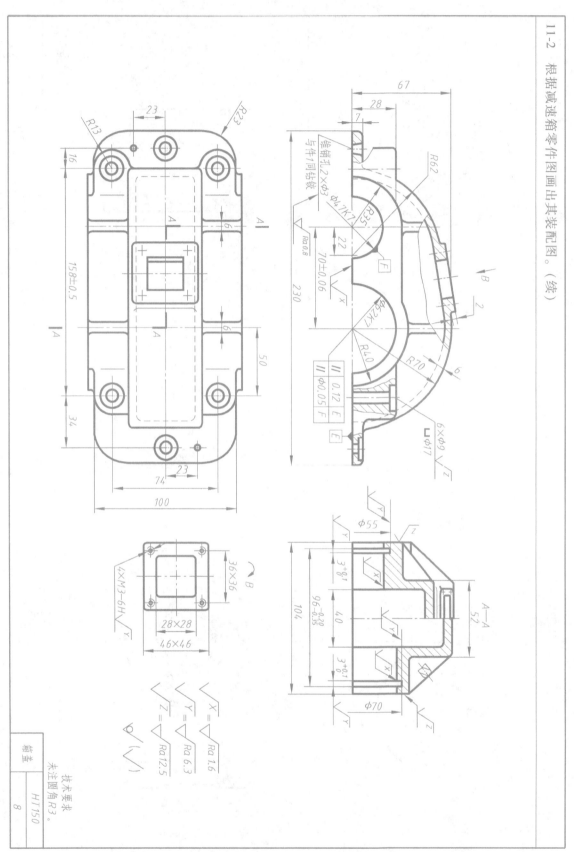

11-2　根据减速箱零件图画出其装配图。（续）

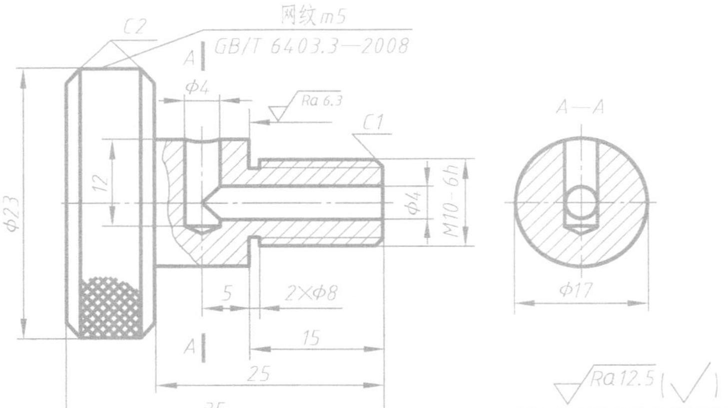

通气塞	Q235
	11

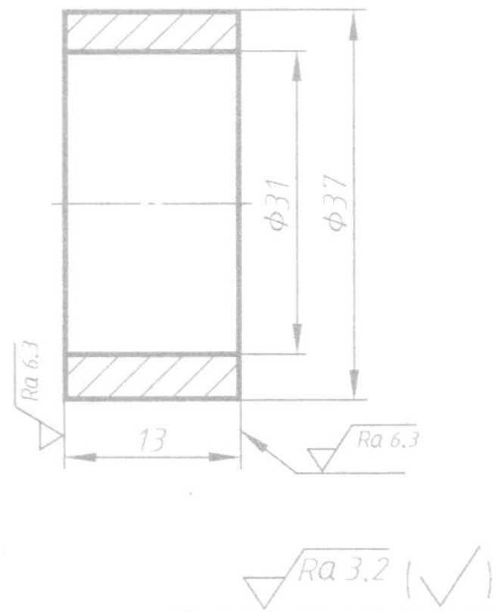

套筒	15
	20

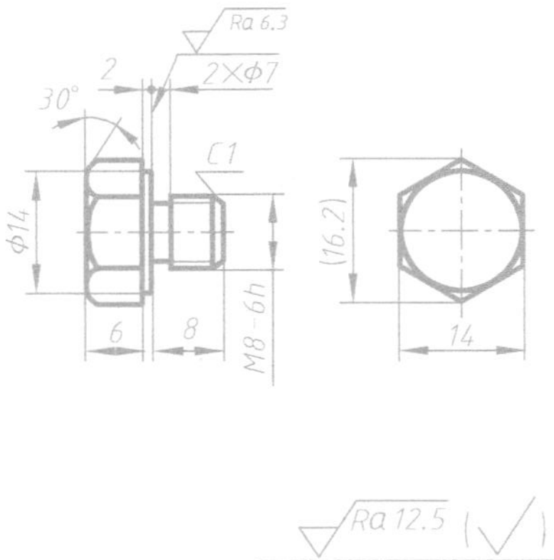

螺塞	Q235
	18

模数 m	2mm
齿数 z	55
齿形角 α	20°

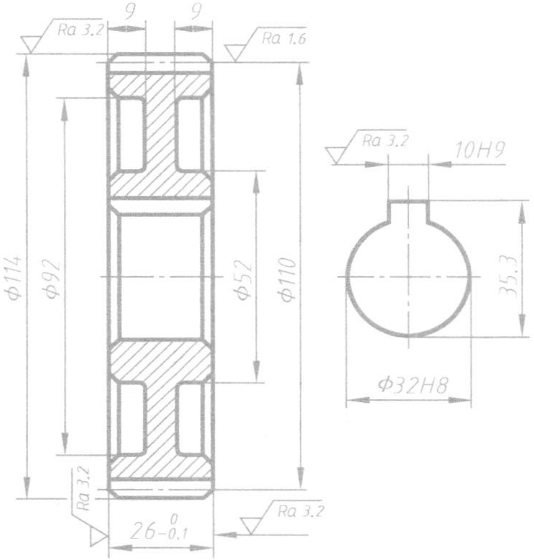

技术要求

倒角C2。

齿轮	45
	21

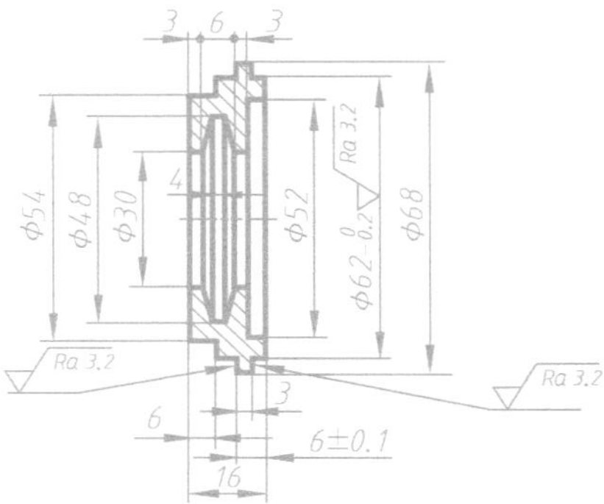

端盖	HT150
	23

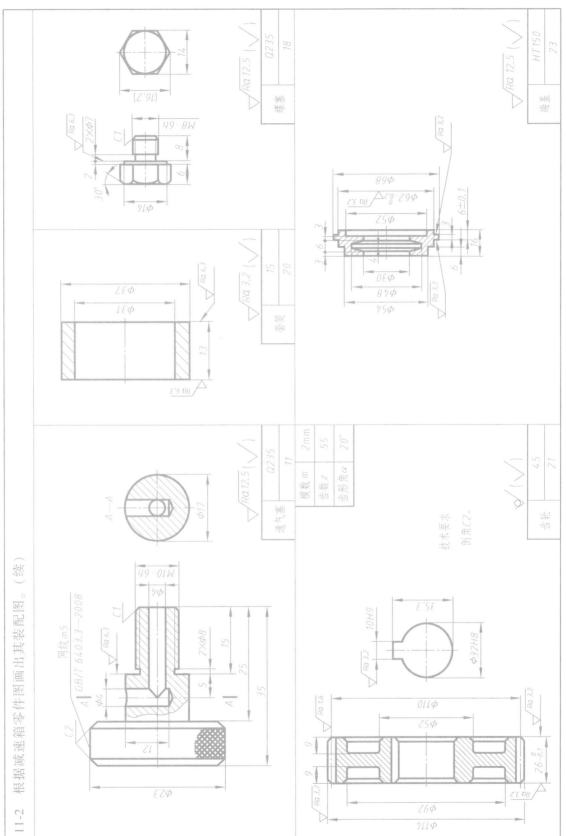

11-2　根据减速箱零件图画出其装配图。（续）

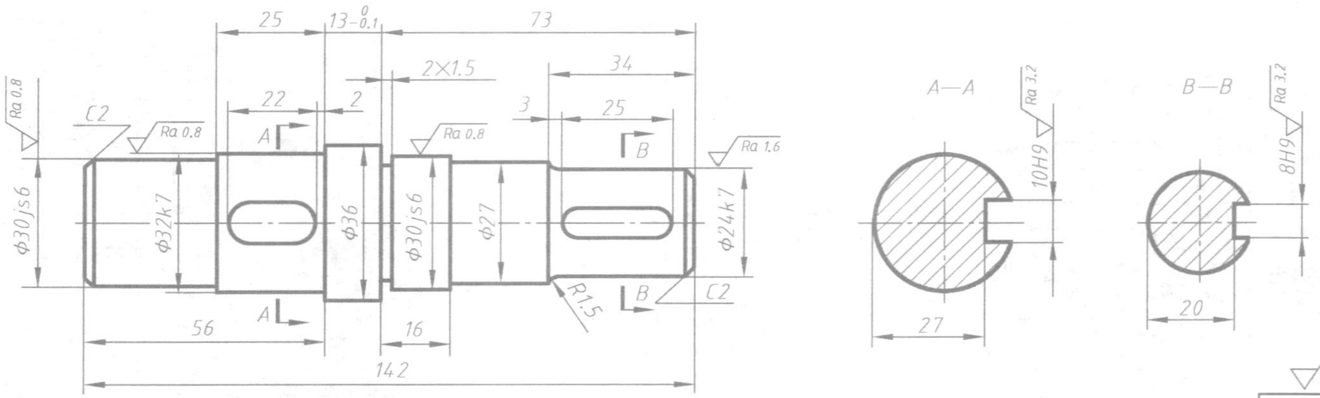

Ra 12.5 (√)

从动轴	40
	25

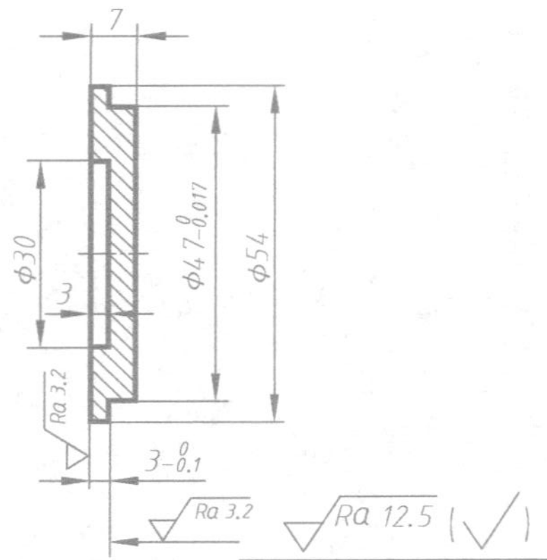

Ra 12.5 (√)

端盖	HT150
	26

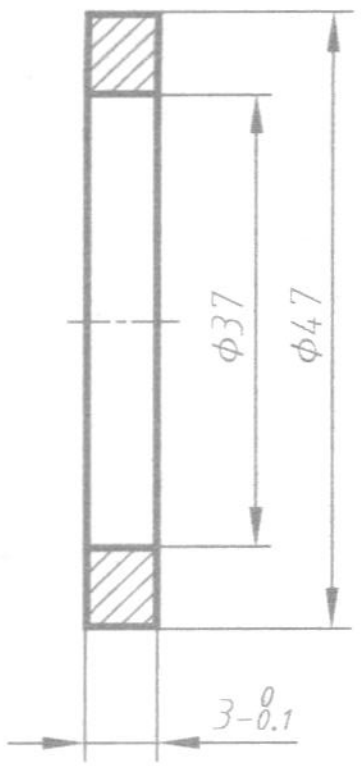

技术要求
尺寸3-0/-0.1留修配余量0.5，装配时加工。

Ra 6.3

调整环	Q235
	27

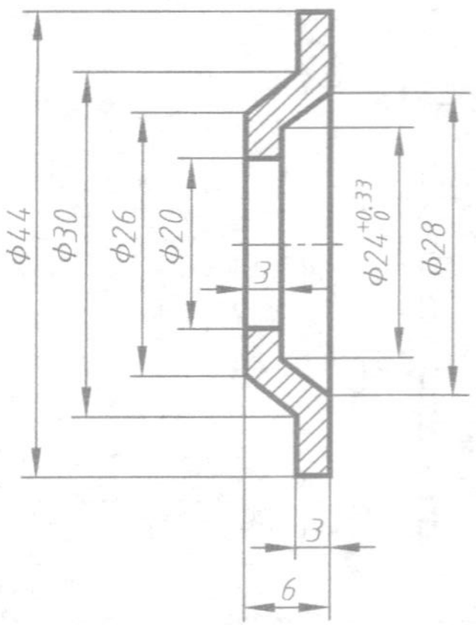

Ra 6.3

挡油环	Q235
	29

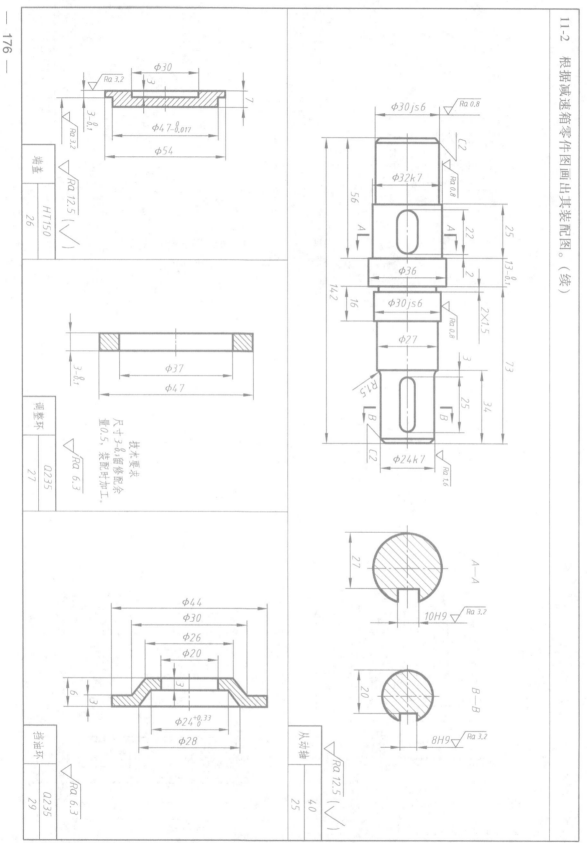

11-2　根据减速箱零件图画出其装配图。（续）

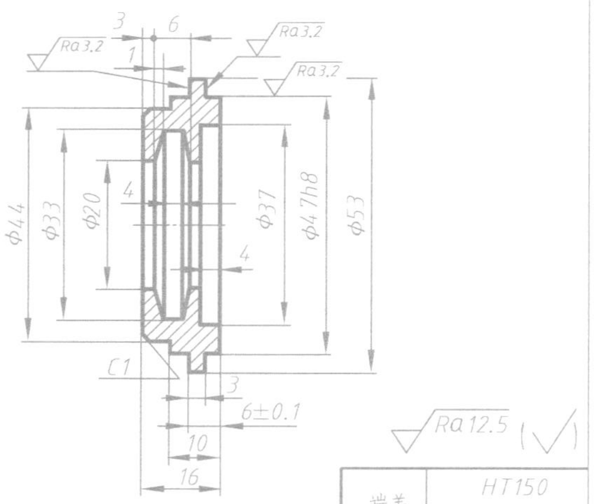

端盖	HT150
	31

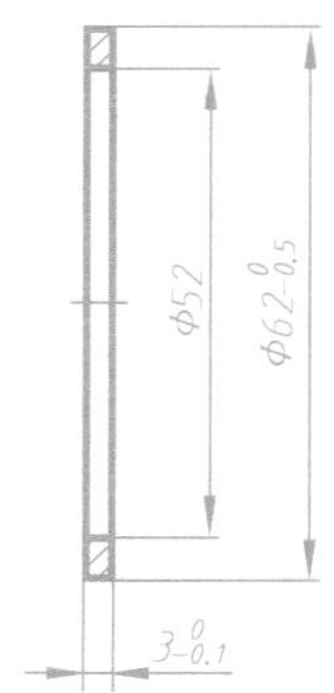

技术要求

尺寸$3^{0}_{-0.1}$留修配余量0.5,装配时加工。

Ra 6.3

调整环	Q235
	34

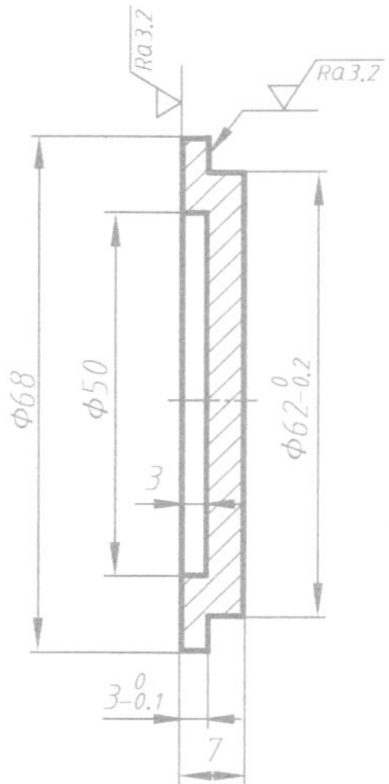

端盖	HT150
	35

模数 m	2mm
齿数 z	15
齿形角 α	20°

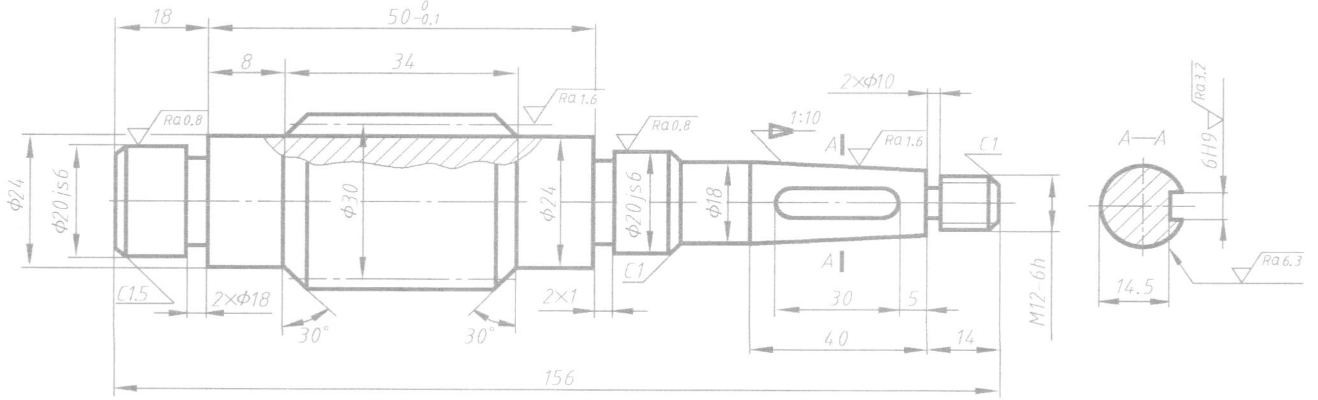

主动齿轮轴	40
	32

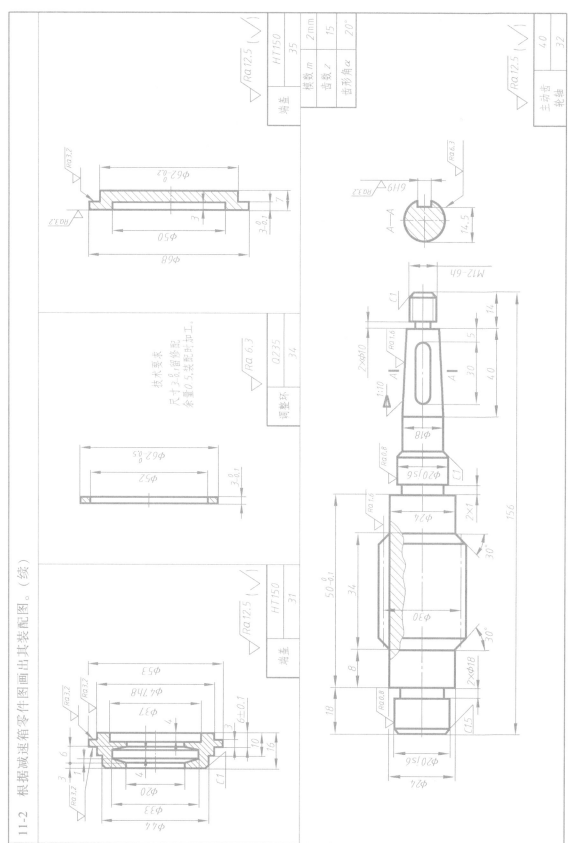

班级：　　　　学号：　　　　姓名：

11-3　读 179 页的“叶片泵”装配图，拆画泵体 3 的零件图。

一、工作原理

叶片泵通过机械传动，将常压油变成高压油。动力经带轮 7 带动转轴 12 旋转，在转轴槽内的两叶片在离心力作用下向外飞出。由于转轴 12 与装在泵体 3 内的偏心套 4 的中心不一致（偏心方向与水平方向成 45°），当转轴 12 沿顺时针方向旋转时，转轴 12 与偏心套 4 之间容积由小变大，产生真空，油被吸入。继而容积由大变小，压力升高，油被压出。改变旋转方向，进、出油口也相应改变。

二、作业要求

（1）看懂装配图，选择合适的表达方案，将零件的结构形状表达清楚。

（2）采用 A3 图幅、1∶1 比例画图。

（3）标注零件图尺寸，除装配图上的某些重要尺寸已经给出外，其余可根据已给的比例从图中直接量取，并取整，尺寸应标注齐全。

（4）标注表面粗糙度，填写标题栏。

班级：　　　　学号：　　　　姓名：

11-3　读 179 页的“叶片泵”装配图，拆画泵体 3 的零件图。(续)

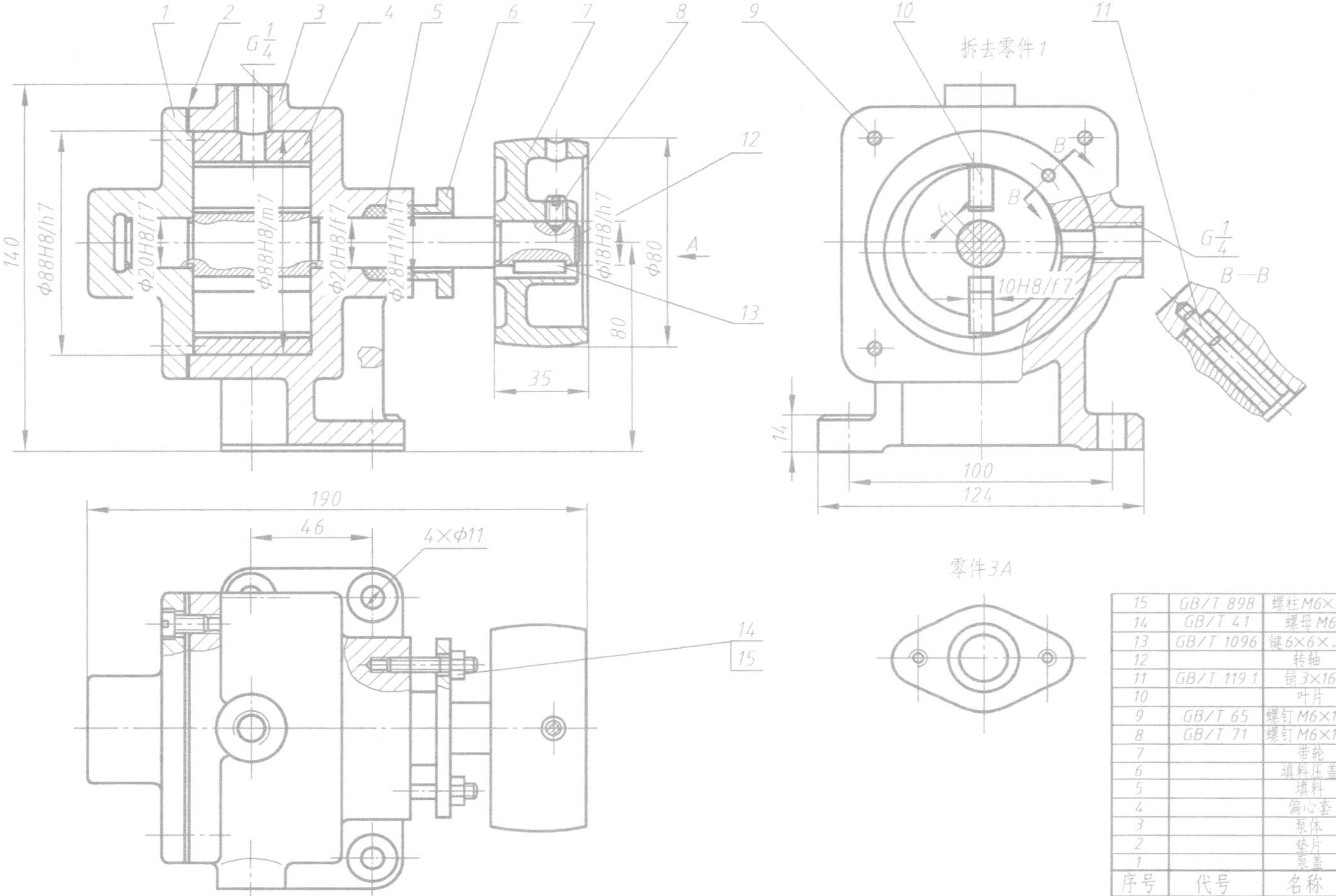

序号	代号	名称	数量	材料	备注
15	GB/T 898	螺柱 M6×25	2		
14	GB/T 41	螺母 M6	2		
13	GB/T 1096	键 6×6×20	1		
12		转轴	1	45	
11	GB/T 119 1	销 3×16	1		
10		叶片	2	45	
9	GB/T 65	螺钉 M6×12	4		
8	GB/T 71	螺钉 M6×10	1		
7		带轮	1	45	
6		填料压盖	1	Q235A	
5		填料		麻	毛团
4		偏心套	1	ZCuSn5Pb5Zn5	
3		泵体	1	HT150	
2		垫片	1	橡胶	
1		泵盖	1	HT150	

叶片泵		比例	重量	数量
制图				
描图				
审核				

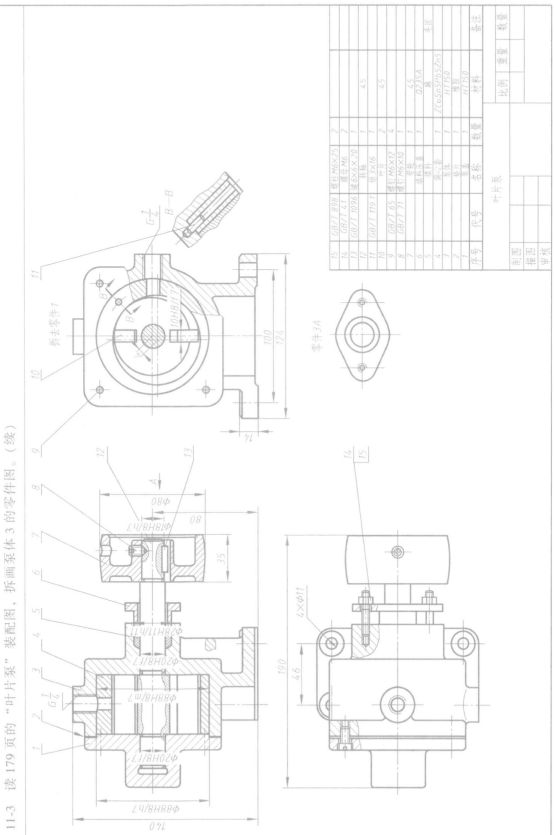

11-4　读 181 页的“机油泵”装配图，拆画泵体 2 的零件图（或零件草图）。

一、工作原理

在泵体 2 内装有一对啮合齿轮 3 和 6，主动齿轮 3 用销 5 固定在主动轴 1 上，从动齿轮 6 套在从动轴 9 上。当主动齿轮逆时针方向回转时，机油将从泵体底部 $\phi10$ 孔被吸入（左视图上），然后经管接头 17 压出。如果在输出管道中发生堵塞，则高压油可将球 15 顶开，回油后降压，从而起保护作用。

二、作业要求

（1）零件图的比例和图幅可根据表达的需要灵活选用，但要符合国家标准。

（2）认真仔细地注写尺寸和表面结构符号。

三、读图思考题

（1）对照装配图和工作原理简介，说明机油泵的作用和组成部分，分析装配图采用的表示方法，各图形的名称和表达目的。

（2）机油泵有几条装配干线？每条干线中各零件之间是如何定位和连接的？分析主要零件的结构特点。

（3）分析机油泵的尺寸，各属于哪一类尺寸？

（4）根据配合代号，分析零件之间的配合种类。

11-4　读 181 页的“机油泵”装配图，拆画泵体 2 的零件图（或零件草图）。（续）

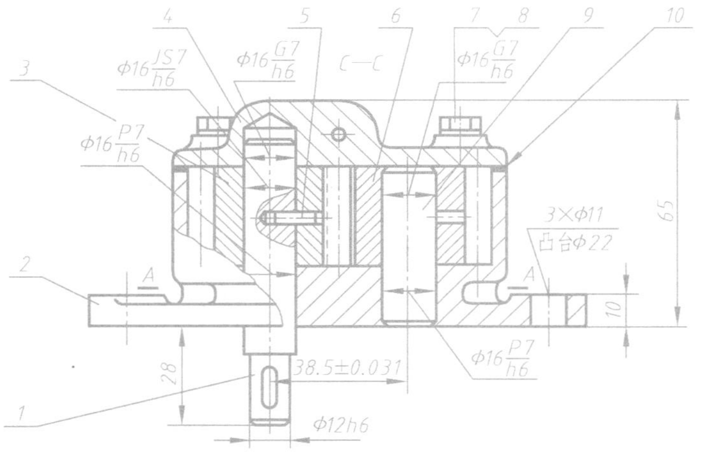

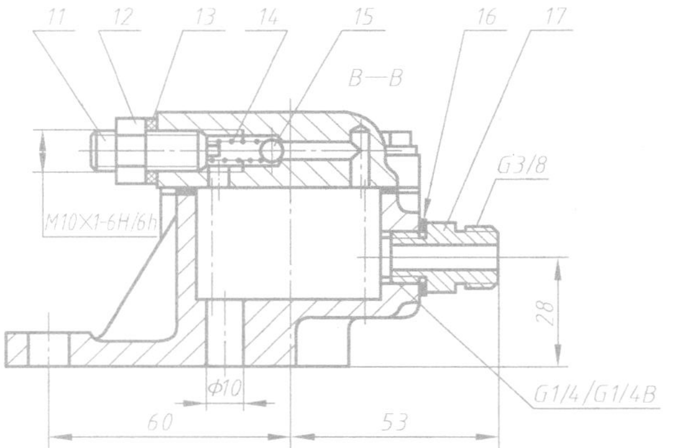

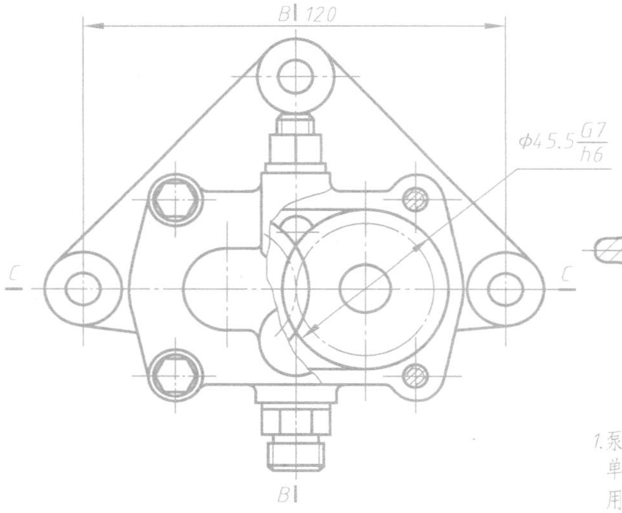

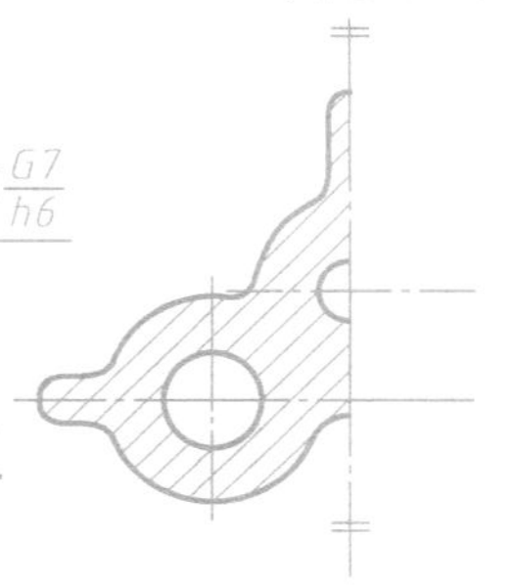

技术要求

1.泵体、泵盖与齿轮端面单向间隙为0.2~0.3mm，用垫片10调整。

2.转动主动轴时无咬紧现象。

序号	代号	名称	数量	材料	备注
17		管接头	1	H62	
16		垫片	1	皮革	
15	YS/T 518	球Φ6	1		
14		弹簧	1	65Mn	
13		垫圈	1	皮革	
12	GB/T 6171	螺母M10×1	1		
11		螺钉M10×1×30	1		
10		垫片	1	橡胶	
9		从动轴	1	45	
8	GB/T 97.1	垫圈6	4		
7	GB/T 5780	螺栓M6×25	4		
6		从动齿轮	1	45	
5	GB/T 119.1	销3×12	1		
4		泵盖	1	HT150	
3		主动齿轮	1	45	
2		泵体	1	HT150	
1		主动轴	1	45	

机油泵			比例	重量	数量
制图			1:1		
描图					
审核					

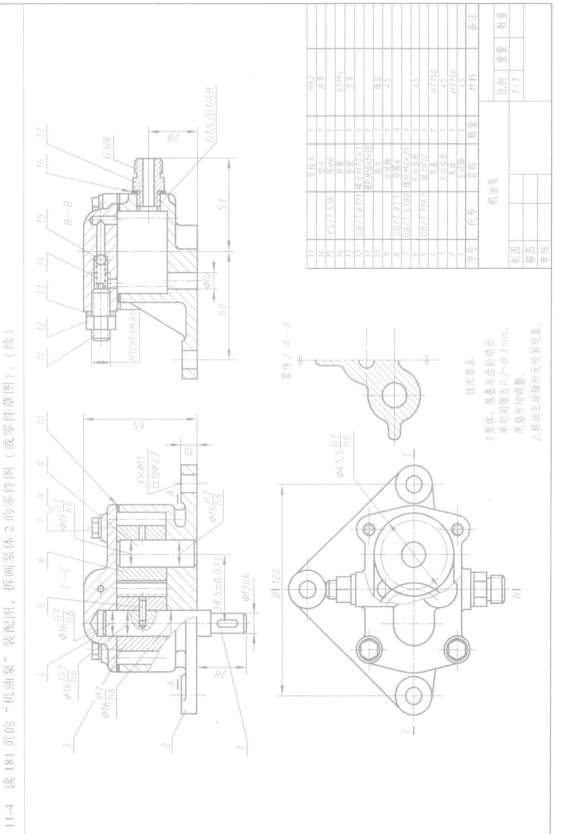

11-5　判断图形的正误，正确的画√，错误的画×。

①

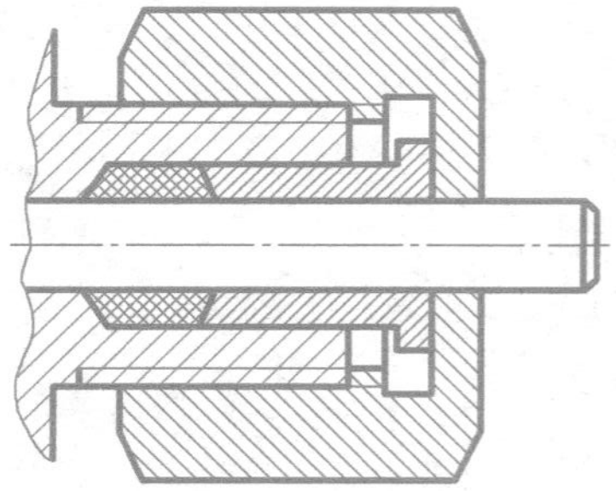

②

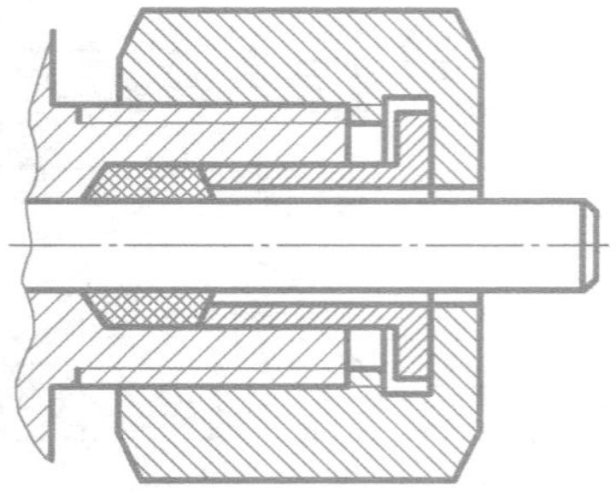

③

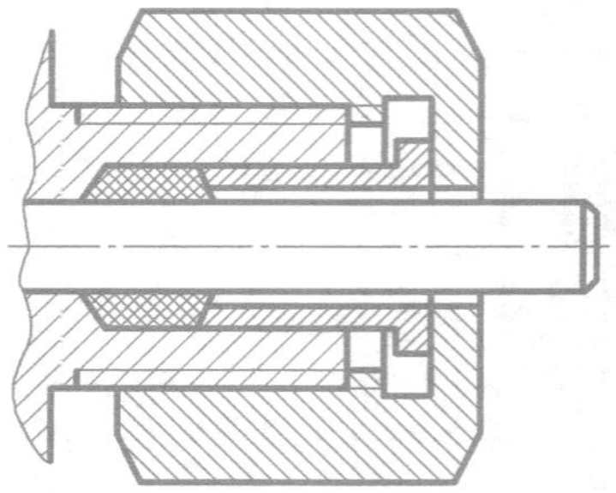

④

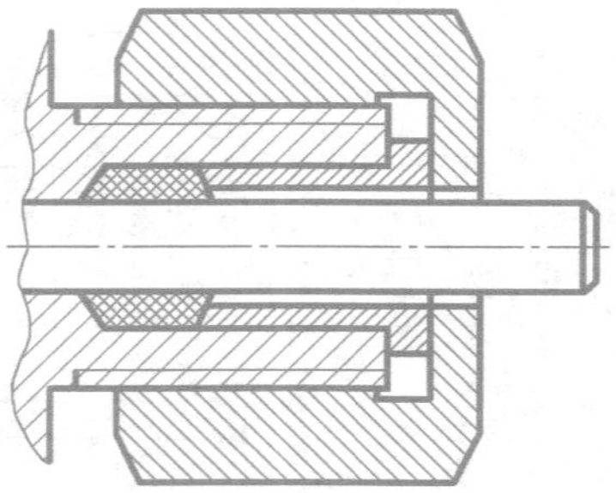

⑤

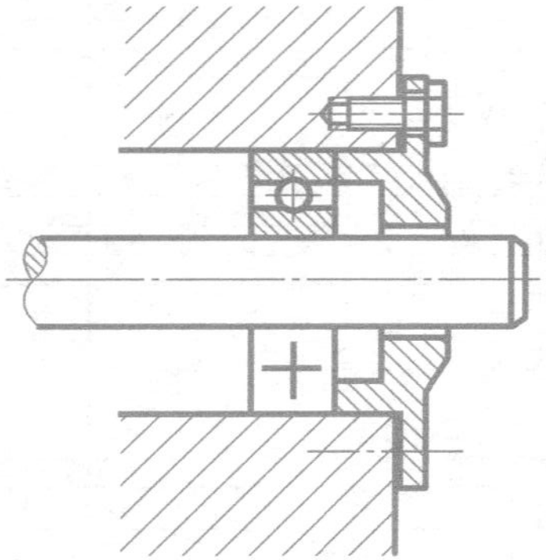

⑥

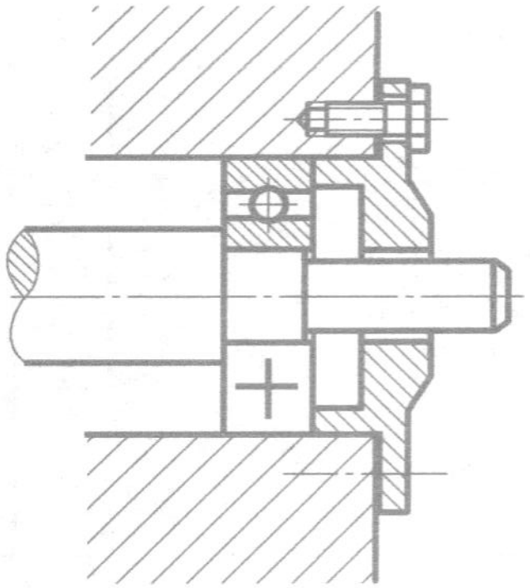

⑦

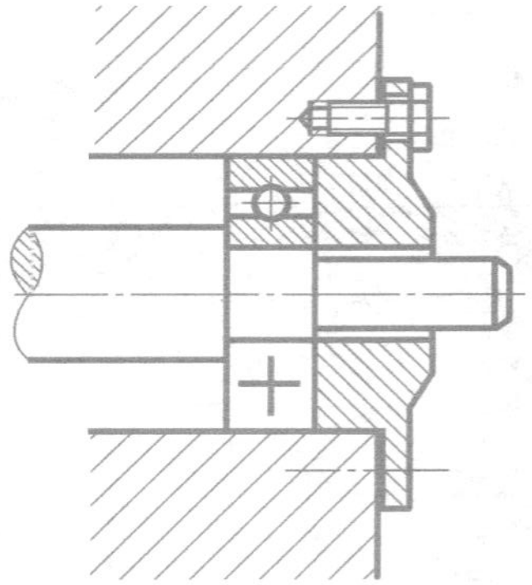

⑧

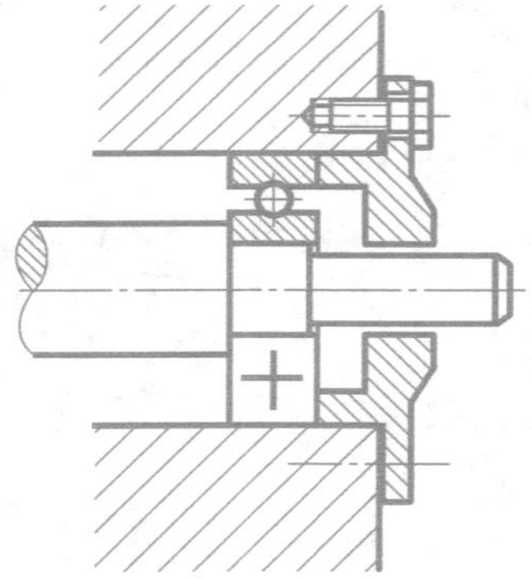

11-6　完成如下判断，正确的画√，错误的画×。

① 装配图上可以采用拆卸画法。________

② 装配图上可以标注表面粗糙度。________

③ 装配图上零件的工艺结构（铸造圆角和倒角等）均可不画出。________

④ 装配图中，序号指引线可以相交。________

⑤ 装配图中应标出零件的全部尺寸。________

11-7　完成如下填空。

① 在装配图中，对于紧固件，以及轴、球、销、键等实心件，若按________（纵向/横向）剖切，且剖切平面通过其________时，则这些零件按________（剖/不剖）绘制。如果要特别表明零件的构造，如凹槽、键槽、销孔等，则可用________表示。

② 在装配图中可以________画出某一零件的视图，但必须在所画视图的________方注出该零件的________，在相应视图附近用________指明投射方向，并注出同样的字母。

③ 在装配图中，当不致引起误解时，剖切平面后不需要表达的部分可________。

④ 对于装配图中若干相同的零件组合，如螺栓连接等，可仅详细地画出一组或几组，其余只需________。

⑤ 装配图中一般标注________、________、________、________四类尺寸。

⑥ 装配图中________零、部件都________（必须/不必）编号。

⑦ 指引线用________绘制，应自所指部分的________（可见/不可见）轮廓内引出。

⑧ 序号应按________或________方向排列整齐，并依顺时针或逆时针方向顺序排列。

⑨ 配合的种类，国家标准规定有________配合、________配合、________配合。

⑩ 在同一剖视图上，相邻零件剖面线的方向应________，或者方向________但间隔应________。

参考文献

[1] 张京英，张辉，焦永和. 机械制图习题集［M］. 4 版. 北京：北京理工大学出版社，2017.

[2] 佟献英，杨薇，韩宝玲. 工程制图习题集［M］. 2 版. 北京：北京理工大学出版社，2012.

[3] 董国耀，李梅红，万春芬，等. 机械制图习题集［M］. 2 版. 北京：高等教育出版社，2019.

[4] 李小号，孙少妮，赵薇. 画法几何及机械制图习题集［M］. 5 版. 北京：高等教育出版社，2017.

[5] 合肥工业大学工程图学系. 现代机械工程图学习题集［M］. 北京：机械工业出版社，2018.

[6] 梁晓娟，邹凤楼. 机械制图习题集［M］. 北京：机械工业出版社，2020.

[7] 刘志峰，李富平. 工程图学基础习题集［M］. 北京：机械工业出版社，2019.

[8] 沈凌，张薇琳. 工程制图及 CAD 习题集［M］. 北京：高等教育出版社，2021.